材料学シリーズ

堂山 昌男　小川 恵一　北田 正弘
監　修

液晶の物理

折原 宏 著

内田老鶴圃

本書の全部あるいは一部を断わりなく転載または
複写(コピー)することは，著作権および出版権の
侵害となる場合がありますのでご注意下さい．

材料学シリーズ刊行にあたって

　科学技術の著しい進歩とその日常生活への浸透が20世紀の特徴であり，その基盤を支えたのは材料である．この材料の支えなしには，環境との調和を重視する21世紀の社会はありえないと思われる．現代の科学技術はますます先端化し，全体像の把握が難しくなっている．材料分野も同様であるが，さいわいにも成熟しつつある物性物理学，計算科学の普及，材料に関する膨大な経験則，装置・デバイスにおける材料の統合化は材料分野の融合化を可能にしつつある．

　この材料学シリーズでは材料の基礎から応用までを見直し，21世紀を支える材料研究者・技術者の育成を目的とした．そのため，第一線の研究者に執筆を依頼し，監修者も執筆者との討論に参加し，分かりやすい書とすることを基本方針にしている．本シリーズが材料関係の学部学生，修士課程の大学院生，企業研究者の格好のテキストとして，広く受け入れられることを願う．

監修　　堂山昌男　小川恵一　北田正弘

「液晶の物理」によせて

　本材料学シリーズに「液晶の物理」が加わることを素直に喜びたい．液晶には応用，基礎科学のいずれの面においても有望な未開拓領域が依然として残されているからである．液晶はわずかな電圧で光を遮断させたり，透過させたりすることができ，ディスプレイ用として工業生産されている．読んで字のごとく液晶は液体と結晶の性質を合わせ持つ．この柔軟な構造に基づく多様かつ有用な物理的性質には興味の尽きることがない．

　折原宏博士は物性物理学の手法を液晶に拡張し，その系統的理解に成功している．斬新な本書を手にすれば読者は必ずや「液晶の物理」の面白さに引き込まれることだろう．理工系の学部3，4年生，修士課程大学院生，そして企業の液晶関係研究者に良心的なテキストとして本書をお勧めしたい．

小川恵一

まえがき

　今日，液晶はその例をあげるまでもなく日常生活のいたるところでディスプレイとして広く活用されている．しかし，液晶がどのようなもので，どのような原理に基づいて画像を表示しているかを知る人は少ないと思う．もちろん，一般的な解説書等により表面的な理解はできるが，肝心かなめの部分はわからない．それを物理的に教えてくれる専門書として，ドゥ ジャンやチャンドラセカールによるもの（巻末の参考書）があるが，これらの名著を読みこなすのは初学者にとっては難しいことである．液体と結晶の中間にある液晶を扱う場合，一般の物理系の学生にはあまり馴染みのない考え方，手法を用いることが多い．

　本書の主な目標は学部程度の物理学と液晶の専門書とのギャップを埋めることである．学部程度の力学，熱力学，電磁気学の基礎知識があれば読みこなせるようにした．そのため，通常の専門書では触れられていないようなかなり基礎的なことからまわりくどい説明をしたところもあり，一部の読者には退屈であるかもしれないが，ご容赦願いたい．また，このようなところでこそ著者の思い違いが露見しかねないので，その場合はご叱正いただきたい．本書では上記の予備知識があれば，他の参考書に頼ることなく本書のみで理解できるように，その他の重要かつ必要なものはすべて付録に納めた．さらに，本文中には読者が自らの理解をチェックできるように演習問題を設けた．演習問題の解答も詳しく行ったので，本文中の式も含めて本書のほとんどすべての式の導出ができるはずである．ぜひ，鉛筆を持って挑戦していただきたい．

　液晶の理論には分子論と連続体理論がある．前者は分子に働く相互作用から始めて液晶状態がどうして現れるのかをミクロな観点から明らかにしようとするものである．これに対して，後者はまず液晶ありきで，液晶になっていればどんなマクロな性質が現れるかを対称性に基づいて議論する．本書では連続体理論を用いて液晶の物理を展開することにする．液晶ディスプレイでは電場に

より液晶分子の方向が変化する現象を利用しているが，このような現象を扱うことができるのが連続体理論であり，この理論から導かれた方程式は驚くほどに実験結果を再現することができる．もちろん，分子論も重要であり，連続体理論に現れる弾性定数等を分子構造に基づいて理論的に求める際には分子論やシミュレーションに頼らなければならない．

本書ではフランクの弾性理論として知られるネマチック液晶の連続体理論と流れも考慮したエリクセン-レスリーの理論，さらに一部のスメクチック液晶の連続体理論を紹介する．液晶ディスプレイを理解するためには，上述の連続体理論の他にも光学が必要である．そこで，液晶の光学もマクスウェルの方程式を基に説明する．これらにより，初めて液晶ディスプレイの原理の理解が可能になる．

以上，液晶ディスプレイを例にして液晶の連続体理論の有用性を説明したが，この理論は液晶の現象全般に適用でき，それによる理解は液晶の物理をまことに奥深いものとしてくれる．本書では連続体理論の代表的な応用例もいくつか紹介するが，それらはスメクチック液晶の相転移を除き，ほとんどすべてドゥ ジャンとチャンドラセカールの教科書にあるものである．ただし，本書では初学者のためにこれらの教科書の行間を補うような丁寧な説明を行った．本書の後には，ぜひこれらの教科書にある他の題材にも目をとおし，液晶の魅力を存分に堪能していただきたい．

本書の執筆にあたり，横浜市立大学学長 小川恵一先生にはご多忙中にもかかわらず丁寧な査読をしていただき，有益なご助言を賜わりました．篤くお礼申し上げます．また，岡山大学 長屋智之助教授には液晶の写真を提供していただき，原稿にも目をとおし重要なコメントを寄せていただきました．名古屋大学院生の渋谷哲功君，信田和範君，柳生誠君には本書の原稿を使った輪講の際に多くのコメントをいただき，図表の作成でも大変お世話になりました．これらの方々に深く感謝いたします．

最後に本書の出版にあたって，小川恵一先生とともに多大なご援助を賜わりました堂山昌男先生と北田正弘先生にお礼申し上げます．また，本書執筆をお勧めいただき，本材料学シリーズについての適切なご助言もいただいた名古屋

大学 水谷宇一郎教授ならびに出版に際してお世話いただいた内田老鶴圃の内田学氏他スタッフの方々に心より感謝いたします．

 2004年1月

折 原 　 宏

目　　次

材料学シリーズ刊行にあたって
「液晶の物理」によせて

まえがき……………………………………………………………………iii

第 1 章　液　晶　相 ……………………………………………………1

1-1　対称性による物質の分類　　1
1-2　ネマチック相とコレステリック相　　4
1-3　スメクチック相　　7
1-4　その他の液晶相　　13

第 2 章　ネマチック液晶の弾性理論 ……………………………15

2-1　秩序パラメーターと配向ベクトル　　15
2-2　テンソル秩序パラメーターと磁化率　　18
2-3　等方相-ネマチック相転移の現象論　　20
2-4　フランクの弾性自由エネルギー　　27
2-5　テンソル秩序パラメーターによる自由エネルギー密度の
　　　展開　　34

第 3 章　弾性理論の応用 …………………………………………37

3-1　電場，磁場との相互作用　　37

3-2 半無限領域に存在するネマチック液晶に対する
　　　磁場の効果　　*39*
3-3 フレデリクス転移　*45*
3-4 弱いアンカリングにおけるフレデリクス転移　*50*
3-5 ネマチック液晶の欠陥　*54*
3-6 転傾のエネルギー的考察　*64*
3-7 転傾間の相互作用　*67*
3-8 ネマチック液晶の配向ゆらぎ　*69*
3-9 ネマチック液晶の光散乱　*75*

第4章　ネマチック液晶の流体力学 …………………………83

4-1 等方性液体の流体力学　*83*
4-2 分子場とエリクセンの応力　*91*
4-3 エリクセン-レスリーの理論　*95*
4-4 ミーソビッツの粘性係数　*108*
4-5 フレデリクス転移の動力学　*111*
4-6 回転磁場中の液晶　*113*
4-7 配向ゆらぎのダイナミクス　*115*
4-8 動的光散乱　*122*

第5章　液晶の光学的性質 ……………………………………127

5-1 ネマチック液晶中の光の伝播　*127*
5-2 偏光と旋光性　*135*
5-3 コレステリック液晶の光学1　*142*
5-4 コレステリック液晶の光学2　*146*
5-5 TN型液晶ディスプレイ　*158*

第6章 スメクチック液晶の弾性理論と相転移 …………………163

- 6-1 スメクチックA相の弾性理論　*163*
- 6-2 ヘルフリッヒ変形　*168*
- 6-3 ランダウ–パイエルス不安定性　*172*
- 6-4 スメクチックA相の欠陥　*174*
- 6-5 スメクチックC相　*178*
- 6-6 キラルスメクチックC相　*190*

付　録 …………………………………………………………201

- 付録A　スカラー，ベクトル，テンソル，縮約，固有値，
  固有ベクトル，主軸　*202*
- 付録B　フランクの弾性自由エネルギー密度　*209*
- 付録C　電場との相互作用　*213*
- 付録D　オイラー–ラグランジュ方程式と未定乗数法　*219*
- 付録E　汎関数微分　*221*
- 付録F　緩和過程の時間相関関数　*224*

参考文献 ……………………………………………………………227
演習問題の解答 ……………………………………………………229
索　引 ………………………………………………………………243

第 1 章

液 晶 相

　液晶はその名前から想像がつくように，液体と結晶の"中間の物質"である．本章では，どのような意味において中間の物質であるかを対称性の観点から明確にする．液晶は大きく分けて，ネマチック液晶，コレステリック液晶，スメクチック液晶の3種類に分類されるが，これらの構造とその対称性を説明する．スメクチック液晶については構造の異なるものがいくつも存在するので，その中から代表的なものを紹介する．

1-1　対称性による物質の分類

　一般に物質の三態として，気体，液体，固体が知られているが，これらに分類することのできない一群の物質が存在する．液晶（liquid crystal）はその代表である．これらの物質の違いを明確にするために，まず構造の対称性（symmetry）を調べてみよう．

　気体と液体は通常密度が大きく異なるだけで，対称性は同じである．実際，臨界点を迂回すれば密度は連続的に変化し，気相と液相を区別することはできない．両相において分子の重心は空間的に無秩序（ランダム）に分布し，時間的にも絶えず位置を変えているので，時間的に平均すると密度は場所に依存せず一様一定である．さらに，物質を構成する分子は必ずしも球ではないが，通常分子はその重心の回りにランダムに回転するので，球と見なすことができる．したがって，すべての方向は等価，つまり等方的である．

　次に，原子・分子が規則正しく整列した結晶の対称性を考える．結晶では原子・分子の位置はランダムではなく，結晶学の基本並進ベクトル $\bm{a}_1, \bm{a}_2, \bm{a}_3$ で規定される．結晶を $n_1\bm{a}_1+n_2\bm{a}_2+n_3\bm{a}_3$（$n_1, n_2, n_3$：整数）だけ並進（translation）させると（表面付近を除いて）移動前と後の構造が一致する．これに対

して，液体の場合には任意の並進（任意の方向についての任意の距離の移動）に対して一致する．さらに，結晶では格子が存在するので，回転前と後の構造が一致するような回転（rotation）を考えたときに，その軸の方向と回転角が限定されることになる．これに対して，液体の場合には任意の軸の回りの任意の角度の回転に対して一致する．このように，液体は一様かつ等方的であるために，並進に関しても回転に関しても完全な対称性を持っている．このように，液体（気体）と結晶の違いは対称性から明らかとなる．

上で考えた回転および並進はそれらの操作を行う前と後の構造が一致するようなものであり，特に対称操作（symmetry operation）と呼ばれている．対称操作として，他に鏡映（reflection）および反転（inversion）を持つ物質もある．鏡映はある面を鏡と思って映す操作である．例えば，x-y-z 座標系において $z=0$ の x-y 面に関して鏡映を行うと点 (x, y, z) は点 $(x, y, -z)$ に移る．一方，原点に関する反転によって点 (x, y, z) は点 $(-x, -y, -z)$ に移る．鏡映によって操作前と後の構造が重なった場合，鏡映を行った面を鏡映面（対称面）と呼ぶ．同様に，反転によって操作前と後の構造が重なった場合，反転を行った点を反転中心（対称中心）と呼ぶ．物質が鏡映面（反転中心）を持てば，鏡映（反転）操作により重ね合わすことができる．例えば，球や楕円体は鏡映面および反転中心を持つが，右手と左手は鏡に映すと互いに入れ替わるから，鏡映面も反転中心も持たない．ここで，鏡映と反転が密接に関係していることを示しておく．図 1.1 よりわかるように，鏡映操作の後に，鏡映面に垂直な軸の回りで 180°回転すると，鏡映面とこの軸の交点を反転中心とする反転操作となる．さらに，180°回転と反転を行うと，鏡映になることもわかる．

物質を構成する分子には鏡映によって，右手が左手に変わるように，異なる分子に変わってしまうものがある（1-2 節参照）．変わってしまう分子をキラル（chiral）な分子，変わらない分子をアキラル（achiral）な分子と呼んでいる．キラル分子から成る物質が鏡映面を持ち得ないことは明らかである．この物質に鏡映操作を施せば構成分子が異なるものに変わってしまうので，操作前と後の構造を重ね合わせることは決してできない．構成分子がキラルであるかアキラルであるかは物質の対称性を大きく変える．後に述べるように，液晶でも分子の空間配置だけでなく，分子の対称性が重要になってくる．

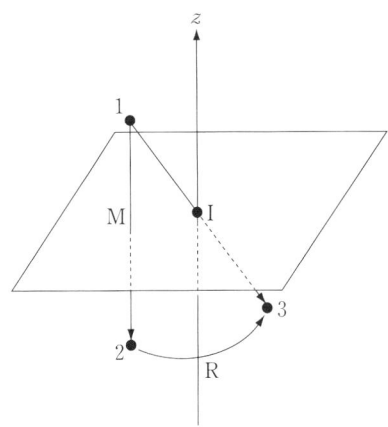

図 1.1 点1は鏡映(M)により点2に移り，さらにz軸回りの180°回転(R)により点3に移るが，この点1から点3への移動は反転(I)に等しい．また，点2は180°回転(R)により点3に移り，さらに反転(I)により点1に移るが，これは鏡映(M)と同じである．

以上の話より，対称性からは液体（気体）は一様（分子・原子の位置に秩序がない）かつ等方的な物質であり，結晶は非一様（ここでは分子・原子が規則正しく整列していて，位置に関する秩序があるという意味）かつ非等方的（異方的）な物質であることがわかった．液晶は液体の持つ一様性と結晶の持つ異方性を兼ね備えた物質である．結晶の異方性は構成原子が球状であっても格子の存在から必然的に生じるが，液体でも強い異方性を持つ分子を持ってくれば異方性を発現させることができる．最も簡単な，現実に存在する液晶相を図1.2(b)に示す．異方的な細長い分子を回転楕円体で描いている．(b)を見れば，重心の位置は無秩序であるが，分子の向きは平均してみると上下方向に揃っており異方的である．液晶の場合には"位置の秩序"に対して"配向の秩序"があるという．この状態では液晶分子の重心は熱ゆらぎにより時々刻々とその位置を変えるのはもちろんであるが，分子の方向（配向方向）も熱ゆらぎにより常に変化している．しかし，平均しても異方性は残っている．このように一様かつ異方的な相，つまり液晶相が存在する．分子の位置の無秩序性と関係し，液晶相では液体の特徴である流動性もある．

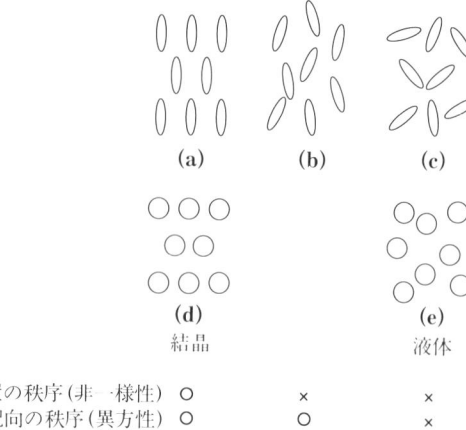

図 1.2 対称性による物質の分類. 棒状分子と球状分子からなる物質で, 位置の秩序および配向の秩序の有無で分類した. 棒状分子からなる物質では位置の秩序がなく配向の秩序がある液晶相が存在できる.

図1.2(b)の液晶状態に位置の秩序が加わると(a)に示したような結晶となる. また, (b)で異方性が失われると, (c)で示されるような液体状態(等方相と呼ばれる)となる. これは通常の球に近い分子からなる液体(e)とは異なるように見えるが, (c)では時間平均をとると個々の液晶分子は回転により球対称となり, (e)と変わらない. 液晶状態をとらない水でも分子そのものには異方性があることに注意しよう. (d)は球状分子からなる結晶であるが, 対称性においては(a)と何ら変わらない. 球状分子(またはそれに近い分子)からなる物質では(b)に対応する中間相が(d)と(e)の間に存在できないことは容易に理解できるであろう. このように分子の異方性は液晶相発現にとって必要不可欠である.

1-2　ネマチック相とコレステリック相

図1.2(b)で示された状態はネマチック相(nematic phase)と呼ばれる. 通常, ネマチック相をとる物質の温度を上げると等方相(c)となる. 逆に温度

1-2 ネマチック相とコレステリック相

を下げると，一般に他の中間相（液晶相）を経て最後に結晶相(a)（もちろん，結晶相にはこれ以外にも対称性の異なる多くのものがある）に至る．なお，ネマチック相をとる物質はネマチック液晶と呼ばれるが，このように温度により異なるいくつかの相（後述する他の液晶相も含めて）をとるので，呼び方に曖昧さが残る．以後ネマチック液晶という場合には，考察している物質がネマチック相にあるときに限ることにする．

 ネマチック液晶の対称性を考えてみよう．並進対称性に関しては液体と同じで完全な並進対称性を持つ．これに対して回転対称性に関しては，図(b)からわかるように，1) 分子の平均配向方向（図では上下方向）に平行な軸の回りでの任意角度の回転，2) 分子の平均配向方向に垂直な軸（色々な方向がある）の回りでの $180°$ 回転がある．前者の回転軸は ∞ 回軸，後者の $180°$ 回転の軸は2回軸と呼ばれる．このような対称性は D_∞ と表される．この記号は具体的には上述した無限個の回転操作（∞ 回軸に対しては回転角が無限個，2回軸に対しては回転軸の方向が無限個）からなる集合（この集合は数学でいう群をなす）を意味する．構成分子がアキラルであれば，これらの集合体であるネマチック液晶も ∞ 回軸を含む鏡映面およびそれに垂直な鏡映面を持つ．D_∞ にこれらの鏡映操作を付け加えたものは $D_{\infty h}$ と表される．また，液体の持つ完全な回転対称性は K，これに鏡映操作を加えたものは K_h と表される[*1]．なお，前節で述べたように鏡映面とこれに垂直な2回軸があると反転中心が自動的にできるから，上の $D_{\infty h}$ も K_h も反転操作を持つ．

 ところで，実在のネマチック液晶の対称性は $D_{\infty h}$ であり，D_∞ のネマチック液晶は存在できない．構成分子がキラルな場合には図1.2(b)のような構造は安定でなくなり，図1.3で示すコレステリック液晶（cholesteric liquid crystal）となってしまうのである．コレステリック液晶ではネマチック液晶を分子長軸に垂直な軸の回りにねじったらせん構造を持つ．このらせんの周期（ピ

[*1] 回転，鏡映，反転およびこれらを組み合わせた対称操作からなる群は特に点群[1]と呼ばれる．D_∞, $D_{\infty h}$, K, K_h は点群の記号である．ここで述べた例では方向および回転角を同じくする回転軸，互いに平行な鏡映面および反転中心がいたるところ無限に存在するが，点群ではそれらをすべてまとめてそれぞれ1つの回転操作，1つの鏡映操作，1つの反転操作と見なす．

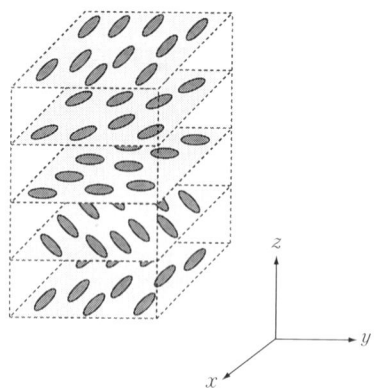

図 1.3 コレステリック液晶の構造．図ではネマチック液晶の平均の配向方向が x-y 面内にあり，z 方向へ移動すると配向方向が徐々に回転している．

ッチ）は分子間隔より十分長く，通常ミクロン以上である．らせん構造の起源と対称性の関係は後に詳しく議論する．図 1.2(b) においても図 1.3 においても液晶分子を細長い回転楕円体で表しているが，ネマチック液晶とコレステリック液晶の違いは分子内の原子の配置を見るとはっきりする．まず，図 1.4(a) に代表的なネマチック液晶である MBBA（N-(4-メトキシベンジリデン)-4-ブチルアニリン）の構造を示す．2つのベンゼン環の間は剛直であり，コアと呼ばれる．これに対して柔軟性のある炭素鎖は側鎖と呼ばれる．通常，液晶分子はこのようなコアと側鎖によって構成されている．例として挙げた MBBA では左右が非対称（頭と尾の区別がある）であるが，対称な液晶分子もある．しかし，液晶相では頭尾非対称な分子であっても，平均の配向方向に対して頭と尾を向けた分子は同数ずつ存在し，巨視的に見れば平均の配向方向に沿っては向きの区別はできない．したがって，液晶相発現にとっては頭尾対称か非対称かは重要ではない．なお，MBBA ではネマチック相をとる温度範囲は 22°C から 47°C であり，それより上の温度では等方相を，下では結晶相をとる．

コレステリック液晶はその名からわかるように初めコレステロール誘導体で発見されたが，ネマチック液晶分子と類似した分子においても見いだされてい

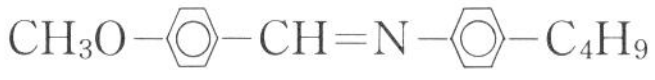

$$CH_3O-\bigcirc-CH=N-\bigcirc-C_4H_9$$

22°C　　　　47°C
結晶相－ネマチック相－等方相

(a)

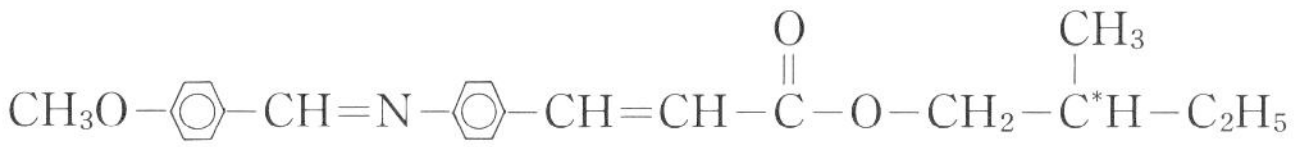

$$CH_3O-\bigcirc-CH=N-\bigcirc-CH=CH-\overset{O}{\underset{\|}{C}}-O-CH_2-\overset{CH_3}{\underset{|}{C^*H}}-C_2H_5$$

47°C　66°C　88°C　　　　100°C
結晶相－SmI*－SmA－コレステリック相－等方相

(b)

図 1.4 （a）MBBA（N-(4-メトキシベンジリデン)-4-ブチルアニリン）の分子構造．（b）コレステリック液晶となる分子構造の例．

る．後者の例を図 1.4(b) に示す．ネマチック液晶分子との決定的な違いは"*"が付いた"不斉炭素"を持つことである．炭素は 4 本の結合手を持つが，これらと結合する原子または基がすべて異なるときこの炭素は不斉炭素と呼ばれる．不斉炭素を持つと分子は鏡映操作によって重ね合わすことができなくなり，キラルになる．炭素原子と結合する 4 つの原子または基のうち少なくとも 2 つが同一の場合には鏡映操作により得られた分子はもとの分子と重ね合わすことができる．以上の事情は模型を作ってみるとよくわかる．液晶分子がキラルであると，液晶の対称性は前出の D_∞ となり，後で述べる理由により図 1.3 に示したらせん構造をとることになる．なお，例に挙げた図 1.4(b) の物質では 88°C から 100°C の温度範囲でコレステリック相をとり，高温側では等方相，低温側では次節で述べるスメクチック相（SmA と SmI* は異なるスメクチック相）をとる．

1-3　スメクチック相

　ネマチック相とコレステリック相の違いは鏡映面あるいは反転中心があるかないかであったが，コレステリック相のらせん周期は分子間距離に比べて遥か

に長いので局所的にはこれらの分子配向は同じであるといってもよい．分子の重心の配置に関しては両方ともランダムである．このような意味で，ネマチック相とコレステリック相はよく似ている．これらと分子の重心の配置に関して異なる対称性を持つのがスメクチック相（smectic phase）である．

スメクチック相には対称性の異なるいくつかの相があるが，共通した特徴は層構造を持つことである．最も対称性の高いスメクチックA相（略して，SmA相）の構造を図1.5に示す．図では横方向に層が形成されており，それが上下方向に積み重なっている．層面内では液体のように液晶分子の重心はランダムに分布しているのに対し，層面に垂直な方向（層法線方向）には分子の重心は結晶のように周期的に分布している．したがって，スメクチック液晶を"2次元液体"または"1次元結晶"と見ることができる．層法線方向には1次元の周期性があるため，ネマチック液晶が持っていた完全な並進対称性は失われ，層法線方向には層の周期の整数倍の並進対称操作のみが許されることになる．スメクチック液晶では層法線方向に位置の秩序が現れる，つまりこの方向に密度が変化するため，X線測定によりブラッグ反射を観測することができる．スメクチックA相では分子の平均配向方向（図1.5に示したようにスメクチック相においてもネマチック相に比べれば小さいが，分子はその方向を熱ゆらぎによって絶えず変えている）は層に垂直となっている．

図 1.5 スメクチックA相（SmA相）の構造．液晶分子の平均の配向方向は層法線に平行である．

スメクチックA相は回転および鏡映に関する対称性はネマチック相と同じである．ただし，並進対称性の違いにより，回転軸および鏡映面の位置は異なる．例えば，2回軸はネマチック相では配向方向に垂直ならばどこにあってもよいが，スメクチックA相では層の中央と層間に限られる．分子がアキラルであればスメクチックA相の対称性は$D_{\infty h}$，不斉炭素を持ちキラルであればD_∞となる．スメクチック液晶の分子構造は基本的にはネマチック液晶およびコレステリック液晶と同じである．事実，図1.4(b)に示した液晶はコレステリック相とスメクチック相（SmA相）の両方をとる．不斉炭素の有無はネマチック液晶とコレステリック液晶ではらせん構造の有無として現れたが，特別な場合を除いてスメクチックA相では見た目の違い（分子を回転楕円体と見なした場合）は現れない．

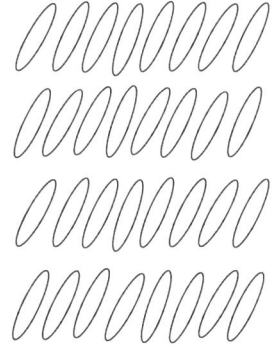

図 1.6 スメクチックC相（SmC相）の構造．液晶分子の平均の配向方向はすべての層において層法線から同じ方向へ傾く．

スメクチック相において平均の配向方向がある一方向に同じように傾くと図1.6に示すようなスメクチックC相（SmC相）となる．傾いていること以外はすべてスメクチックA相と同じであり，層内での重心の秩序はなく，層法線方向に密度に関する周期構造が存在する．配向方向が層法線から傾くと，図1.6からわかるように，層法線方向の∞回軸が失われる．また，2回軸も紙面に垂直なものだけが残る．さらに，分子がアキラルであれば，紙面に平行な鏡映面のみが残る．このような2回軸とそれに垂直な鏡映面からなる対称性はC_{2h}と表される．一方，分子がキラルであれば2回軸のみとなり対称性はC_2

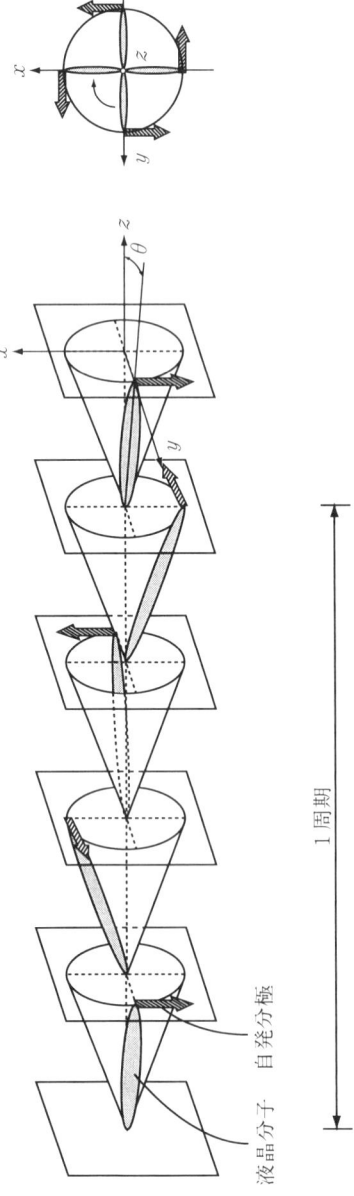

図 1.7 スメクチック C* 相（SmC* 相）の構造．液晶分子は円錐面上（ただし，図では示されていないが SmC 相と同じにようにゆらぎがある）にあり，層法線方向（図では水平方向）に移動すると回転する．らせんの巻く向きおよび自発分極の向きは分子により異なる．特に，鏡映対称にある分子ではこれらは逆になっている．

となる．この場合，図1.6の一様に傾いた構造は不安定となり，図1.7に示すようならせん構造となる．各層内では平均の配向方向は同じであるが，層法線方向に移動するにつれて配向方向が層法線からの傾き角を保ちつつ徐々に回転していく（図では一層進むと90°回転しているが，実際にはこの回転角は非常に小さい）．このらせん構造を持つ相をキラルスメクチックC相（SmC*相）と呼ぶ．SmC相とSmC*相の関係はネマチック相とコレステリック相との関係に類似していることがわかる．不斉炭素を持つ場合に"*"を付けるので，ネマチック相をN相と略すとコレステリック相はN*と書ける．コレステリック相同様にSmC*相ではらせん構造が形成されるが，SmC*相の特徴はこのらせんだけではなく，各層において層法線と分子の長軸に垂直な自発分極が生じることである．SmC*相は液晶で初めて強誘電性が見いだされた相であり，この相を有する液晶は強誘電性液晶と呼ばれている．

アキラル	キラル	
等方相(K_h)	等方相(K)	液体
N相($D_{\infty h}$)	N*相(D_∞)	異方性液体
SmA相($D_{\infty h}$)	SmA相(D_∞)	⎫
SmC相(C_{2h})	SmC*相(C_2)	⎭ 1次元結晶(2次元液体)

図 1.8 対称性による相の分類．

ここで，今までに出てきた相を対称性から分類しておく（図1.8）．上から下に向かって対称性は下がっている．また，アキラル分子から成る相とこれに対応するキラル分子から成る相を比べると，当然のことながら後者の方が対称性が低い．等方相とSmA相においてはアキラルかキラルかで相の名称に区別はないようであるが，対称性はもちろん異なっている．これらの相は分子を回転楕円体にしてしまうと，見た目では区別がつかないが，例えば旋光性に違いが現れる．旋光性については第5章において詳しく述べるが，直線偏光をアキラル分子から成る相に照射すると透過光の偏光面は回転しないが，キラル分子から成る相では（等方相においてさえも）偏光面が回転する．

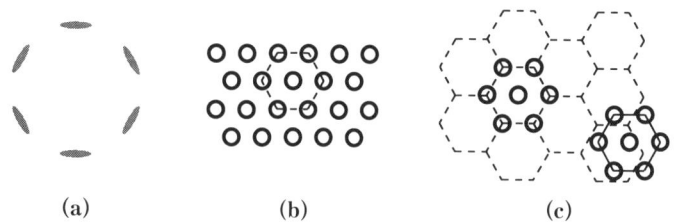

図 1.9 （a）6回対称を持つ X 線回折像，（b）6回対称を持つ結晶，（c）ボンド配向秩序を持つスメクチック B 相．

以上述べた相については次章以降で詳しく議論するが，ここではその他のスメクチック相を簡単に紹介しておく．層面に垂直にX線を入射させたとき図1.9(a)に示すような6回対称を持つ回折像が観測される相がある．SmA 相および SmC 相においては層面内で分子はランダムに分布しており，このような回折像は観測されない．この相では層面内で何らかの秩序が形成されていなければならない．このような回折像を持つ構造としてまず図1.9(b)に示すように分子は層面に垂直でかつ層面内で液晶分子が6角形の頂点と中心に位置するものが考えられる．しかし，このような配列は層面内で結晶構造を作ることになってしまい，もはや液晶ではない．層面内に位置の秩序がない（結晶ではない）のに6回対称の回折像をもたらす構造は図1.9(c)のように理解されている．右下にある6角形は点線で描いた格子からずれており，位置の秩序を乱しているが，6角形の方向は点線と同じであり，方向の秩序は存在している．このような方向に関する秩序はボンド配向秩序と呼ばれ，ネルソンとハルペリンにより実験に先立って，理論的に予言されていたものである．ボンド配向秩序を持ち液晶分子が層面に垂直な相はヘキサチック B 相と呼ばれている．

　本書では，SmA，SmC，SmC* 相のみを取り上げる．他のスメクチック相については参考文献[2,3]で紹介されている．

1-4 その他の液晶相

以上紹介した液晶はすべて棒状分子が凝集して液晶状態となったものであるが，これとは異なる種類の液晶がある．液晶を構成する分子は異方性が強いことが必要条件であった．細長い棒状分子はもちろんこの条件を満たすが，逆に図1.10(a)に示すような平らな円盤状の分子でも異方性があり，液晶状態が見いだされている．このような分子が図1.10(b)に示すように重心はランダムであるが，円盤の法線方向を揃えるとネマチック液晶となる．円盤状分子から成るネマチック液晶の対称性は棒状分子のものと全く同じであるが，円盤状分子では棒状分子では形成できない新たな相が実現できる．図1.10(c)に示す柱状相（columnar phase）では，各カラム内で円盤法線方向に分子は移動できるが（1次元液体），カラムの断面では2次元の六方晶の位置の秩序がある（2次元結晶）．円盤状分子から成る液晶を総称してディスコチック液晶（discotic liquid crystal）という．

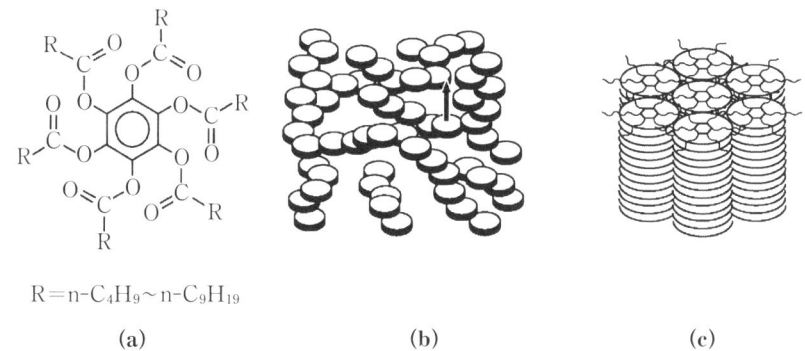

図 1.10 （a）円盤状分子，（b）円盤状分子からなるネマチック相，（c）柱状相．

棒状分子から成る液晶も円盤状分子から成るディスコチック液晶も構成分子のみの凝集体であったが，溶媒が存在して初めて液晶となる物質もある．よく研究されている例としてリン脂質膜がある．リン脂質分子は親水性の極性基と疎水性の炭化水素鎖から成っており，図1.11に示すように炭化水素鎖を内側

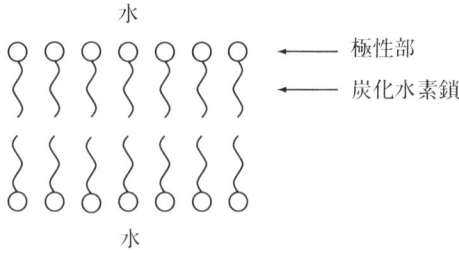

図 1.11　リン脂質膜の構造．

に極性基を外側にして溶媒（水）と接し，2分子膜を形成する．このように溶媒の存在によって現れる液晶はライオトロピック液晶（lyotropic liquid crystal）と呼ばれている．これに対して，液晶分子単独では温度を変えることによって液晶状態が現れるので，このような液晶はサーモトロピック液晶（thermotropic liquid crystal）と呼ばれる．

第2章
ネマチック液晶の弾性理論

　ネマチック液晶の状態を記述する重要な量として，秩序パラメーターと配向ベクトルがある．前章において，ネマチック液晶では分子が揃っていることを知ったが，どの程度揃っているかを表すのが秩序パラメーターであり，平均の配向方向を表すのが配向ベクトルである．本章では，これらの物理量の厳密な定義を行ったのち，平衡状態においてこれらを熱力学的に決める自由エネルギーを導出する．特に，配向ベクトルの方向を決定するフランクの弾性自由エネルギーは応用上重要である．

2-1　秩序パラメーターと配向ベクトル

　第1章で述べたように，ネマチック相では液晶分子の方向が揃っているとはいっても，これは平均的な意味においてであり，個々の分子の方向は場所的にも時間的にもゆらいでいる．図2.1にある瞬間の分子の配向状態を示す（前章

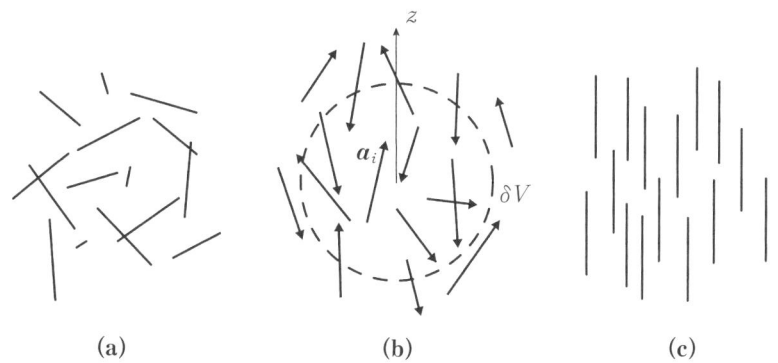

　図 2.1　棒状分子の配向状態．（a）等方相，（b）通常のネマチック相，（c）完全配向したネマチック相．

では液晶分子を回転楕円体で表したが，ここでは簡単のためただの棒で表す）．(a)は分子の方向が全くランダムである等方相を，(b)は配向の秩序がある程度ある液晶相を，(c)は完全配向の状態を示している．もちろん，(b)だけでなく，(a)と(c)の間には"配向の程度"の異なる液晶状態が連続的に存在する．この"配向の程度"を定量的に定義するために液晶中に微小ではあるがその内部に十分多くの液晶分子が含まれるような領域 δV を考える．この微小領域中の分子に番号を付け，i 番目の分子の方向を向いた単位ベクトルを $\boldsymbol{a}_i$ とする．現実の分子は真っすぐ伸びてはいないので $\boldsymbol{a}_i$ のとり方に曖昧さは残りそうであるが，分子は長軸に関して回転しているので，軸対称性のある回転楕円体等と見なすことができ $\boldsymbol{a}_i$ を定義できる．また，$\boldsymbol{a}_i$ の向きは分子に頭と尾の区別があれば尾から頭への向きとする（もともとどちらを頭にしどちらを尾にするかはあらかじめ決まっているわけではないので，この逆でも構わない）．頭尾の区別がない分子に対しては向きをランダムに決めることにする．今，考えている微小領域内にある分子の"平均の配向方向"に z 軸をとる．図2.1(b)を見れば視覚的には"平均の配向方向"は明らかであるが，後述するような厳密な定義がある．

　z 軸方向にどの程度分子が向いているかの程度は $\boldsymbol{a}_i$ の z 成分 a_{iz} の微小領域内での平均，$\langle a_z \rangle = N^{-1} \sum_{i=1}^{N} a_{iz}$（$N$：微小領域内の分子の総数）で与えられそうである．しかし，頭尾の区別がある分子から成るネマチック液晶では反対方向を向いた分子が同数ずつ存在するため平均はゼロとなってしまう．もしこれがゼロでないならば，頭または尾がより z 軸方向を向くことになり，さらに分子が長軸方向に電気双極子モーメントを持つならば（対称性を考えれば，少なからず持つはずである），自発分極を発現し，強誘電体となる．しかし，通常のネマチック液晶の対称性 $D_{\infty h}$ からもすぐにわかるように，z 軸の正と負の方向は同等であり，このような秩序は現れることはない．頭尾の区別のない液晶分子に対してはもともとこのように定義された配向度の定義は意味がないが，先の $\boldsymbol{a}_i$ の定義に従えば，ゼロとなる．

　それならば，$\boldsymbol{a}_i$ の z 成分 a_{iz} の自乗平均 $\langle a_z^2 \rangle = N^{-1} \sum_{i=1}^{N} a_{iz}^2$ をとればよさそう

である．図 2.1(c)の完全配向に対しては容易に $\langle a_z^2 \rangle = 1$ となることがわかる．図 2.1(a)の等方相に対しては，$\langle a_x^2 \rangle = \langle a_y^2 \rangle = \langle a_z^2 \rangle$ および $\langle a_x^2 \rangle + \langle a_y^2 \rangle + \langle a_z^2 \rangle = 1$ より $\langle a_z^2 \rangle = 1/3$ となる．図 2.1(b)に対してはこれらの間の値をとるので，配向秩序が増せば $\langle a_z^2 \rangle$ も大きくなり，$\langle a_z^2 \rangle$ が配向秩序を表すのに適した量であることがわかる．しかし，通常このような秩序パラメーター (order parameter) は秩序のない相（今の場合，等方相）ではゼロと定義するので，$\langle a_z^2 \rangle$ から 1/3 を引く．さらに，完全配向で 1 となるように 3/2 倍すると，配向の程度を表す秩序パラメーター S として

$$S = \frac{1}{2}(3\langle a_z^2 \rangle - 1) \tag{2.1}$$

が定義される．秩序パラメーターを定義するために導入した液晶中の微小領域は式(2.1)の平均値が平均としての意味を持つ，すなわち領域の大きさを多少変えても平均値が変わらない程度にとればよいことになる．

ところで，式(2.1)より S を求めるためには，平均の配向方向（今まで z 軸と仮定していた）を決める必要がある．$\langle a_z^2 \rangle$ はベクトル的ではなく，2 階のテンソル的な量（**付録 A** 参照）であるので，これを一般化したものとして $\langle a_\alpha a_\beta \rangle (\alpha, \beta = x, y, z)$ が考えられる．一般に 3 次元の 2 階のテンソルは 3 本の主軸（**付録 A** 参照）を持つが，ネマチック液晶の対称性より，そのうちの 2 本は同等で残る 1 本の方向が平均の配向方向となる．この平均の配向方向を配向ベクトル (director) と呼ばれる単位ベクトル $\boldsymbol{n}$ を用いて表す．ただし，$\boldsymbol{n}$ の向きは意味がなく，$\boldsymbol{n}$ と $-\boldsymbol{n}$ の状態は同等である．式(2.1)も以下のテンソル秩序パラメーター (tensor order parameter) に一般化できる[*1]．

$$S_{\alpha\beta} = \frac{1}{2}(3\langle a_\alpha a_\beta \rangle - \delta_{\alpha\beta}) \tag{2.2}$$

ここで，式(2.1)における右辺の数字の 1 は単位テンソル，つまりクロネッカーのデルタ (Kronecker delta) $\delta_{\alpha\beta}$（$\alpha = \beta$ のときのみ 1 で，その他は 0）で

[*1] 多くの液晶の教科書では棒状分子に対するテンソル秩序パラメーターとして，式(2.2)と定数倍異なる

$$Q_{\alpha\beta} = \frac{2}{3}S_{\alpha\beta} = \left(\langle a_\alpha a_\beta \rangle - \frac{1}{3}\delta_{\alpha\beta}\right)$$

が使われているので，注意が必要．

置き換えた．

一般にあるテンソルに単位テンソルの定数倍を足しても主軸は変わらないことから，このテンソル秩序パラメーターの主軸は$\langle a_\alpha a_\beta \rangle$の主軸と一致する．

[**演習問題 2.1**：上記を証明せよ]

すなわち，配向ベクトルの情報も含んでいる．さらに，平均の配向方向をz軸にとると，S_{zz}が式(2.1)のSと一致するのは当然であるが，定義(2.2)よりテンソル秩序パラメーターの対角和がゼロ，すなわち$\sum_{\alpha=1}^{3} S_{\alpha\alpha} = 0$（添字に関して，$1\leftrightarrow x, 2\leftrightarrow y, 3\leftrightarrow z$と見なす）となることを考慮すると，この座標系ではテンソル秩序パラメーターが

$$\begin{pmatrix} -S/2 & 0 & 0 \\ 0 & -S/2 & 0 \\ 0 & 0 & S \end{pmatrix} \quad (2.3)$$

と書けることがわかる．このように，テンソル秩序パラメーターは配向の秩序パラメーターS（テンソル秩序パラメーターに対してSをスカラー秩序パラメーターと呼ぶことがある）と配向ベクトル$\boldsymbol{n}$の両方の情報を含んでいる．逆に，Sと$\boldsymbol{n}$が与えられれば，$S_{\alpha\beta}$は

$$S_{\alpha\beta} = \frac{S}{2}(3n_\alpha n_\beta - \delta_{\alpha\beta}) \quad (2.4)$$

と表される．この式は，配向ベクトルがz軸方向を向いている場合の式(2.3)にz軸を$\boldsymbol{n}$の方向に変換する回転操作を作用させれば得られる．

[**演習問題 2.2**：式(2.4)を導出せよ]

2-2　テンソル秩序パラメーターと磁化率

前節においてネマチック液晶の配向度（スカラー秩序パラメーターS）と平均の配向方向（配向ベクトル$\boldsymbol{n}$）を表すテンソル秩序パラメーター$S_{\alpha\beta}$を式(2.2)よって定義したが，この量はネマチック液晶の磁化率（magnetic susceptibility）と密接な関係があり，これを利用して磁化率の測定から実験的に秩序パラメーターを求めることができる．液晶分子が一軸対称性を持つと仮定

し,軸に平行および垂直な方向の分子磁気感受率(molecular magnetic susceptibility)をそれぞれ $\zeta_\parallel$ および $\zeta_\perp$ とする.磁束密度 $\bm{B}$ (magnetic induction)中にある単位ベクトル $\bm{a}$ の方向を向いた分子の分子軸に平行および垂直な方向の磁束密度はそれぞれ $(\bm{a}\cdot\bm{B})\bm{a}$ および $(\bm{B}-(\bm{a}\cdot\bm{B})\bm{a})$ となるから(図2.2),磁気モーメント(magnetic moment)$\bm{m}$ はこれらにそれぞれ $\zeta_\parallel$ および $\zeta_\perp$ を掛けて足し算すれば求められる[*2].

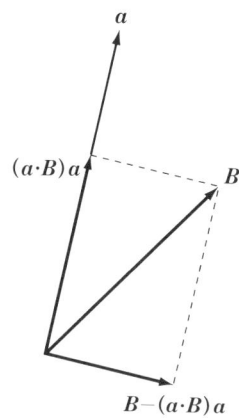

図 2.2　磁束密度 $\bm{B}$ の $\bm{a}$ とそれに垂直な方向への分解.

$$\bm{m}=\mu_0^{-1}\zeta_\parallel(\bm{a}\cdot\bm{B})\bm{a}+\mu_0^{-1}\zeta_\perp(\bm{B}-(\bm{a}\cdot\bm{B})\bm{a}) \tag{2.5}$$

ただし,μ_0 は真空の透磁率(permeability of vacuum)である.この式を成分で表し,整理すれば

$$m_\alpha=\mu_0^{-1}(\zeta_\perp\delta_{\alpha\beta}+(\zeta_\parallel-\zeta_\perp)a_\alpha a_\beta)B_\beta \tag{2.6}$$

となる.ただし,同じ添字が2回出てきたら和をとるというアインシュタインの規約を適用し,$\bm{a}\cdot\bm{B}=a_\beta B_\beta$, $B_\alpha=\delta_{\alpha\beta}B_\beta$ を使った.テンソル秩序パラメーターを定義したときに出てきた液晶中の微小領域にわたって上式を平均し,単位体積当たりの分子数 n を掛けると磁化(magnetization)$\bm{M}$(磁化は単位体積

[*2]　本書では電磁気の単位として SI 単位系を用いることにするが,巻末の参考文献の多くは CGS 単位系を使っているので注意が必要である.

当たりの磁気モーメントの総和)が求められる．式(2.2)から得られる関係式

$$\langle a_\alpha a_\beta \rangle = \frac{1}{3}(2S_{\alpha\beta} + \delta_{\alpha\beta}) \tag{2.7}$$

を式(2.6)を平均した後に用いれば

$$M_\alpha = n\mu_0^{-1}\left(\bar{\zeta}\delta_{\alpha\beta} + \frac{2}{3}(\zeta_\| - \zeta_\perp)S_{\alpha\beta}\right)B_\beta \tag{2.8}$$

を得る．ただし，$\bar{\zeta} = (\zeta_\| + 2\zeta_\perp)/3$ は分子1個についての平均値である（$\zeta_\perp$ の前の2は長軸に垂直な方向が2つあることからきている）．式(2.8)より磁化率 χ の成分は

$$\chi_{\alpha\beta} = n\left(\bar{\zeta}\delta_{\alpha\beta} + \frac{2}{3}(\zeta_\| - \zeta_\perp)S_{\alpha\beta}\right) \tag{2.9}$$

となる．ここで，配向ベクトルの方向に z 軸をとれば，配向ベクトルに平行および垂直方向の磁化率は式(2.3)を用いてそれぞれ

$$\chi_\| = \chi_{zz} = n\left(\bar{\zeta} + \frac{2}{3}(\zeta_\| - \zeta_\perp)S\right) \tag{2.10}$$

および

$$\chi_\perp = \chi_{xx} = \chi_{yy} = n\left(\bar{\zeta} - \frac{1}{3}(\zeta_\| - \zeta_\perp)S\right) \tag{2.11}$$

である．これより，磁化率の異方性 $\Delta\chi = \chi_\| - \chi_\perp$ に対して

$$\Delta\chi = n(\zeta_\| - \zeta_\perp)S \tag{2.12}$$

の関係があることがわかる．上式の右辺の係数がわかっていれば $\Delta\chi$ を測定して S を求めることができる．なお，$\chi_\|$, $\chi_\perp$ および $\boldsymbol{n}$ が与えられたときの磁化率テンソルは，式(2.6)までの導出を，$\zeta_\|$, $\zeta_\perp$ および $\boldsymbol{a}$ をそれぞれ $\chi_\|$, $\chi_\perp$ および $\boldsymbol{n}$ と読み替えて繰り返すか，式(2.4)を式(2.9)に代入し，式(2.10)〜式(2.12)を用いれば得られる．

$$\chi_{\alpha\beta} = \chi_\perp \delta_{\alpha\beta} + (\chi_\| - \chi_\perp)n_\alpha n_\beta \tag{2.13}$$

2-3 等方相-ネマチック相転移の現象論

等方相では秩序パラメーター S はゼロであるのに対し，ネマチック相ではゼロではない有限の値をとる．磁化率の温度依存性の測定によれば，S は等

2-3 等方相-ネマチック相転移の現象論

方相からネマチック相への転移点においてゼロから有限の値に不連続にジャンプし，ネマチック相に入ってからは温度が下がるとともに増大する．このような秩序パラメーターの振る舞いはランダウの現象論でよく記述できる．この節では等方相-ネマチック相転移のランダウ理論（Landau theory）（液晶の場合には特にランダウ-ドゥ ジャン理論（Landau-de Gennes theory）と呼ばれる）を紹介するが，ランダウ理論に馴染みのない読者のためにより簡単な強誘電体のランダウ理論をまず説明する．

強誘電体は外部から電場をかけなくても自発分極を持つが，一般に温度が上がると自発分極を持たない常誘電体へと相転移する．この常誘電相から強誘電相への相転移をランダウ理論で扱ってみる．この相転移を特徴づける秩序パラメーターは分極 P である．常誘電相では $P=0$ であるのに対し強誘電相では $P\neq 0$ となり，P は等方相-ネマチック相転移に対する秩序パラメーター S と同じ役割をする．ランダウ理論は対称性に基づく理論であるので，今考えている系の対称性を明確に定義する必要がある．常誘電相では結晶は反転対称（結晶を原点に関して反転しても反転する前と構造が変わらない）を持っており，強誘電相では自発分極は z 軸の正または負の向きに生じるとする．強誘電相では自発分極が存在するので，反転対称は失われることに注意せよ．一般に，ランダウ理論では自由エネルギー（free energy）F を秩序パラメーターの関数としてベキ級数展開する．今の場合

$$F(P, T) = F(0, T) + \frac{a}{2}P^2 + \frac{b}{4}P^4 + \frac{c}{6}P^6 + \cdots \tag{2.14}$$

と書ける．ただし，a, b, c は展開係数で温度 T の関数である．上式の展開式で奇数次の項が存在しないのは，"常誘電相"では反転中心があるため P と $-P$ の状態の自由エネルギーが等しくならなくてはならないからである．この例からわかるように，自由エネルギーの展開は対称性の高い相（高対称相）で行われなくてはならない．

ここで，常誘電相では分極はゼロなのに，なぜゼロでない P を考えて式(2.14)のように展開するのかと思う読者がいるかもしれない．常誘電相であっても，例えば電場をかければ分極が誘起されるし，熱ゆらぎによっても分極はゼロでなくなる．このようなことが常誘電相で起こって P がゼロでなくなっ

たときの自由エネルギーと考えればよい．バネを例に考えるとこの事情は理解しやすいかもしれない．バネは外力が作用しなければ伸びない．伸びを x とすれば，このとき x はゼロである．しかし，x だけ伸びたときのエネルギー U は k をバネ定数として $U=kx^2/2$ と書くことができる．このように，安定状態では $x=0$ であっても，何らかの原因で x がゼロでなくなったときのエネルギーは x の関数として書くことができる．これに対応するのが，式(2.14)であると思えばよい．なお，力学における安定状態はポテンシャルエネルギーの極小で与えられる．バネの例では $\partial U/\partial x=0$ であり，これより $x=0$ となる．これに対応して，有限温度で極小となるのは自由エネルギーである（**付録 C** でこのことが示されている）．

簡単のため 2 次相転移（秩序パラメーターが転移点で連続的に変化する場合）を扱う．この場合，転移点近傍だけを考えることにすれば P は十分小さいとしてよく，後からわかるように，式(2.14)における展開の 4 次項までで本質的な振る舞いを説明できる．上で述べたように，P は自由エネルギーが与えられた温度 T で極小となるように決められる．極小の条件

$$\frac{\partial F}{\partial P}=P(a+bP^2)=0 \tag{2.15}$$

より，$P=0$（常誘電相）と $P=\pm\sqrt{-a/b}$（強誘電相）の解が存在する．ここで，$b>0$ ならば，後述する図 2.4 からわかるように，前者が極小となるためには $a\geq 0$，後者が極小となるためには $a<0$ の条件が必要である[*3]．したがって，転移点で a がゼロとならなくてはならない．a は温度の関数であるので，転移温度 T_c の回りで展開し，1 次の項だけをとると

$$a=a_0(T-T_c) \tag{2.16}$$

と表される．ただし，上の条件より $a_0>0$ である．係数 b も温度依存するが，転移点では正の値をとるので，転移点近傍では正の定数としてよい．自発分極の大きさ P_s の温度依存性は後者の解に式(2.16)を代入して

[*3] $b<0$ の場合，後者の解は極大（ただし，このとき $a>0$）となり，強誘電相は不安定となる．この場合 $c>0$ として 6 次項を自由エネルギーに加えれば安定な強誘電相を得ることができるが，P が転移点で不連続な 1 次相転移となる．

2-3 等方相-ネマチック相転移の現象論

$$P_s = \sqrt{\frac{a_0(T_c - T)}{b}} \tag{2.17}$$

のように与えられる.転移点で P_s の傾きは無限大で,強誘電相に入ると急激に増大することがわかる(図 2.3).

以上の結果は自由エネルギー(2.14)の温度依存性を図示するとわかりやすい(図 2.4).常誘電相($T > T_c$ or $a > 0$)では極小は $P = 0$ のみである.転移点

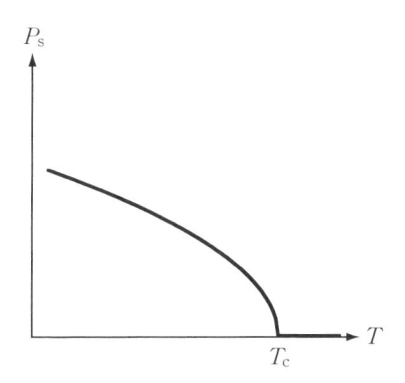

図 2.3 ランダウ理論による自発分極の温度依存性.

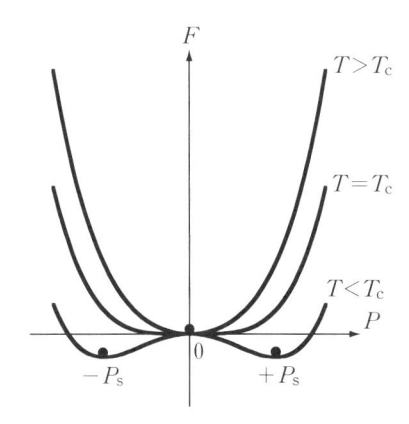

図 2.4 自由エネルギーの温度依存性.$T > T_c$ では極小は原点のみであるが,$T < T_c$ では $\pm P_s$ に現れる.

($T=T_c$ or $a=0$) では 2 次の復元力がなくなり，外部電場により容易に分極を誘起できるようになる．つまり，この理論では誘電率が転移点で無限大に発散し，実験結果をよく現している．強誘電相（$T<T_c$ or $a<0$）になると，$P=0$ の極小は極大に変わり，$P=\pm P_s$ に新たに極小が現れ，結晶はどちらかの状態をとる．実際の結晶では静電的エネルギーを小さくするように z 軸の正と負の方向を向いた領域（ドメイン）が結晶中に分散して存在することが多い．以上，自由エネルギーの 4 次項までの展開で 2 次相転移を扱ったが，4 次項の係数を負にして 6 次項の係数を正にすると 1 次相転移（秩序パラメーターが転移点で不連続にジャンプする）も扱うこともできる．さらに，1 次，2 次の相転移にかかわらず，自由エネルギーから比熱等も計算することができる．このように，ランダウ理論は対称性のみに立脚した理論であるがゆえに相転移一般に適用でき，極めて有用である．

　等方相-ネマチック相転移の秩序パラメーターはテンソル秩序パラメーターであるので，強誘電相転移と同じように，自由エネルギーをこれで展開する．ただし，上述の結晶の場合は分極の反転，つまり $P\to-P$ に対してのみ自由エネルギーが不変であるとしたが，液晶では等方相においてすべての回転および反転に対して自由エネルギーは不変であると要請する．もちろん，結晶の場合でも自由エネルギーはスカラーであり，任意の回転"操作"（これらは高対称相の構造を操作前と後で一致させる"対称操作"では必ずしもないことに注意）に対してもそれは不変でなくてはならない．しかし，このような対称操作以外の操作に対しては，式(2.14)のような展開式の係数 $a, b, \cdots$ は定数とはならない．2-4 節で述べるフランクの弾性自由エネルギー密度がこの例である．以下では一様配向（$\boldsymbol{n}$ 一定）を仮定して，自由エネルギーを展開すると

$$F=F_0+\frac{A}{2}S_{\alpha\beta}S_{\beta\alpha}+\frac{B}{3}S_{\alpha\beta}S_{\beta\gamma}S_{\gamma\alpha}+\frac{C_1}{4}(S_{\alpha\beta}S_{\beta\alpha})^2+\frac{C_2}{4}S_{\alpha\beta}S_{\beta\gamma}S_{\gamma\delta}S_{\delta\alpha} \quad (2.18)$$

が得られる．右辺の各項はテンソルの縮約となっているのでスカラーである，つまりすべての回転および反転に対して不変であることはすぐにわかる（**付録 A** 参照）．3 次項が存在するのが著しい特徴であり，後述するようにこの項の存在により転移は必ず 1 次となる．また，1 次項が存在しないのは唯一の 1 次の不変項 $S_{\alpha\alpha}$（アインシュタインの規約を適用）がテンソル秩序パラメーター

の性質(対角和がゼロ)から恒等的にゼロになってしまうからである.1次項があると $S_{\alpha\beta}=0$ が極小とはなれない(このことは,例えば $y=a_0+a_1x+a_2x^2+\cdots$ が $a_1\neq 0$ ならば $x=0$ で極値をとれないことからわかる).つまり,等方相が安定相として存在できない.

自由エネルギー(2.18)は任意の回転に対して不変であるから,$S_{\alpha\beta}$ は配向ベクトル $\boldsymbol{n}$ を含むが,自由エネルギーは $\boldsymbol{n}$ を含まず,スカラー秩序パラメーター S だけの関数となるはずである.そこで,配向ベクトルが z 軸を向いた特別な場合の式(2.3)を式(2.18)に代入して,一般的な結果

$$F=F_0+\frac{3A}{4}S^2+\frac{B}{4}S^3+\frac{9C}{16}S^4 \tag{2.19}$$

を得る.B は負,$C=C_1+C_2/2$ は正の定数,$A=A_0(T-T_0)$ (T_0:定数) は温度に依存する変数として,自由エネルギーの温度変化を図2.5に示す.高温では $S=0$ にのみ極小を持ち,等方相のみが安定である.温度が下がり,2次項の寄与が小さくなると3次項のために $S>0$ の側に新たにネマチック相に対応する極小が現れ,$T=T_c$ で横軸に接し,等方相とエネルギーが等しくなる.

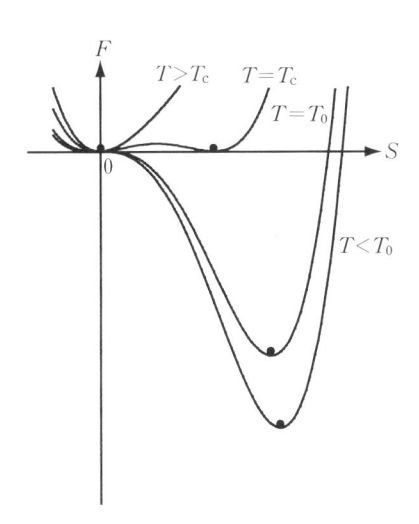

図 2.5 等方相-ネマチック相転移における自由エネルギーの温度変化.1次相転移は自由エネルギーの2次の係数 A がゼロ($T=T_0$)になる前の高温側の $T=T_c$ で起こる.

転移点 T_c は等方相とネマチック相の自由エネルギーが等しくなる温度である．これより温度が少しでも下がると，ネマチック相の自由エネルギーの方が小さくなり，S はゼロから有限の値へジャンプし，1次相転移が起こる．この点は2次の強誘電相転移と異なる（図2.4参照）．なお，初めに B を負としたが，正とすると極小が負の側に行ってしまい，実際と合わない．さらに温度が下がると $S=0$ の極小は消え（$T=T_0$），ネマチック相のみが安定となる．強誘電体の2次相転移の例では，自由エネルギーの2次項の係数がゼロとなる温度が転移点であったが，今の場合は2次項の係数がゼロとなる前に1次相転移が起こることに注意せよ．図2.6に，$\partial F/\partial S=0$ を解いて得られた秩序パラメーター S の温度依存性を示す．転移点で1次相転移に特徴的な不連続なジャンプがあり，ネマチック相で単調に増加しているのがわかる．等方相からネマチック相への転移の次数が1次となるのは自由エネルギー(2.19)に3次項があるためであり，元をたどれば対称性の必然的結果である．

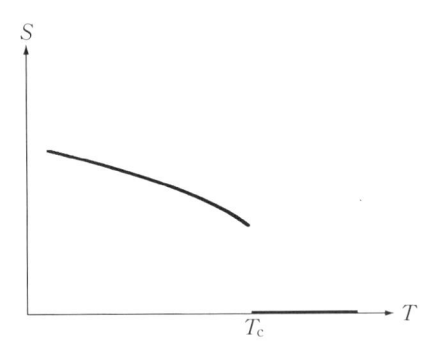

図 2.6 秩序パラメーター S の温度依存性．転移点で1次相転移に特徴的なジャンプが見られる．

この節の最後に，ランダウ理論の限界および有用性について触れておこう．例えば，転移温度は自由エネルギーの展開係数の関数となっているが，これらの展開係数の数値はランダウ理論では与えられない．転移温度は液晶を構成する分子の形状および分子間の相互作用に依存するが，ランダウ理論では対称性のみでこれらについては考慮されていないからである．しかし，分子の個別性を無視したお陰で，ネマチック液晶（対称性が同じ）ならば構成分子によらず

成立する理論になっている．展開係数を知るにはミクロな理論が必要となるが，現在分子構造までを取り入れた完全な理論は存在しない．このような意味でランダウ理論は液晶のマクロな性質を理解する上で極めて有用であり，次章で述べるように様々な応用がある．

2-4　フランクの弾性自由エネルギー

　ネマチック相の状態はテンソル秩序パラメーターにより決定され，さらにテンソル秩序パラメーターはスカラー秩序パラメーター S と配向ベクトル $\boldsymbol{n}$ に分けて考えることができた（式(2.4)参照）．S については前章で述べたように自由エネルギーを極小とするように決められることがわかった（ランダウ-ドゥジャン理論）．では，$\boldsymbol{n}$ は何によって決められるのであろうか？ $\boldsymbol{n}$ についても S と同様に自由エネルギーを極小にするように決められる．しかし，S と同じように自由エネルギーを $\boldsymbol{n}$ で展開するというわけにはいかない．以下，自由エネルギーが $\boldsymbol{n}$ にどのように依存するべきかを考えてみる．

　$\boldsymbol{n}$ は分子の平均の配向方向であるが，温度を下げて等方相からネマチック相になるときに特にどちらかの方向を向かなくてはならないということはなさそうである．すなわち，等方相は文字通り等方的つまりどの方向も等価であるから，ネマチック相になったときの $\boldsymbol{n}$ は決まらない，つまりどの方向を向いていてもよいということになる．このことは，自由エネルギーを $\boldsymbol{n}$ で展開しても何の意味ある結果は得られないことを予想させる．実際に自由エネルギーを $\boldsymbol{n}$ で展開してみれば，まず $\boldsymbol{n}^2$ が不変項として現れるが，これは定義より 1 であり意味がない．それ以前に自由エネルギーを（テーラー）展開する変数はゼロをとりうる小さな量でなくてはいけないから今の展開は意味がない．前節まではネマチック相における液晶分子の配向方向はどこでも同じ，すなわち一様配向を考えてきたが，実際には分子間の相互作用は固体のようには強くないので，外力により配向方向が容易に変化し，空間的に非一様な状態が現れる（図2.7）．容易に変形するとはいえ，ネマチック相の自由エネルギー最小の状態（基底状態）は配向ベクトル $\boldsymbol{n}$ が一方向を向いた状態であるから，このように非一様な状態の自由エネルギーは基底状態の自由エネルギーより高くなってい

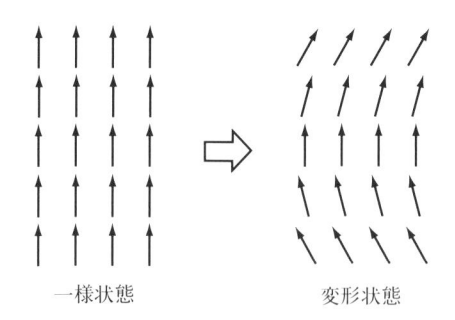

図 2.7 配向ベクトル(分子の方向を表す単位ベクトル a ではないことに注意)の一様状態(基底状態)と変形状態(励起状態).

るはずである.したがって,ネマチック相の自由エネルギーは配向方向に直接依存するのではなく,空間的な非一様の程度に依存する.

空間的な非一様の程度を表す物理量としては配向ベクトル n の場所についての導関数 $\partial n_\alpha/\partial x_\beta$ をとればよいであろう.ただし,$\alpha, \beta = 1, 2, 3$ であり,必要に応じて $x_1 = x$,$x_2 = y$,$x_3 = z$ および $n_1 = n_x$,$n_2 = n_y$,$n_3 = n_z$ とする.これら $3 \times 3 = 9$ 個の導関数は一様状態ではすべてゼロ,変形が起こるとどれかがゼロでなくなる.これらの導関数で自由エネルギーを展開すればよいが,これらは場所に依存する局所的な量であるので,これらで直接系全体の全自由エネルギーを展開するわけにはいかない.そこで,自由エネルギー密度 (free energy density) を導入し,これを導関数で展開することにする.ここで,自由エネルギー密度 f_d は,液晶中に微小体積 ΔV をとりその中にある液晶分子の持つ自由エネルギーを ΔF としたとき,$f_d = \Delta F/\Delta V$ で定義される.もちろん,ΔV は数学的な無限小ではダメで,自由エネルギーが十分な精度で決められほど大きくかつ導関数 $\partial n_\alpha/\partial x_\beta$ の空間的変化を反映するほどに小さくなくてはならない.蛇足ではあるが,このように定義された自由エネルギー密度はしばしば単位体積当たりの自由エネルギーと呼ばれるが,文字どおりに単位体積中(単位系により単位体積は異なる)にある液晶の自由エネルギーでは決してないので注意が必要である.こうして,局所的な自由エネルギー密度を同じく局所的な小さな量である $\partial n_\alpha/\partial x_\beta$ の関数としてテーラー展開することができ

2-4 フランクの弾性自由エネルギー

る．厳密にはこの展開は秩序パラメーター S の空間変化をも考慮して行われなくてはならないが，通常 S は温度のみに依存し，配向ベクトルが多少変化してもほぼ一定と見なすことができるので，以下では S は一定として話を進める．全自由エネルギー F は自由エネルギー密度を液晶の存在する領域にわたって体積積分すれば得られる．

$$F = \int f_\mathrm{d} \mathrm{d}V \tag{2.20}$$

F はもともとすべての場所における配向ベクトルが，つまり配向ベクトル場 $n(r)$ がわかって決められるものである．F のように関数（いまの場合 $n(r)$）の関数となっているものを，独立変数（引数）が有限個の通常の関数と区別し，汎関数と呼び $F[n(r)]$ と表す．式(2.20)は，汎関数を自由エネルギー密度を用いて表現したもので，具体的計算に有用である．

場所 r の近傍 r' における配向は

$$n_\alpha(r') = n_\alpha(r) + \frac{\partial n_\alpha}{\partial x_\beta}(x_\beta' - x_\beta) + \frac{1}{2}\frac{\partial^2 n_\alpha}{\partial x_\beta \partial x_\gamma}(x_\beta' - x_\beta)(x_\gamma' - x_\gamma) + \cdots \tag{2.21}$$

とテーラー展開で表すことができるので，場所 r の回りの配向ベクトルの変化分 $n_\alpha(r') - n_\alpha(r)$ は場所 r における微分係数 $\partial n_\alpha/\partial x_\beta$, $\partial^2 n_\alpha/\partial x_\beta \partial x_\gamma$ 等で与えられる．つまり，微分係数 $\partial n_\alpha/\partial x_\beta$, $\partial^2 n_\alpha/\partial x_\beta \partial x_\gamma$ 等は点 r における配向ベクトルのひずみを表す量であると考えることができる．これより，$\partial n_\alpha/\partial x_\beta$ だけでなく 2 階以上の高次の微分係数も含めて自由エネルギー密度を展開すれば，さらに近似のよい展開式を得ることができることがわかるが，複雑になる．そこで，ここでは 1 階の微分係数までに止める．配向ベクトルの空間的変化が小さいときにはこれで十分であろう．例えば，配向ベクトルの空間的変化が $\cos kz$ に比例するとすると，1 階の微分係数は k，2 階の微分係数は k^2 のオーダーとなるので，波数 k が小さく，つまり配向ベクトルがゆっくりと変化する場合には 1 階の微分係数までで十分である．ただし，微分係数が小さいといっても大きな距離を進めば配向ベクトルは大きく変化するので，一方向に一様に揃った状態からの微小変形だけしか扱えない理論ではない．

以下では自由エネルギー密度 f_d を $\partial n_\alpha/\partial x_\beta$ で展開するわけであるが，f_d は n の関数でもある．しかし，テーラー展開は小さな量である $\partial n_\alpha/\partial x_\beta$ について

行われなくてはならない．前述したように n についての展開は意味がない．展開式において n は $\partial n_\alpha/\partial x_\beta$ の展開係数に現れるだけである．展開係数が定数とならない点は通常のランダウ理論と違っているようにみえる．これは，対称性 $D_{\infty h}$ を持つネマチック相において自由エネルギー密度を $\partial n_\alpha/\partial x_\beta$ で展開したにもかかわらず，この展開式を K_h のすべての操作に対して不変にしようとしたからである．ある n に対して $D_{\infty h}$ の具体的な操作（∞ 回軸の方向等）が決まるが，この操作に対して n は不変であるから，この n に対しては展開係数を定数と見なすことができる．これに相当するのがランダウ展開である．次節においては K_h の対称性を持つ等方相において自由エネルギー密度を展開する．

液晶を容器ごと回転すれば自由エネルギーは変化しないはずである．特に，自由エネルギー密度の展開を考えている点 r の回りの回転操作に対してはその場所の自由エネルギー密度も不変である．ただし，以下では鏡映対称（反転対称）のないコレステリック液晶も扱うので，回転操作では不変でも，反転操作に対しては符号を変える擬スカラー（**付録A** 参照）も許すことにする．したがって，展開式が満たさないといけない条件として，まず，1) 自由エネルギー密度 f_d の展開式はすべての回転操作に対して不変でなくてはならない．さらに，n と $-n$ は同じ状態を表すので，2) 展開式は n の符号を変えても不変でなくてはならない．これらに加えて，次の条件も後述する理由により課すことにする．3) 展開式の中の項でその体積積分が表面積分に変換できるものは除く．

上記の条件を満たす f_d の展開式の導出はやっかいであるので（導出は**付録B** 参照），ここでは結果だけを示す[*4]．

$$f_d = \frac{1}{2}K_1(\nabla\cdot\boldsymbol{n})^2 + \frac{1}{2}K_2(\boldsymbol{n}\cdot(\nabla\times\boldsymbol{n}))^2 + \frac{1}{2}K_3(\boldsymbol{n}\times(\nabla\times\boldsymbol{n}))^2 + K_2'\boldsymbol{n}\cdot(\nabla\times\boldsymbol{n})$$

(2.22)

ここで，配向に依存しない定数項は落とした．また，K_1, K_2, K_3, K_2' は定数である．上式の各項が上記の条件を満たすことを確かめるのは簡単である．**付録**

[*4] 本書では div $\boldsymbol{n}$, rot $\boldsymbol{n}$, grad ϕ を $\nabla=(\partial/\partial x_1, \partial/\partial x_2, \partial/\partial x_3)$ を用いてそれぞれ $\nabla\cdot\boldsymbol{n}, \nabla\times\boldsymbol{n}, \nabla\phi$ と表すことにする．

2-4 フランクの弾性自由エネルギー

A に示すように，微分演算子のナブラ $\nabla=(\partial/\partial x_1, \partial/\partial x_2, \partial/\partial x_3)$ が回転操作によりベクトルと同じように変換されること，ベクトル積は擬ベクトル，ベクトルとベクトルの内積はスカラー，ベクトルと擬ベクトルの内積は擬スカラー，擬スカラーの自乗はスカラーであることを考慮すれば，上式の右辺第3項まではスカラー，最後の項は擬スカラーであることがわかる．例えば，第1項における $\nabla\cdot\boldsymbol{n}$ はベクトルの内積であるからスカラーであり，その自乗はもちろんスカラーである．ここで，式(2.22)に $\nabla\cdot\boldsymbol{n}$ がないのはスカラーではあるが，条件2)と3)を満たさないからである．最後の K_2' の項はすべての条件を満たすが，擬スカラーである（他の3項はスカラーである）．すなわち，空間反転 $\boldsymbol{r}\to-\boldsymbol{r}$ に対して符号を変える．ネマチック液晶は対称操作に空間反転を含むから，空間反転に対しても自由エネルギー密度は不変でなくてはならない．したがって，最後の項は空間反転操作を持たないコレステリック液晶に対してのみ存在し，ネマチック液晶に対しては $K_2'=0$ となる．

$K_2'\neq 0$ のコレステリック液晶に対しては式(2.22)を

$$f_\mathrm{d} = \frac{1}{2}K_1(\nabla\cdot\boldsymbol{n})^2 + \frac{1}{2}K_2(\boldsymbol{n}\cdot(\nabla\times\boldsymbol{n})+q_0)^2 + \frac{1}{2}K_3(\boldsymbol{n}\times(\nabla\times\boldsymbol{n}))^2 \qquad (2.23)$$

と書き換えることができる．ただし，

$$q_0 = -\frac{K_2'}{K_2} \qquad (2.24)$$

であり，$\boldsymbol{n}$ に依存しない定数項は落とした．式(2.23)をフランク（Frank）の弾性自由エネルギー密度，また K_1, K_2, K_3 をフランクの弾性定数（elastic constant）という[*5]．後述するようにこれらの弾性定数は正でなくてはならない．自由エネルギーを極小とする状態（基底状態）では，式(2.23)の各項がゼ

[*5] "弾性"はもともと固体に対して使われるものである．固体に外力を加えて変形させた後，外力を取り去ると再び元の状態へ戻る．これが弾性である．液晶の配向においても，外場（例えば，後述するような電場および磁場）によって配向を変化させた後，外場を取り去ると元に戻る．前者は並進に関する弾性，後者は配向に関する弾性と考えることができる．固体（弾性体）が変形すると自由エネルギーが変化するが，これは変形量 ε（例えば，単位長さ当たりの伸び）を用いて $K/2\cdot\varepsilon^2$ と表すことができる．この固体の弾性論との類似性から式(2.23)における係数も"弾性定数"と呼ばれる．

ロとなる．ネマチック相では $q_0=0$ であるから，配向ベクトルがすべて同一の方向を向いた状態（$\bm{n}=$ 一定）が基底状態となっていることが容易にわかる．$q_0\neq 0$ であるコレステリック相では，第1項および第3項がゼロに加えて，第2項が $\bm{n}\cdot(\nabla\times\bm{n})=-q_0$ を満たす状態が基底状態となる．例えば，

$$\bm{n}(\bm{r})=(\cos q_0 z, \sin q_0 z, 0) \tag{2.25}$$

は式(2.23)をゼロとする．これは z 方向に波数 q_0 のらせんを巻いたコレステリック相に対応する．フランクの弾性自由エネルギー密度はもともと任意の回転に対して不変であるから，このらせん軸の方向を変えても，エネルギーは変わらない，すなわち，この他にも任意の方向をらせん軸とするらせん構造が基底状態となっていることに注意せよ．なお，このらせん構造の例から，フランクの自由エネルギー密度によって記述される構造は配向ベクトルが一定方向からわずかにずれた状態に限られないことが確かめられる．

さて，フランクの自由エネルギー密度(2.23)の第2項はらせん構造（ツイスト（twist）変形と呼ばれる）に対応していたが（図2.8(b)），第1項および第3項はそれぞれ図2.8のスプレイ（splay）変形(a)およびベンド（bend）変形(c)に対応している．式(2.23)の各項がこのような変形に対応していることは，次のような微小変形を考えてみればわかる．今，配向ベクトルが紙面内（x-z 面内）にあり，かつ z 軸からの傾き角 θ が小さいとすると配向ベクトルは近似的に $\bm{n}\cong(\theta,0,1)$ と表される．このとき，例えば，第1項に対しては，$\nabla\cdot\bm{n}\cong\partial\theta/\partial x$ となるから，いま $\nabla\cdot\bm{n}$ がゼロではなく定数 c であるとすると，

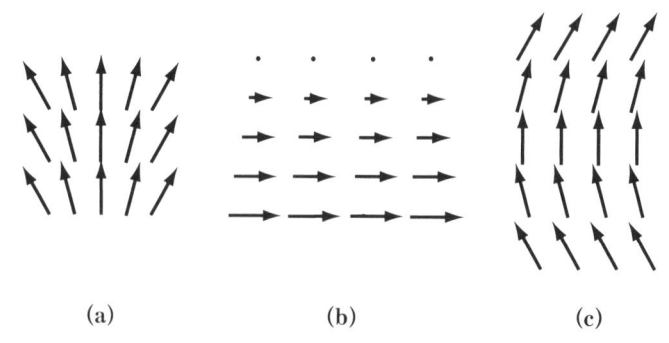

図 2.8 （a）スプレイ変形，（b）ツイスト変形，（c）ベンド変形．

2-4 フランクの弾性自由エネルギー

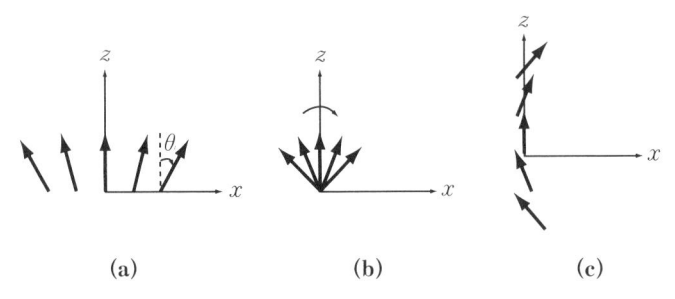

図 2.9 微小変形を考えたときの(a)スプレイ変形，(b)ツイスト変形，(c)ベンド変形．図2.8(b)と図2.9(b)の座標軸が異なることに注意．

$\theta \cong cx$ となる．これは図2.9(a)に示す変形である．第2項に対しては，すでにコレステリック相のところでツイスト変形に対応していることを示したが，微小変形の議論もできる．$\bm{n}\cdot(\nabla\times\bm{n})\cong-\partial\theta/\partial y$ となるからこれを定数 $-c$ とおけば，$\theta\cong cy$ となり，確かに図2.9(b)のツイスト変形になっている．第3項に対しては，$\bm{n}\times(\nabla\times\bm{n})\cong(-\partial\theta/\partial z,0,0)$ となるので，x成分を $-c$ とおけば，$\theta\cong cz$ となり，図2.9(c)に対応するベンド変形となっていることがわかる．

以上の微小変形の議論から，θ が x に依存して変わるとスプレイ変形に，y に依存して変わるとツイスト変形に，z に依存して変わるとベンド変形になることがわかった．ただし，今の場合，変形のないときの配向ベクトルは z 方向を向き，変形により x 方向に傾くとしたことに注意せよ．言い換えれば，変形前の配向ベクトルに垂直な方向に進むとき，配向ベクトルが進行方向に傾くならスプレイ変形，進行方向に垂直に傾くならツイスト変形，一方，配向ベクトルの方向に進むときこれに垂直な方向に傾くなら（2つの独立な方向があることに注意）ベンド変形となる．

この節の最後に，式(2.23)に現れるフランクの弾性定数 K_1, K_2, K_3 が正となることを示しておく．簡単のため以下ではネマチック相を考える（式(2.23)において $q_0=0$ とおく）．上で説明したスプレイ，ツイストおよびベンド変形は微小変形を考える限り独立である（分子振動や格子振動の固有モード（eigen mode, normal mode）に対応する）．なぜなら，例えば微小スプレイ変形（θ

$\approx cx$) は式(2.23)の右辺における第1項のみをゼロではなくし，他の2項をゼロにするからである．他の2つの微小変形に対しても同様である．ネマチック相における基底状態は一様配向であり，このとき式(2.23)の右辺はゼロである．任意の変形に対しては自由エネルギーは増加するはずであるから，式(2.23)の右辺は正でなくてはならない．今，微小スプレイ変形が起こったとすれば，右辺第1項のみがゼロではないが，これが正となるためには K_1 が正でなくてはならない．同様に，他の2つの弾性定数も正となる．なお，以上の議論では傾き角は x 等に比例するとしたが，一般的には色々な波数を持って正弦的に変化する．これについては3-8節で詳しく述べる．

2-5　テンソル秩序パラメーターによる自由エネルギー密度の展開

前節ではネマチック相において自由エネルギー密度を $\partial n_\alpha/\partial x_\beta$ で展開したが，本節ではランダウ理論に従って，等方相において自由エネルギー密度をテンソル秩序パラメーターで展開し，同様な結果が得られることを示す．

等方相の対称性は K_h（コレステリック相はここでは扱わない）であるから，展開式は任意の回転操作および反転操作に対して不変，つまりスカラーでなくてはならない．式(2.18)は一様な状態の全自由エネルギーを表すが，非一様な状態の自由エネルギー密度には $\partial n_\alpha/\partial x_\beta$ で展開したのと同様に $S_{\alpha\beta}$ の微分項が必要となる．

$$f = \frac{a}{2} S_{\alpha\beta} S_{\beta\alpha} + \frac{b}{3} S_{\alpha\beta} S_{\beta\gamma} S_{\gamma\alpha} + \frac{c_1}{4} (S_{\alpha\beta} S_{\beta\alpha})^2 + \frac{c_2}{4} S_{\alpha\beta} S_{\beta\gamma} S_{\gamma\delta} S_{\delta\alpha} \\ + \frac{L_1}{2} \frac{\partial S_{\beta\gamma}}{\partial x_\alpha} \frac{\partial S_{\beta\gamma}}{\partial x_\alpha} + \frac{L_2}{2} \frac{\partial S_{\alpha\gamma}}{\partial x_\alpha} \frac{\partial S_{\gamma\beta}}{\partial x_\beta} \tag{2.26}$$

ただし，上式は自由エネルギー密度なので，式(2.18)の A, B, C を小文字に変えた．最後の2項が微分項であるが，$\partial/\partial x_\beta$ がベクトル的であることを考慮すれば，これらの項は2階のテンソルとベクトルからなる縮約（**付録A** 参照）であるので，確かにスカラーであることがわかる．

式(2.26)に S と $\boldsymbol{n}$ が場所 $\boldsymbol{r}$ の関数とした式(2.4)を代入すると面倒な計算

の結果，

$$f = \frac{3}{4}aS^2 + \frac{1}{4}bS^3 + \frac{9}{16}cS^4$$
$$+ \frac{3}{4}\left(L_1 + \frac{1}{6}L_2\right)(\nabla S)^2 + \frac{3}{8}L_2(\boldsymbol{n}\cdot\nabla S)^2$$
$$+ \frac{9}{4}S^2\left\{\left(L_1 + \frac{1}{2}L_2\right)(\nabla\cdot\boldsymbol{n})^2 + L_1(\boldsymbol{n}\cdot\nabla\times\boldsymbol{n})^2 + \left(L_1 + \frac{1}{2}L_2\right)(\boldsymbol{n}\times\nabla\times\boldsymbol{n})^2\right\}$$
$$+ \frac{3}{2}L_2S(\nabla\cdot\boldsymbol{n})(\boldsymbol{n}\cdot\nabla S) + \frac{3}{4}L_2S(\boldsymbol{n}\times\nabla\times\boldsymbol{n})\cdot\nabla S$$

(2.27)

を得る．ただし，$c = c_1 + c_2/2$ である．最初の3項はSのみに，次の2項はSの空間変化に依存し，続くS^2に比例する3項がフランクの弾性自由エネルギーを，最後の2項は$\boldsymbol{n}$とSの空間変化に相互に関係するエネルギーを表している．通常$\boldsymbol{n}$とSに関する空間微分は小さいので，Sの大きさは最初の3項で決められてしまう．Sの大きさが一定であると近似すると，最初の3項とフランクの弾性自由エネルギーの項のみが残る．式(2.23)と比較すれば，

$$K_1 = K_3 = \frac{9}{2}S^2\left(L_1 + \frac{1}{2}L_2\right)$$
$$K_2 = \frac{9}{2}S^2 L_1$$

(2.28)

が得られる．上式はスプレイとベンドの弾性定数 K_1 と K_3 が等しいということを表しているが，実際には等しくはない．これは，式(2.26)で高次の項を落としたためであり，高次項を考慮すれば，K_1 と K_3 は等しくなくなる．しかし，等方相-ネマチック相転移点の近くになると，高次項の寄与が小さくなり，K_1 と K_3 が近い値をとるようになることが実験的に明らかになっている．以上のように，本来のランダウ理論に従って自由エネルギー密度をテンソル秩序パラメーターで展開すると，計算はややこしくなるが，見通しはよくなる．

第3章

弾性理論の応用

　本章では，平衡状態において配向ベクトルの空間分布を決定するフランクの弾性自由エネルギーを用いた応用例をいくつか紹介する．配向ベクトルは磁場や電場の下ではその方向を変えようとする力を受ける．この力とネマチック液晶の弾性力の拮抗によりフレデリクス転移と呼ばれる2次相転移と類似の現象が起こる．これは液晶ディスプレイの原理と密接に関係している．また，フランクの弾性自由エネルギーから転傾と呼ばれる液晶に特有な欠陥を導き，欠陥の間に働く力を計算する．配向ベクトルは熱ゆらぎにより絶えずその方向を変えているが，そのゆらぎの大きさ，さらにそれによる光散乱の強度を求める．

3-1　電場，磁場との相互作用

　前章においてネマチック液晶の秩序パラメーター S と配向ベクトル $\bm{n}$ に対する自由エネルギーの表式を求めた．2-3および2-5節で述べたように，秩序パラメーター S は主に温度のみに依存し，場所にはほとんど依存しない．通常は配向ベクトルの空間変化のみが問題となり，したがって，フランクの弾性自由エネルギーを基にネマチック液晶の物性が議論される．本章ではその応用例をいくつか紹介する．その際外場（external field）（電場（electric field）および磁場（magnetic field））との相互作用がしばしば問題となる．例えば，ディスプレイへの応用においては電場の効果を調べる必要がある．

　液晶を構成する分子は電気および磁気的異方性を持つため，電場および磁場と相互作用し，その配向方向を変える．電場と磁場に対しては同様に扱うことができるので，以下では電場との相互作用を考察する．**付録C**の式(C.12)より，電場の自由エネルギー密度への寄与 f_{el} は

$$f_{\text{el}} = -\frac{1}{2}\boldsymbol{D}\cdot\boldsymbol{E} = -\frac{1}{2}\varepsilon_0\varepsilon\boldsymbol{E}\cdot\boldsymbol{E} = -\frac{1}{2}\varepsilon_0\varepsilon_{\alpha\beta}E_\beta E_\alpha \tag{3.1}$$

で与えられる．ただし，$\boldsymbol{E}, \boldsymbol{D}, \varepsilon_0, \varepsilon_{\alpha\beta}$ はそれぞれ電場（electric field），電束密度（electric displacement），真空の誘電率（electric permittivity of vacuum），比誘電率テンソル（relative electric permittivity tensor）である．ここで，磁性体に対して導出した磁化率の表式(2.13)はそのまま電気感受率（electric susceptibility）に対しても成立することに注意する．すなわち，分極 $\boldsymbol{P}$（polarization）と電場 $\boldsymbol{E}$ の関係を与える関係式 $P_\alpha = \varepsilon_0 \chi_{\alpha\beta} E_\beta$ における $\chi_{\alpha\beta}$ は式(2.13)における $\chi_\parallel$ と $\chi_\perp$ を配向ベクトルに平行および垂直な方向の電気感受率と読み替えれば与えられる．$\chi_{\alpha\beta}$ に真空の誘電率に対応する $\delta_{\alpha\beta}$ を加えれば，誘電率テンソル[*1]

$$\varepsilon_{\alpha\beta} = \varepsilon_\perp \delta_{\alpha\beta} + \Delta\varepsilon\, n_\alpha n_\beta \tag{3.2}$$

が得られる．ただし，$\varepsilon_\parallel = 1 + \chi_\parallel$，$\varepsilon_\perp = 1 + \chi_\perp$ であり，$\Delta\varepsilon = \varepsilon_\parallel - \varepsilon_\perp$ は誘電率異方性（dielectric anisotropy）である．この式を式(3.1)に代入すると，

$$f_{\text{el}} = -\frac{1}{2}\varepsilon_0 \varepsilon_\perp E^2 - \frac{1}{2}\varepsilon_0 \Delta\varepsilon (\boldsymbol{n}\cdot\boldsymbol{E})^2 \tag{3.3}$$

を得る．第2項より，$\Delta\varepsilon$ が正の場合配向ベクトルは電場の方向へ，負の場合電場と垂直の方向へ向いたときに電場に関するエネルギーは最小になることがわかる．すなわち，配向ベクトルはこれらの方向へ向こうとする．$\Delta\varepsilon$ の符号は液晶に依存し，正の場合も負の場合もある．なお，交流電場の下では，$\Delta\varepsilon$ は周波数に依存し，周波数を変えると符号が変わることもある．

磁場の場合も同様であって，磁束密度 B による自由エネルギー密度への寄与は

$$f_{\text{mag}} = -\frac{1}{2}\mu_0^{-1}\chi_\perp B^2 - \frac{1}{2}\mu_0^{-1}\Delta\chi(\boldsymbol{n}\cdot\boldsymbol{B})^2 \tag{3.4}$$

で与えられる．電場の場合と同様，磁場は配向に影響するが，通常の液晶分子はベンゼン環を含みその反磁性の異方性のために $\Delta\chi$ は正となっている．ベンゼン環の面が B に垂直になったときに反磁性はもっとも大きくなるので，$\boldsymbol{B}$

[*1] 本書では SI 単位系を採用しているので，$\varepsilon_{\alpha\beta}$ は比誘電率テンソルであるが，簡単のため以下では単に誘電率と呼ぶ．

が液晶分子の長軸方向と平行なときは垂直なときに比べ反磁性が弱い．つまり，式(2.12)における$\xi_\parallel$と$\xi_\perp$は$-\xi_\parallel < -\xi_\perp$を満たし，$\Delta\chi > 0$となる．したがって，磁場中では配向ベクトルは磁場方向に揃おうとする．

3-2　半無限領域に存在するネマチック液晶に対する磁場の効果

　外場の下での液晶の配向はひずみによる自由エネルギーと外場との相互作用による自由エネルギーの和を極小とする条件から決められる．一例として，今，$z > 0$の半無限領域をネマチック液晶が占めている場合を考える（図3.1）．$z = 0$の壁面では配向ベクトルはx方向を向いているとする[*2]．磁場が存在しないときには，基底状態は配向ベクトルがx方向に揃った一様配向状

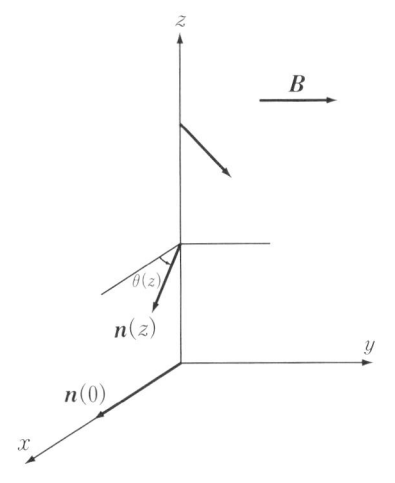

図 3.1　半無限領域に存在するネマチック液晶への磁場の効果．$z = 0$のx-y面上では配向ベクトルはx方向に固定されている．

[*2]　実際には，例えばラビング法により壁面での液晶分子の配向を制御することができる．高分子の膜を壁面（ガラス板）上に塗布し，ポリエステルの布で一方向にこすると，その方向に分子が配向することが知られている．

態にあるから，いたる所 $\boldsymbol{n}(\boldsymbol{r})=(1,0,0)$ である．ここで，y 方向に磁場を印加してみよう．配向ベクトルは磁場の方向を向こうとして，x-y 面内で回転するであろうから，壁面から z 離れた場所における配向ベクトルは

$$\boldsymbol{n}=(\cos\theta(z),\sin\theta(z),0) \tag{3.5}$$

と表されるであろう．ここで，θ は x 軸からの傾き角である．これを弾性自由エネルギー密度 f_d と磁場の自由エネルギー密度 f_mag の和（式(2.22)($K_2'=0$)＋式(3.4)）に代入すると，

$$f\equiv f_\mathrm{d}+f_\mathrm{mag}=\frac{1}{2}K_2\left\{\left(\frac{d\theta}{dz}\right)^2-\frac{1}{\xi^2}\sin^2\theta\right\} \tag{3.6}$$

を得る．ただし，式(3.4)の右辺第 1 項は配向ベクトルに影響を与えないので省いた．ここで，ξ は相関長（coherence length）と呼ばれる長さの次元を持つ量で，以下のように定義される．

$$\xi=\sqrt{\frac{K_2}{\mu_0^{-1}\Delta\chi}}\cdot\frac{1}{B} \tag{3.7}$$

相関長の意味は解を求めてみればわかる．解すなわち $\theta(z)$ は全自由エネルギーを極小とするように決められる．壁面上の配向ベクトルは固定されているので，表面自由エネルギーは一定であり考慮する必要はない．したがって，式(3.6)を液晶全体にわたって体積積分したもの，つまりバルクの自由エネルギーが極小となればよい．このような配向状態は以下に説明するような変分法により求めることができる．全自由エネルギー F は式(3.6)を積分して，

$$F=\int f\left(\theta(z),\frac{d\theta}{dz}\right)dz \tag{3.8}$$

と表される．ただし，上式の F は z 方向についてのみ積分してあるので，正確には x-y 面に単位面積を持つ柱の自由エネルギーとなる．また，積分の下限は $z=0$ であり，上限は無限遠であるが，便宜的に上限を $z=L$ としておく．F は $\theta(z)$ の汎関数 $F[\theta(z)]$ であるが，被積分関数の f は式(3.6)からわかるように θ と $d\theta/dz$ の関数と見なすことができる．

今，$\theta(z)$ を自由エネルギー F を極小とする関数とし，これと少しだけ異なる関数 $\theta'(z)=\theta(z)+\delta\theta(z)$ を考える．$\theta(z)$ が自由エネルギー F の極小を与える関数であるならば，任意の $\delta\theta(z)$ に対して $\theta'(z)=\theta(z)+\delta\theta(z)$ に対応する自由エネルギー F' は常に $\theta(z)$ に対応する自由エネルギー F より大きくなく

3-2 半無限領域に存在するネマチック液晶に対する磁場の効果

てはならない．$\theta'(z)=\theta(z)+\delta\theta(z)$ に対する自由エネルギー F' は式(3.8)から

$$\begin{aligned}F' &= \int_0^L f\left(\theta+\delta\theta, \frac{\mathrm{d}}{\mathrm{d}z}(\theta+\delta\theta)\right)\mathrm{d}z \\ &= \int_0^L f\left(\theta+\delta\theta, \frac{\mathrm{d}\theta}{\mathrm{d}z}+\frac{\mathrm{d}}{\mathrm{d}z}\delta\theta\right)\mathrm{d}z\end{aligned} \tag{3.9}$$

$\delta\theta$ も $\mathrm{d}\delta\theta/\mathrm{d}z$ も小さい量なので，被積分関数をこれらの量で展開すると，

$$\int_0^L \left(f(\theta, \mathrm{d}\theta/\mathrm{d}z)+\frac{\partial f}{\partial \theta}\delta\theta+\frac{\partial f}{\partial(\mathrm{d}\theta/\mathrm{d}z)}\frac{\mathrm{d}}{\mathrm{d}z}\delta\theta\right)\mathrm{d}z \tag{3.10}$$

さらに，積分中の第3項を部分積分すると，

$$\int_0^L f\mathrm{d}z + \int_0^L \left(\frac{\partial f}{\partial \theta}-\frac{\mathrm{d}}{\mathrm{d}z}\frac{\partial f}{\partial(\mathrm{d}\theta/\mathrm{d}z)}\right)\delta\theta\mathrm{d}z + \left[\frac{\partial f}{\partial(\mathrm{d}\theta/\mathrm{d}z)}\delta\theta\right]_{z=0}^L \tag{3.11}$$

を得る．極小の条件は第2項に関しては，オイラー-ラグランジュ（Euler-Lagrange）方程式

$$\frac{\partial f}{\partial \theta}-\frac{\mathrm{d}}{\mathrm{d}z}\frac{\partial f}{\partial(\mathrm{d}\theta/\mathrm{d}z)}=0 \tag{3.12}$$

となる．なぜなら，上式がゼロとならない場所があれば，$\delta\theta$ の符号をそれとは反対にとって，例えば，

$$\delta\theta \propto -\left(\frac{\partial f}{\partial \theta}-\frac{\mathrm{d}}{\mathrm{d}z}\frac{\partial f}{\partial(\mathrm{d}\theta/\mathrm{d}z)}\right) \tag{3.13}$$

とすれば，第2項は負になり，さらに自由エネルギーの低い状態があることになってしまうからである．第3項については，$z=0$ で配向ベクトルは固定されているから，$\delta\theta(0)=0$ である．これより，固定境界条件の下では表面積分は考慮する必要がないことがわかる．また，便宜的に導入した $z=L$ での配向は L が大きいときには今問題としている $z=0$ の近くの配向にはほとんど影響しないであろう．そして，$L\to\infty$ では完全に無視できるであろう．さらに，壁が $z=\pm\infty$ にあれば表面積分を考慮する必要はなくなる．このことは，バルクと表面の自由エネルギーを比較したとき，後者は前者に比べ無視できると考えてもよい．なお，フランクの弾性自由エネルギーを導出するときに表面積分に変換できるスカラーは落としたが，このような項は式(3.11)の第3項（一般には表面積分）に含まれることになるので，オイラー-ラグランジュの方程式は変わらない．

以上のような理由により表面で配向ベクトルが固定されている場合や無限に大きな液晶では表面自由エネルギーや表面積分に変換できるスカラーを考慮する必要がなかったのである．考慮しないといけないのは有限の大きさの容器に入った液晶において表面の配向ベクトルが方向を変えることができる場合である．この場合には，表面積分に変換されるスカラーに加えて，表面での配向ベクトルの方向に依存する表面自由エネルギー（3-4節参照）を全自由エネルギーに含める必要がある．なお，オイラー–ラグランジュ方程式の導出からわかるようにオイラー–ラグランジュ方程式は停留値の必要条件を与えるのみであるので，$\theta(z)$ が真の極大を与えるかは $\delta\theta$ の2次の項を調べなくてはならない．

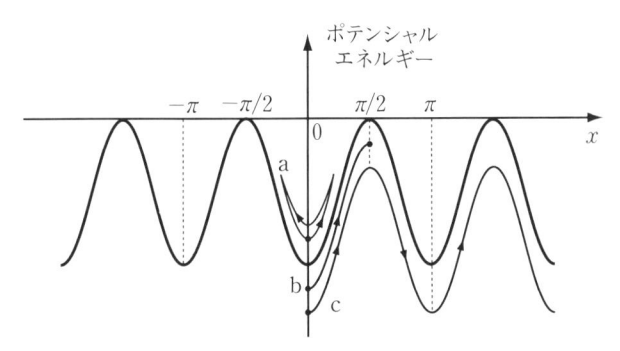

図 3.2 正弦的ポテンシャル中の質点の運動．（a）$x=0$ の回りの振動，（b）$x=0$ から出発し，$x=\pi/2$ でちょうど静止，（c）$x=\pi/2$ の極大を超えて無限遠点まで到達．3とおりの運動のうち実際の配向ベクトルの変化に対応するのは（b）である．

式(3.6)をオイラー–ラグランジュ方程式(3.12)に代入すれば，微分方程式

$$\frac{d^2\theta}{dz^2} + \frac{1}{\xi^2}\sin\theta\cos\theta = 0 \tag{3.14}$$

が得られる．この方程式は力学の問題に置き換えてみると見通しがよくなる．変数 z を時間 t，θ を質点の位置 x と思って，式(3.14)を書き換える．

$$\xi^2 \frac{d^2 x}{dt^2} = -\frac{\partial}{\partial x}\left(-\frac{1}{2}\cos^2 x\right) \tag{3.15}$$

右辺の括弧内は力学のポテンシャルエネルギーと見なすことができるが，これ

を図示すると図3.2のようになる．壁面での境界条件 $\theta(z=0)=0$ に対応する初期条件は $x(t=0)=0$ となる．初速度により3種類の解が存在することが図3.2よりわかる．初速度が小さいときには（a） $x=0$ の回りで振動する．初速度が大きいときには（c） $x=\pi/2$ のポテンシャルの山を超えて時間とともに大きくなる．これら2つの場合の分かれ目が（b）の場合であり，このとき質点は $x=\pi/2$ の近傍では運動エネルギーを失いつつゆっくりと $x=\pi/2$ に近づき，無限の時間をかけて $x=\pi/2$ に到達する．これら3つの力学の場合に対応する $\theta(z)$ の振る舞いを想像するのは容易である．これらのうちどれが液晶の場合に実現するかは自由エネルギーを比べればわかる．自由エネルギーの厳密な計算は厄介であるが，直感的には明らかである．（a）では z 軸に沿って $\theta(z)$ が振動し，（c）では回転することになる．弾性エネルギーはなるべく場所依存しない解を，相互作用エネルギーはなるべく配向ベクトルが y 方向を向いた解を好むから，これらの解の自由エネルギーは大きくなりそうである．これに対して，（b）では $z=0$ の近くを除き，ほとんど θ は $\pi/2$ に近い状態をとるので，弾性エネルギー（θ の微分）も磁場との相互作用エネルギー（$\theta=\pi/2$ で極小）も小さいであろう．このようにして，（b）が自由エネルギーの極小を与えると考えられる．

（b）の場合の解を実際に求めてみる．式(3.14)より

$$\frac{d}{dz}\left(\frac{1}{2}\xi^2\left(\frac{d\theta}{dz}\right)^2 - \frac{1}{2}\cos^2\theta\right) = 0 \tag{3.16}$$

を得られる．

[**演習問題 3.1**：式(3.16)を導出せよ]

ここで，括弧内の第2項については $\cos 2\theta$ を使っても表されるが，後からわかるように $\cos^2\theta$ を使うのが味噌である．積分して，

$$\frac{1}{2}\xi^2\left(\frac{d\theta}{dz}\right)^2 - \frac{1}{2}\cos^2\theta = c \tag{3.17}$$

を得る．ただし，c は積分定数である．図3.2（b）の場合には，$z\to\infty$ で一定値 $\theta=\pi/2$ に近づくから，微分係数 $d\theta/dz$ はゼロに近づく．この条件を考慮すれば，式(3.17)より $c=0$ が得られる．したがって，式(3.17)は

$$\xi\frac{d\theta}{dz} = \pm\cos\theta \tag{3.18}$$

さらに，両辺に $dz/(\xi\cos\theta)$ を掛けて，$z=0(\theta=0)$ から $z(\theta)$ まで積分すると，

$$\int_0^\theta \frac{d\theta}{\cos\theta} = \pm z/\xi \tag{3.19}$$

を得る．左辺の積分は，$\theta=u-\pi/2$ と変数変換し，さらに $t=\tan(u/2)$ と変数変換することにより，$\log(\tan(\theta/2+\pi/4))$ と求まる．こうして，最終的な解

$$\tan\left(\frac{\theta}{2}+\frac{\pi}{4}\right) = e^{\pm z/\xi} \tag{3.20}$$

が得られる．右辺の指数関数の±の符号に対応し，2種類の解が存在する．$z=0$ では，両者ともに $\theta(0)=0$ で，壁面で規定される x 方向を向いている．これに対して，壁から無限に離れた $z=\infty$ では $\theta(\infty)=\pm\pi/2$ となっている．物理的には，$z=\infty$ でのこれら2つの状態はネマチック液晶では同等であるが，$z=0$ から $z=\infty$ に至る変化の仕方が異なっている．正の符号をとる解では θ は0から増加し，$+\pi/2$ になるのに対し，負の符号を持つ解では，減少し，$-\pi/2$ に至る．すなわち，ねじれの掌性が異なる状態に対応している．図3.2では初速度が正で右方向に動き始める場合のみを考えたが，初速度が負で左方向に動き始める場合もある．負の符号を持つ解は後者に対応する．

最後に，相関長 ξ の意味は式(3.20)から明らかである．右辺の指数関数は，マイナス符号の場合 ξ 程度の距離で減衰しほとんどゼロになってしまうのに対し，プラス符号の場合 ξ 程度の距離で十分大きくなる．したがって，z が ξ より大きい場合には θ はほぼ一定，言い換えれば，磁場下では壁の束縛の影響は距離 ξ 程度にしか及ばない．無磁場下では相関長 ξ は無限大となり，式(3.20)の右辺は任意の z に対してゼロとなる．したがって，当然のことながら配向ベクトルは z には依存せず至るところ壁と同じ方向 $\theta=0$ を向く．磁場を少しでも印加すると相関長 ξ は有限の値をとり，$z<\xi$ では配向ベクトルの小さな回転が起こるのに対し，$z>\xi$ では大きな回転が起こる．無限遠点では無限に小さな磁場に対しても配向ベクトルは磁場の方向を向くことに注意しよう．

3-3 フレデリクス転移

この節では，前節で考察した半無限の系に対し，$z=0$ に加えて $z=d$ にも壁がある場合を考えてみる（図3.3）．このように互いに平行な2つの壁面に配向ベクトルが平行な場合を水平（homogeneous）配向と呼んでいる．半無限系との大きな違いは，有限系では磁場をゼロから少しずつ大きくしていったときに，あるしきい値（threshold）まで配向ベクトルの変形は全く起こらず，しきい値を超えたところから連続的に変形が起こり始めるということである．

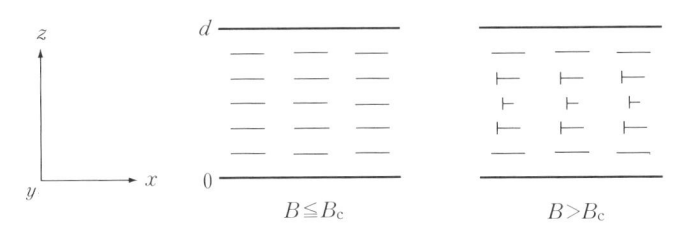

図 3.3 フレデリクス転移．しきい値磁場 B_c 以下では一様配向であるが，B_c を超えるとツイスト変形が起こる．短い棒が付いた端が手前にあるとする．

$0<z<d$ の領域に液晶が満たされており，境界面（壁面）では配向ベクトルは x 方向を向いているものとする．境界面で配向ベクトルが固定されているから，境界の自由エネルギーは考える必要はなく，バルクに対するオイラー–ラグランジュ方程式(3.14)を，境界条件 $\theta(0)=\theta(d)=0$ のもとで解けばよい．しかし，式(3.19)に相当する積分が多少厄介である．そこで，ここでは近似的な解と厳密な磁場のしきい値を求めることにする．まず，前節で述べた力学からの類推でおおよその解の形を調べてみる．壁が両側にある場合には両側で配向ベクトルが固定されるから，半無限の場合とは異なり，配向ベクトルが回転したとしても磁場が小さいときには θ は小さいであろう．有限系においても力学版の式(3.15)は同じであるから，図3.2もそのまま使える．θ が小さいときの解は(a)である．ただし，θ が z（x が t）に対して何度も振動するような解はエネルギー的に考えられないので，最も変化の小さな解，すなわち

図 3.2 において原点から右に出発し，極大に至り，再び原点に戻る解が現実に起こっているものと思われる．さらに，$\theta(x)$ の最大値が小さいならば，ポテンシャルは放物線と近似でき，解は正弦波（単振動）で近似できることになる．境界条件を考慮すれば

$$\theta(z) = \theta_{\mathrm{m}} \sin(qz) \tag{3.21}$$

と置くことができる．ただし，$q = \pi/d$（$\theta(d) = 0$ の境界条件より）であり，θ_{m} は自由エネルギーを極小にするように決められる変分パラメーターである．式(3.6)に上式を代入し，$z=0$ から d まで積分すればよい．しかし，そのままでは式(3.6)の右辺の第 2 項の積分ができないので，近似式

$$\sin\theta \cong \theta - \frac{1}{6}\theta^3 \tag{3.22}$$

を使って，次のように計算を行う．

$$F = \int_0^d (f_{\mathrm{d}} + f_{\mathrm{mag}})\mathrm{d}z \cong \frac{1}{2} K_2 \int_0^d \left\{ \left(\frac{\partial \theta}{\partial z}\right)^2 - \frac{1}{\xi^2}(\theta^2 - \theta^4/3) \right\} \mathrm{d}z \tag{3.23}$$

に式(3.21)を代入して積分を実行すると

$$F = \frac{d}{4} K_2 \left\{ \left(q^2 - \frac{1}{\xi^2}\right) \theta_{\mathrm{m}}^2 + \frac{1}{4\xi^2} \theta_{\mathrm{m}}^4 \right\} \tag{3.24}$$

を得る．この式は第 2 章において強誘電体の相転移を論じたときの自由エネルギー(2.14)と似ていることに気づく．θ_{m} が秩序パラメーター P（分極）に対応している．式(3.7)より磁場がないときには $1/\xi^2 = 0$ であるから，θ_{m} の 2 次の係数は正となり，当然ではあるが，$\theta_{\mathrm{m}} = 0$，すなわち一様に配向した状態が安定である．磁場を印加しても 2 次の係数が正の間は変形が起こらず，一様状態が安定であることがわかる．2 次の係数をゼロとおき，式(3.7)と $q = \pi/d$ を使って，磁束密度のしきい値

$$B_{\mathrm{c}} = \frac{\pi}{d} \sqrt{\frac{K_2}{\mu_0^{-1} \Delta \chi}} \tag{3.25}$$

が得られる．式(3.24)は無限小の θ_{m} に対しては厳密であるので，θ_{m} がゼロでなくなる上のしきい値の表式も厳密である．

次に，近似ではあるが，$B > B_{\mathrm{c}}$ におけるゼロでない θ_{m} の値を求めてみる．自由エネルギー極小の条件 $\partial F/\partial \theta_{\mathrm{m}} = 0$ から

$$\theta_m = \pm\sqrt{2}\sqrt{1-\xi^2 q^2} = \pm\sqrt{2}\sqrt{\frac{B^2 - B_c^2}{B^2}} \tag{3.26}$$

が求められる．ただし，式(3.7)，式(3.25)，$q=\pi/d$ を用いた．± の符号は掌性の異なるねじれに対応する．さらに，今しきい値の近傍 $B \approx B_c$ のみを考えているので，式(3.26)は

$$\begin{aligned}\theta_m &= \pm\sqrt{2}\sqrt{\frac{(B+B_c)(B-B_c)}{B^2}} \cong \pm\sqrt{2}\sqrt{\frac{2B_c(B-B_c)}{B_c^2}} \\ &= \pm 2\sqrt{\frac{B-B_c}{B_c}}\end{aligned} \tag{3.27}$$

となり，2次相転移と同じように θ_m は B に対してしきい値からの差の平方根に比例してしきい値付近で急速に大きくなることがわかる．図3.4に θ_m を秩序パラメーターとしたときの自由エネルギーの磁束密度依存性を示す．B が温度に対応しているとすれば，図2.4の強誘電相転移の自由エネルギーと同じ振る舞いをすることがわかる．ただし，式(3.24)から，フレデリクス転移の場合4次項の係数が B に依存している．しかし，転移点の近傍では4次の係数は一定としてよいから（強誘電相転移の場合も同様に温度に依存しないとした），両者は同じである．$B<B_c$ における1つの極小が $B=B_c$ で不安定となり，$B>B_c$ では1つの極大と2つの極小が現れる．

以上のように配向状態が外場に対してしきい値を持って2次相転移のように振る舞う現象はフレデリクス転移（Frederiks transition）と呼ばれている．

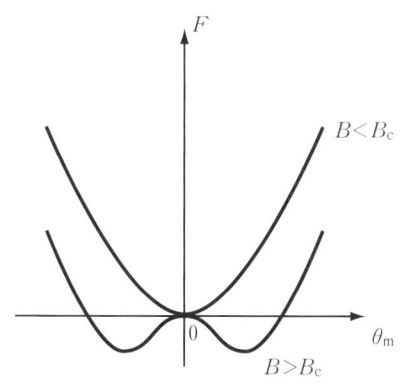

図 3.4 $B<B_c$ と $B>B_c$ における自由エネルギー F の θ_m 依存性．

フレデリクス転移は弾性体の座屈という現象と類似している．図 3.5 に示すように，弾性を持った細長い棒に長さ方向に力をかけると，力があるしきい値を超えるまで曲がることはない．力がしきい値に達すると不安定性が起こり，それ以上の力が加えられると徐々にたわみ始める．これらの例からわかるように，フレデリクス転移および座屈においてしきい値が現れるためには，磁場（力）をかけたときの状態の対称性がよくなくてはならない．自由エネルギーでいえば，図 3.4 からわかるように縦軸に対して左右対称になっている．

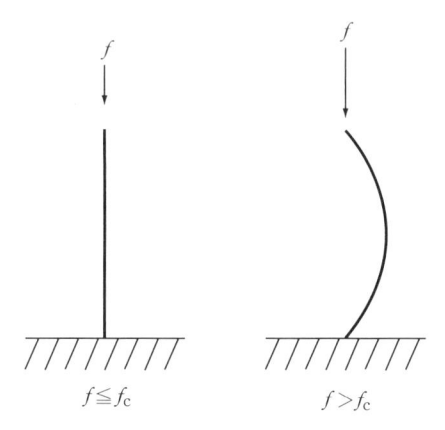

図 3.5 座屈現象．しきい値 f_c よりも大きな力がかかると棒が曲がり始める．

その他のフレデリクス転移を次に紹介する．図 3.6(a) は上で扱ったのと同じ水平配向セルであるが，磁場の印加方向が壁面と垂直になっている．また，(b) は配向ベクトルが壁面に垂直な垂直配向セル (homeotoropic cell) において壁面に平行な方向に磁場を印加したものである．図 3.6(a) では磁場が小さく変形が小さいときには，変形前の配向ベクトルに垂直な方向へ進むと，この方向へ配向ベクトルが傾くのでスプレイ変形である．図 3.6(b) でも同様に考えればベンド変形が生じる．図 3.6(c) はこれまでのものとは異なり，磁場がないときにすでに 90°のツイスト変形がある．これに磁場を壁面に垂直に印加すると，あるしきい値以上で配向ベクトルが磁場方向を徐々に向き始める．このようなセルは TN (Twisted Nematic) セルと呼ばれ，ディスプレイに広く用いられている．ただし，ディスプレイでは誘電異方性が正であるネマチ

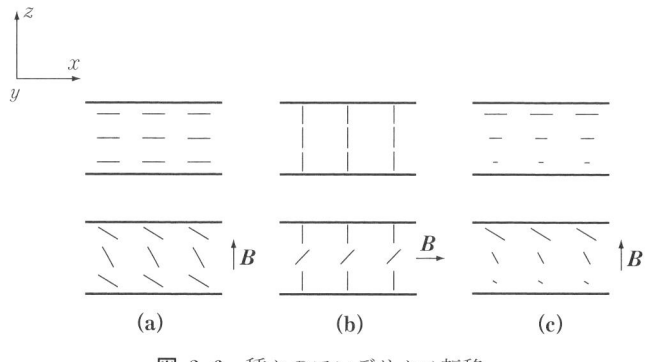

図 3.6 種々のフレデリクス転移.

ック液晶を用い，電極を壁面に着けて電場を印加し，フレデリクス転移を起こす．

以下，図 3.6(a) のセルについてしきい値を求めてみる．この場合，磁場は z 方向に印加されるので，配向ベクトルは x 軸とのなす角 θ を用いて

$$\bm{n}=(\cos\theta(z),\ 0,\ \sin\theta(z)) \tag{3.28}$$

と表される．これを弾性自由エネルギー密度 (2.22)（ただし，$K_2'=0$ とおく）および磁場との相互作用エネルギー (3.4) に代入すると

$$f=\frac{1}{2}K(\theta)\left(\frac{\partial\theta}{\partial z}\right)^2-\frac{1}{2}\mu_0^{-1}\Delta\chi B^2\sin^2\theta \tag{3.29 a}$$

$$K(\theta)=K_1\cos^2\theta+K_3\sin^2\theta \tag{3.29 b}$$

が得られる．しきい値を求めるだけなら，$\theta\ll 1$ と近似して，式 (3.29 b) の右辺第 2 項を無視できるが，このとき式 (3.29 a) は式 (3.6) で K_2 を K_1 で置き換えたものに等しく，したがって，しきい値は式 (3.25) において K_2 を K_1 で置き換えた式

$$B_\mathrm{c}=\frac{\pi}{d}\sqrt{\frac{K_1}{\mu_0^{-1}\Delta\chi}} \tag{3.30}$$

で与えられることがわかる．ただし，しきい値以上の磁場になり θ が大きくなると，式 (3.29 b) の右辺第 2 項が大きくなり，弾性定数 K_3 に関係したベンド変形が現れることになる．図 3.6(b) の場合も (a) と同様にしきい値が計算

できる．今度は式(3.29 b)で K_1 と K_3 を入れ替えた式が得られるので，しきい値は

$$B_c = \frac{\pi}{d}\sqrt{\frac{K_3}{\mu_0^{-1}\Delta\chi}} \tag{3.31}$$

となる．

ここで，電場によって誘起されるフレデリクス転移について簡単に触れておく．図3.6(a)と同様な配向を考え，壁に電極を付け，電圧を印加するとする．$\Delta\varepsilon>0$ である場合には磁場と同じ方向に電場を印加すれば全く同じフレデリクス転移が起こる．しきい値電場 E_c は，式(3.3)と式(3.4)を比べて，式(3.30)において $\mu_0^{-1}\Delta\chi$ を $\varepsilon_0\Delta\varepsilon$ で置き換えて

$$E_c = \frac{\pi}{d}\sqrt{\frac{K_1}{\varepsilon_0\Delta\varepsilon}} \tag{3.32}$$

で与えられる．しきい値電圧 V_c は上式の両辺に厚さ d を乗じて得られる．

$$V_c = \pi\sqrt{\frac{K_1}{\varepsilon_0\Delta\varepsilon}} \tag{3.33}$$

これより，しきい値電圧 V_c は厚さに依存しないことがわかる．これは電場誘起フレデリクス転移の著しい特徴である．

3-4 弱いアンカリングにおけるフレデリクス転移

前節では界面（壁面）における液晶分子の束縛が強く，配向ベクトルが完全に固定されている場合（強いアンカリング（strong anchoring）と呼ばれる）を扱った．本節では配向ベクトルが弱く束縛され（弱いアンカリング（weak anchoring）と呼ばれる），外場によってバルクの配向ベクトルが変形するとそれにつられて界面上の配向ベクトルも変化し得る場合を考察してみる．具体的には図3.3の配向を考える．この場合の単位面積当たりの表面自由エネルギーは，対称性（配向ベクトルと x 軸のなす角 θ に対して，θ と $-\theta$ のエネルギーが等しい）を考慮し，θ が小さいとすれば

$$F_s^{(0)} = \frac{1}{2}B_w\theta(0)^2 \tag{3.34 a}$$

$$F_{\mathrm{s}}^{(d)}=\frac{1}{2}B_{\mathrm{w}}\theta(d)^2 \tag{3.34 b}$$

と表されるであろう．ただし，$F_{\mathrm{s}}^{(0)}$ および $F_{\mathrm{s}}^{(d)}$ はそれぞれ $z=0$ および d における単位面積当たりの表面自由エネルギーであり，B_{w} は正の定数である．上式に磁束密度 B が入らないのは，磁場との相互作用は体積に比例するが，表面に対してはゼロであるからである．なお，アンカリング定数 B_{w} を無限大とすると強いアンカリングとなる．

　バルクの自由エネルギーに表面自由エネルギーを加えて変分を考えることにする．ただし，表面自由エネルギーを扱う場合にはフランクの自由エネルギー密度を導出したときに落とした表面積分に変換される項を一般に考慮しなくてはならないが（**付録 B** 参照），以下では簡単のためこれらの項は式(3.34)の表面自由エネルギーより小さいとし除外する．フランクの弾性自由エネルギーと磁場との相互作用エネルギーの和は，極小を与える $\theta(z)$ から $\theta(z)+\delta\theta(z)$ へ配向ベクトル場を微小変化させたとき，式(3.11)（ただし，L を d で置き換える）で与えられるように変化する．一方，この微小変化に対して表面自由エネルギーは，$F_{\mathrm{s}}^{(0)\prime}=B_{\mathrm{w}}/2\cdot\theta(0)^2+B_{\mathrm{w}}\theta(0)\delta\theta(0)$，$F_{\mathrm{s}}^{(d)\prime}=B_{\mathrm{w}}/2\cdot\theta(d)^2+B_{\mathrm{w}}\theta(d)\delta\theta(d)$ に変化する．これらを式(3.11)に加えて

$$\int_0^d f\,\mathrm{d}z+\frac{1}{2}B_{\mathrm{w}}(\theta(0)^2+\theta(d)^2)+\int_0^d\left(\frac{\partial f}{\partial\theta}-\frac{\mathrm{d}}{\mathrm{d}z}\frac{\partial f}{\partial(\mathrm{d}\theta/\mathrm{d}z)}\right)\delta\theta\,\mathrm{d}z$$
$$+\left(\left.\frac{\partial f}{\partial(\mathrm{d}\theta/\mathrm{d}z)}\right|_{z=d}+B_{\mathrm{w}}\theta(d)\right)\delta\theta(d)+\left(-\left.\frac{\partial f}{\partial(\mathrm{d}\theta/\mathrm{d}z)}\right|_{z=0}+B_{\mathrm{w}}\theta(0)\right)\delta\theta(0)$$
$$\tag{3.35}$$

を得る．バルクに対しては強いアンカリングの場合と同様にオイラー-ラグランジュ方程式が成立する．表面に対しては，バルクと同じ理由により，$\delta\theta(0)$ および $\delta\theta(d)$ の係数がゼロにならなくてはならない．なぜなら，これらの係数がゼロでないならば，$\delta\theta(0)$ および $\delta\theta(d)$ をこれらの係数の符号と反対の符号を持つようにすれば，自由エネルギーは減少するからである．式(3.6)を代入すると，境界条件

$$K_2\left.\frac{\mathrm{d}\theta}{\mathrm{d}z}\right|_{z=0}=B_{\mathrm{w}}\theta(0) \tag{3.36 a}$$

$$K_2 \frac{\mathrm{d}\theta}{\mathrm{d}z}\bigg|_{z=d} = -B_\mathrm{w}\theta(d) \qquad (3.36\,\mathrm{b})$$

が得られる．オイラー–ラグランジュ方程式(3.12)をこの境界条件のもとに解けばよいことになる．以下では磁場のしきい値が強いアンカリングの場合と比べどのように変化するかを調べてみる．

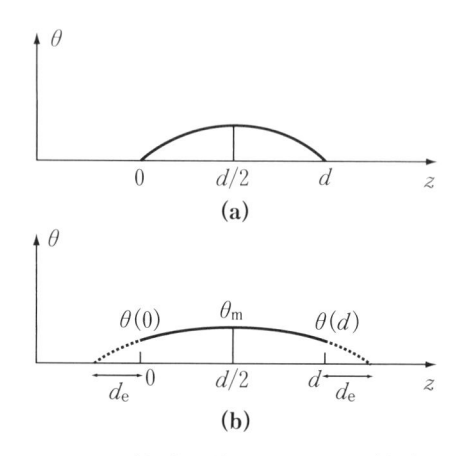

図 3.7 強いアンカリング(a)と弱いアンカリング(b)における $\theta(z)$ のプロファイル．(b)では $z=0$ と d で θ がゼロではないので，仮想的にゼロとなる場所は液晶の外側になる．

オイラー–ラグランジュ方程式は弱いアンカリングでも強いアンカリングと同様に成り立つので，解の形は両者で同じと考えられる（図3.7）．ただし，前者では $z=0$ と d において θ はゼロではない．したがって，しきい値以上では図3.7(b)のような変形が考えられる．強いアンカリングでは θ がゼロとなるのはもちろん壁面であるが（図3.7(a)），弱いアンカリングでは解を外挿した壁の外側でゼロとなるであろう（図3.7(b)）．壁面から θ がゼロとなる点までの距離は外挿長 d_e と呼ばれ，アンカリングの強さを表すパラメーターである．容易にわかるように，アンカリングが強ければ d_e は小さい．オイラー–ラグランジュ方程式(3.12)を積分した式(3.17)を $\sin\theta$ を使って書き換え，$c' \equiv c + 1/2$ とすると

3-4 弱いアンカリングにおけるフレデリクス転移

$$\frac{1}{2}\xi^2\left(\frac{d\theta}{dz}\right)^2 + \frac{1}{2}\sin^2\theta = c' \tag{3.37}$$

となる．対称性より，中心 $z=d/2$ において極大値 θ_m をとるとし，そこでの微分係数がゼロになることを使うと，$c'=1/2\cdot\sin^2\theta_m$ となり，式(3.37)より

$$\xi\frac{d\theta}{dz} = \pm\sqrt{\sin^2\theta_m - \sin^2\theta} \tag{3.38}$$

を得る．図3.7に示す解に対して，上式の符号は $0<z<d/2$ において正，$d/2<z<d$ において負である．しきい値を求めるためには $\theta \leq \theta_m \to 0$ の極限を考えればよい．$\sin\theta \cong \theta$，$\sin\theta_m \cong \theta_m$ と近似し，上式を $z=0(\theta=\theta(0))$ から $z=d/2(\theta=\theta_m)$ まで積分すると

$$\frac{d}{2\xi} = \int_{\theta(0)}^{\theta_m} \frac{d\theta}{\sqrt{\theta_m^2 - \theta^2}} = \frac{\pi}{2} - \sin^{-1}\frac{\theta(0)}{\theta_m} \tag{3.39}$$

となる．ただし，上の積分は $\theta=\theta_m\sin\phi$ と変数変換し，計算した．$\theta \leq \theta_m \to 0$ の極限では左辺の ξ はしきい値 B_c に対応する値

$$\xi_c = \sqrt{\frac{K_2}{\mu_0^{-1}\Delta\chi}}\frac{1}{B_c} \tag{3.40}$$

となるであろう（式(3.7)参照）．ここで，簡単のため，$\theta(0)/\theta_m \ll 1$ の場合を扱うことにする．図3.7からわかるように，この条件は外挿長 d_e が短い，アンカリングが強い（とはいっても，"強いアンカリング"と呼んでいる完全に配向ベクトルが壁面で固定された状態とは異なり，方向を変えることができる）場合に相当している．$\theta \leq \theta_m \to 0$ の極限でももちろん $\theta(0)/\theta_m$ は有限の値として存在する．このとき，式(3.39)は

$$\frac{d}{2\xi_c} \cong \frac{\pi}{2} - \frac{\theta(0)}{\theta_m} \tag{3.41}$$

となる．次に，式(3.38)において $z=0$ と置き，これを式(3.36a)に代入し，転移点における値を求めると

$$\theta(0)/\theta_m = \left(1 + \left(\frac{\xi_c B_w}{K_2}\right)^2\right)^{-1/2} \tag{3.42}$$

が得られる．ただし，ξ_c は転移点での相関長である．

[**演習問題 3.2**：式(3.42)を導出せよ]

上で考えたアンカリングが強い場合，$\theta(0)/\theta_m \ll 1$ には上式の右辺の $\xi_c B/K_2$

が大きくなくてはいけないので，

$$\theta(0)/\theta_\mathrm{m} \simeq \frac{K_2}{\xi_\mathrm{c} B_\mathrm{w}} \tag{3.43}$$

となっていることがわかる．式(3.43)を式(3.41)に代入すると，磁束密度のしきい値が以下のように求められる．

$$B_\mathrm{c} = \frac{\pi}{d + 2(K_2/B_\mathrm{w})} \sqrt{\frac{K_2}{\mu_0^{-1}\Delta\chi}} \tag{3.44}$$

この式を"強いアンカリング"のときの式(3.25)と比較すると，d が K_2/B_w の2倍だけ長くなっていることに気づく．すなわち，図3.7(b)の外挿長が

$$d_\mathrm{e} = K_2/B_\mathrm{w} \tag{3.45}$$

で与えられることがわかる．上式からわかるように，外挿長は界面のアンカリングに対するバルクの弾性の強さを表している．

3-5　ネマチック液晶の欠陥

前節まではフランクの弾性自由エネルギーと外場との相互作用エネルギーを基にフレデリクス転移を調べた．ここでは，フランクの弾性自由エネルギーのもう1つの応用例として転傾（disclination）と呼ばれる液晶に特有な欠陥を取り上げる．

今，配向ベクトルが x-y 面に平行であり，z 依存性がないとする（図3.8）．このとき，配向ベクトルは

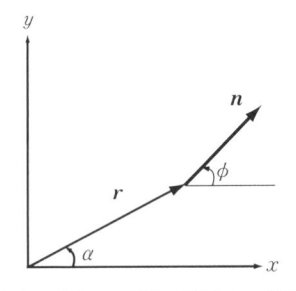

$$\boldsymbol{n} = (\cos\phi, \sin\phi, 0) \tag{3.46}$$

図 3.8　配向ベクトルが x-y 面に平行で z 依存性がない場合．

と表される．これを，式(2.22)（ただし，$K_2'=0$）に代入すれば ϕ の関数として弾性自由エネルギー密度を表すことができるが，以下では簡単のため一定数近似 $K_1=K_2=K_3=K$ を用いる．この近似の下では自由エネルギー密度は極めて簡単な形となる．

$$f_\mathrm{d} = \frac{1}{2}K\left\{\left(\frac{\partial \phi}{\partial x}\right)^2 + \left(\frac{\partial \phi}{\partial y}\right)^2\right\} \tag{3.47}$$

上式の積分が極小となる ϕ は式(3.12)と同様なオイラー–ラグランジュの方程式によって与えられる．ただし，式(3.12)では θ は z にのみ依存していたが，上式では ϕ が x と y に依存している．このような場合に対しても式(3.12)を導出したのと同様な方法によって**付録 D** の一般的なオイラー–ラグランジュの方程式(D.3)を得ることができる．これを式(3.47)に適用すると，2次元のラプラス方程式

$$\frac{\partial^2 \phi}{\partial x^2} + \frac{\partial^2 \phi}{\partial y^2} = 0 \tag{3.48}$$

を得る．この方程式は無数の解を持つが，その中で現実に存在するものとして，

$$\phi = s\alpha + c \tag{3.49}$$

がある．ここで，α は図3.8における位置ベクトル **r** と x 軸のなす角度であり，s と c は定数である．式(3.49)が式(3.48)の解であることは代入によって直接確かめることができるが，複素関数論の定理を使えば簡単である．

[**演習問題 3.3**：式(3.49)が式(3.48)の解となっていることを直接代入して確かめよ]

すなわち，正則関数の実部および虚部は2次元のラプラス方程式の解であるから，正則関数として $s\log Z + ic$ （ただし，$Z = x + iy = re^{i\alpha}$）をとれば，この虚部が式(3.49)になること，つまり式(3.48)の解となることがわかる．ところで，式(3.49)の右辺の定数 s は，ネマチック液晶に対しては，整数または半整数（$\pm 1/2, \pm 3/2, \pm 5/2, \cdots$）でなくてはならない．$\alpha$ が 2π 増加して元の位置に戻ったときに配向ベクトルが回転する前のものと一致するためには，ネマチック液晶の特徴である **n** と **−n** が等しい状態を表すことを考慮すれば，ϕ が 2π だけでなく π の整数倍変わればよいことがわかる．この条件が上の s

に対する条件となっている．配向ベクトルが本当のベクトルであれば，当然のことながら，s は整数値だけしか許されない．

図 3.9 にいくつかの s に対する配向ベクトル場を示す．ただし，図の曲線はその接線が配向ベクトルに平行になるように描いたものであり，電場に対する電気力線に対応する．ただし，電気力線とは異なりこの曲線には向きがないことに注意せよ．$s=0$ でなければ，配向ベクトル場は原点の回りでひずむことになる．これらの液晶に特有な欠陥が転傾である．$s=1/2$ の転傾を見ると，原点の回りで反時計回りに一回転すると配向ベクトルは $1/2$ 回転している．この例からわかるように，s は原点の回りを一回転したときの配向ベクトルの回転数に等しい．このことは式 (3.49) から一般の s の場合にも成り立つことがわかる．$|s|$ が大きいほど転傾の回りのひずみは大きくなる．なお，図 3.9 に示した配向は z 軸に垂直なある断面でのものであり，実際には原点にある欠陥は断面に垂直に伸びていることに注意せよ．つまり，これらの欠陥は線欠陥である．

さて，図 3.9 では $s=1$ の場合だけについて c が異なる図を示してあるが，これは他の場合には c の存在は単に配向ベクトル場を原点の回りに回転させ

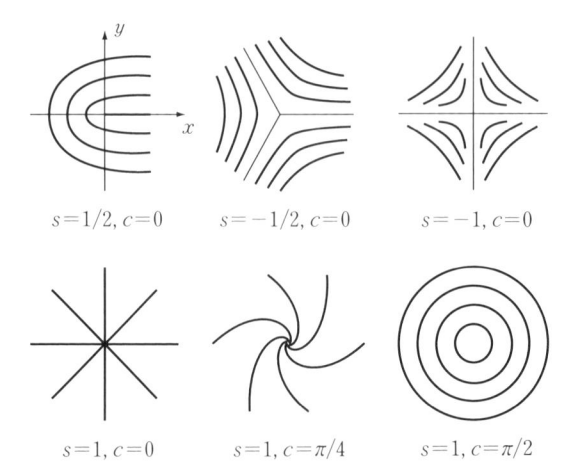

$s=1/2, c=0$　　$s=-1/2, c=0$　　$s=-1, c=0$

$s=1, c=0$　　$s=1, c=\pi/4$　　$s=1, c=\pi/2$

図 3.9　種々の転傾．図中の曲線は配向ベクトルが接線となるように描いたもので，電場ベクトルに対する電気力線に対応する．

る役割しか果さないからである．これを証明してみよう．まず，配向ベクトル場 $\phi(\alpha)$ を原点の回りで角度 α_0 だけ回転して得られる配向ベクトル場 $\phi'(\alpha)$ を求める．ベクトル場の回転（**付録 A** 参照）と同じように考えることができる．図 3.10 から明らかなように，$\alpha'=\alpha+\alpha_0$, $\phi'(\alpha')=\phi(\alpha)+\alpha_0$. これらより $\phi'(\alpha+\alpha_0)=\phi(\alpha)+\alpha_0$ となるが，ここで α を $\alpha-\alpha_0$ で置き換えると，

$$\phi'(\alpha)=\phi(\alpha-\alpha_0)+\alpha_0 \tag{3.50}$$

を得る．式(3.49)をこの形に書き直すと，$s\neq 1$ の場合には，

$$\phi=s\left(\alpha-\frac{c}{s-1}\right)+\frac{c}{s-1} \tag{3.51}$$

となるので，式(3.49)は $\phi=s\alpha$ で表される配向ベクトル場を $\alpha_0=c/(s-1)$ だけ回転したものであることがわかる．$s=1$ の場合はこのような書き換えができないので，配向ベクトル場の回転という解釈ができず，したがって異なる c に対応する配向ベクトル場は本質的に異なることになる（図 3.9 参照）．

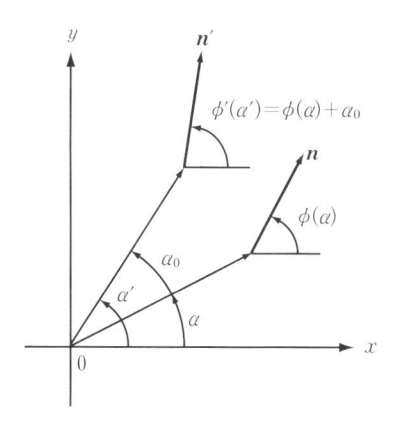

図 3.10 配向ベクトル場の回転．

このような転傾は偏光顕微鏡（polarizing microscope）を用いて観察することができる．液晶は異方性を持つため転傾が存在すると光学的な異方性もその回りで変化するからである．偏光顕微鏡観察は液晶の研究上極めて重要であり，歴史的には各液晶相における欠陥が偏光顕微鏡により観測され，相の分類が行われている．そこで，ここで簡単に偏光顕微鏡の構造を説明しておく（図

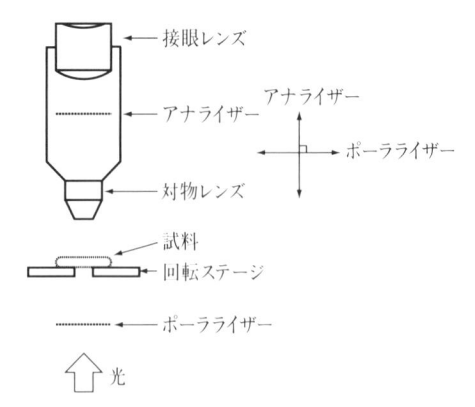

図 3.11 偏光顕微鏡の基本構造．通常の顕微鏡にポーラライザー，アナライザー，試料の回転ステージを加えたものである．ポーラライザーとアナライザーは通常直交させて使用する．

3.11)．基本的には通常の光学顕微鏡にポーラライザー（polarizer），アナライザー（analyzer）および回転ステージが付いたものである．ポーラライザーとアナライザーの偏光方向は通常直交するようにセットされている．ポーラライザーは光源から出る無偏光の光からある一方向に偏光した直線偏光を取り出す働きをする．この直線偏光になった光は光学的異方性を持った試料を透過すると，一般的には楕円偏光となる（光の偏光状態についての詳しい説明は5-1節で述べる）．次に，アナライザーでポーラライザーと直交した成分が取り出され，接眼レンズで像が形成される．光学的に等方な試料に対しては試料透過後も直線偏光で偏光方向は変わらないので，これと直交するアナライザーは透過できず真っ暗である．光学的異方性のある試料では異方性の程度および方向に応じて明るさが変化する．

まず，一番簡単な場合，つまりネマチック液晶を2枚のガラス板の間に挟み，配向ベクトルがガラス面に平行に配向した水平配向セルを偏光顕微鏡で覗いた場合を考えてみる．ポーラライザーと配向ベクトルのなす角をϕとすると透過光強度は

$$\sin^2(2\phi)\sin^2\left(\frac{\pi d n_a}{\lambda}\right) \tag{3.52}$$

に比例する（この式の導出は 5-1 節で行う）．ただし，d と λ はそれぞれセルの厚さおよび真空中の光の波長であり，n_a は屈折率異方性と呼ばれ，配向ベクトルに平行および垂直な方向の屈折率をそれぞれ $n_\parallel$ および $n_\perp$ としたとき $n_a = n_\parallel - n_\perp$ によって定義される．偏光顕微鏡のステージは回転し，上式の ϕ を変えることができる．$\phi = 0$ の状態では等方的試料と同じように真っ暗（消光）であるが，反時計方向に回転させると徐々に明るくなり $\phi = \pi/4$ で最も明るくなり，その後暗くなり，$\phi = \pi/2$ で再び消光する．後は $\pi/2$ ごとに同じことを繰り返す．消光する位置（消光位）は $\phi = 0, \pi/2, \pi, 3\pi/2$ であり，これらは配向ベクトルがポーラライザーまたはアナライザーと平行または垂直になった位置である．これを基に，例えば，図 3.9 における $s = 1/2$ の転傾がセルのガラス面に垂直に存在する場合を考えてみる．ポーラライザーに図 3.9 の x 軸が平行になっているとすると（図 3.12），消光している場所は x 軸上であり，最も明るいのが y 軸上となる．転傾の中心から 2 本の白または黒のブラ

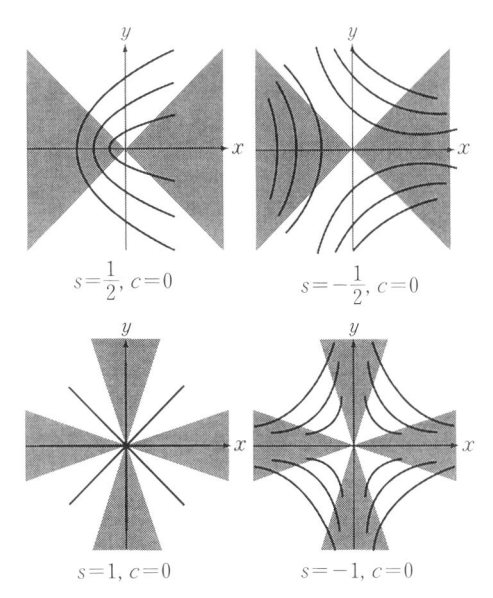

図 3.12 偏光顕微鏡で見た種々の転傾．図では明るさが 2 階調であるが，実際には徐々に変化していることに注意．

シが放射状に出ることになる．$s=-1/2$ に対しても同じように見えることがわかる．さらに，$s=\pm 1$ に対しては4本のブラシが観測される．図 3.13 に実際に観察された写真を示す．ただし，この写真では転傾は1つではなく複数ある．4本のブラシの中心に $s=\pm 1$ の転傾がある．転傾の符号はこの写真だけからは決められないが，後述する方法により可能である．ブラシからなるこのような模様はシュリーレン組織（Schlieren texture）と呼ばれている．一般にブラシの数は $4|s|$ に等しいことを示すのは簡単である．式(3.49)から転傾の回りを一回転すると ϕ は $2\pi|s|$ だけ変化するが，$\pi/2$ 変化するごとに1本のブラシが現れるから，ブラシの総数は $2\pi|s|/(\pi/2)=4|s|$ となる．

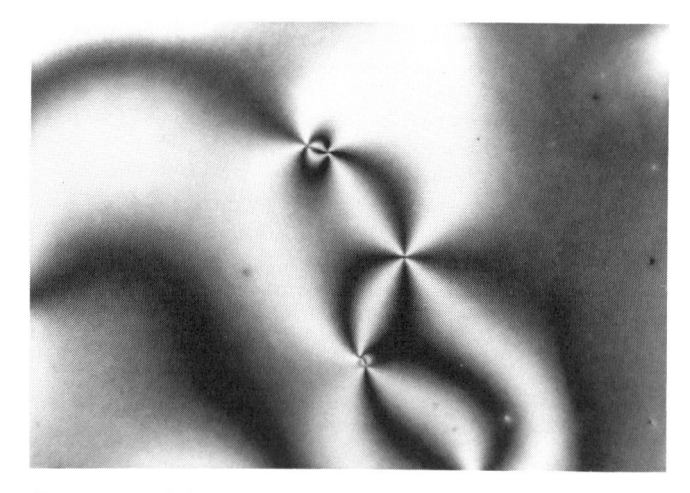

図 3.13 複数の ± 1 の転傾からなるシュリーレン模様（岡山大学長屋智之氏提供）．

s の大きさはブラシの数を4で割れば求められることがわかったが，s の符号はどのように決められるのだろうか？ ポーラライザーとアナライザーの偏光方向を垂直に保ちつつこれらを試料に対して回転させることによって決めることができる．ポーラライザーの偏光方向が x 軸と一致している場合，式(3.49)より1つの暗いブラシは $0=s\alpha_0+c$ を満たす α_0 の方向にある．ポーラライザーとアナライザーを同時に反時計回りに β だけ回転させると，暗いブラシは $\beta=s\alpha_1+c$ を満たす α_1 の方向に移動する．したがって，ブラシの回転

角は $α_1 - α_0 = β/s$ となり，回転する向きを調べれば s の符号が決まる．以上，ポーラライザーとアナライザーを回転させたが，これらを固定し試料を回転させても興味深い結果が得られる．まず，上と同じようにポーラライザーの偏光方向が x 軸と一致し，1つの暗いブラシは $0 = sα_0 + c$ を満たす $α_0$ の方向にあるとする．試料を $β$ だけ回転させると，式(3.50)より配向ベクトル場は $\phi = s(α - β) + c + β$ と変換されるから，このブラシは $0 = s(α_1 - β) + c + β$ を満たす $α_1$ の方向へ変化する．したがって，ブラシの回転角は $α_1 - α_0 = β(s-1)/s$ となる．特に，$s = 1$ の場合にはゼロとなり，試料を回転してもブラシ（パターン）は変化しない．この結果は，図3.9 の $s = 1$ のパターンを見れば直感的に理解できるであろう．なお，図3.12 では $s = 1$ に対して $c = 0$ の場合のみを示

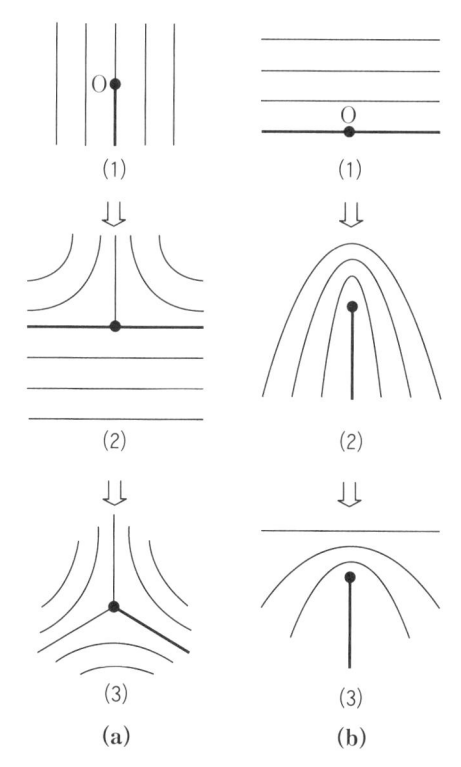

図 3.14 ボルテラ過程による (a) $s = -1/2$ および (b) $s = 1/2$ の転傾の生成．

したが，$c \neq 0$ の場合には $c=0$ のパターンを反時計回りに $-c$ だけ回転した
パターンとなることは簡単にわかる．

以上考えた転傾は 2 次元のラプラス方程式(3.48)の解(3.49)として与えられ
たが，一般的な欠陥の理論からは以下に述べるボルテラ過程（Volterra process）と呼ばれる思考実験によって作り出すことができる．まず $s=-1/2$ の作り方を図 3.14(a)をもとに説明する．完全な一様配向状態から始める．図中の直線の意味は図 3.9 の曲線と同じである．(1) 原点 O を通る紙面に垂直な直線を端とする半平面（実線）を考え，この半平面に切り込みを入れ，(2) 180°開き，空になった下半分に完全配向の液晶を境界面で配向方向が一致するように挿入する．(3) この状態から自由エネルギー極小の平衡状態へと緩和させる．$s=+1/2$ の場合（図 3.14(b)）には，(1) あらかじめ下半分を切り取った液晶を，(2) 原点 O を通る紙面に垂直な直線を中心に折り畳み，接触した界面で配向方向が一致するようにし，(3) 平衡状態へと緩和させる．

以上述べた転傾はいずれも，配向ベクトルの回転軸と転傾の方向が平行であ

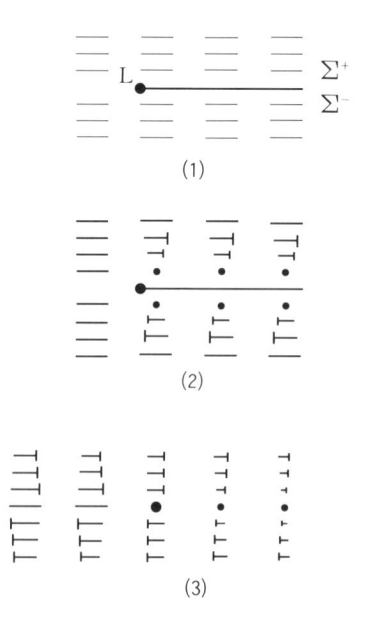

図 3.15 ねじれ転傾の生成過程．ただし，短い棒のついた端が手前にあるとする．

ったが，垂直なものもある．前者および後者はそれぞれくさび（wedge）およびねじれ（twist）転傾と呼ばれている．ねじれ転傾もトポロジー的思考実験で作ることができる．図3.15に示すように，この場合も一様な配向状態から始める．（1）紙面に垂直な直線Lを端とする半平面（実線）で液晶を切断し，上および下の面をΣ^+およびΣ^-とする．（2）Σ^+面上で配向ベクトルをΣ^+面に垂直な軸の回りで$-\pi/2$だけ回転させ，Σ^-面上ではΣ^-面に垂直な軸の回りで$+\pi/2$だけ回転させると，切断面上では配向ベクトルは連続となるので，切断面で繋ぎ合わせる．（3）最後に自由エネルギーが極小となるように緩和させるとねじれ転傾ができ上がる．転傾Lの回りを反時計回りに回転すると配向ベクトルはLに垂直な軸の回りにπだけ回転するので，$s=1/2$の転傾ができたことになる．ねじれ転傾は通常のセルではほとんど観測されないが，図3.6（c）で示したTNセルではしばしば観察される．ねじれ転傾が存在する場合のTNセル内の配向ベクトルを図3.16（a）に示す．セル中央では右ねじれの状態であるのに対し（短い棒のついた端が手前にあるとする），両側は左

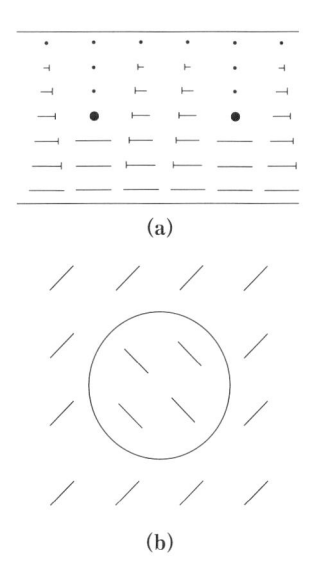

図 3.16 TNセル中のねじれ転傾．（a）断面図，（b）転傾ループを含む面での配向．ただし，短い棒のついた端が手前にあるとする．

ねじれの状態である．これらのねじれの異なる状態を繋ぐのがねじれ転傾である．左側および右側の転傾の強さはそれぞれ $+1/2$ よび $-1/2$ である．

転傾はセルの壁面に達して終わることもあるが，閉じたループを作ることもある．図（b）ではちょうど転傾ループを含む面での配向ベクトルの様子を示している．このように転傾がループをつくるときを考えると強度の符号は重要でなく，転傾に固有な量は強度の絶対値であることがわかる．さらに，くさび型とねじれ型を区別してきたが，これもループを考えると場所によって変わることがわかる．図 3.16 では，ループが上下の壁に平行に存在するとしているので，転傾は常に配向ベクトルの回転軸と垂直となりねじれ型であるが，例えば，配向ベクトルの回転軸をガラス面に垂直に保ったまま，ループがガラス面に垂直となるように（図（a）の紙面に平行になるように）連続的に変形すれば（エネルギー的には不利であろうが，トポロジー的には可能である），ループの上端および下端ではねじれ型であるが，左端および右端では回転軸と転傾が平行となるからくさび型であり，その他の場所ではどちらともいえない混合型となる．

以上，液晶の転傾について述べたが，これは結晶に見られる転位（dislocation）と呼ばれる欠陥と類似のものである．液晶では転傾は分子配向に関する欠陥であるのに対し，転位は分子の位置に関する欠陥である．

3-6 転傾のエネルギー的考察

前節の後半では転傾のトポロジー的性質を述べたが，ここではフランクの自由エネルギーを基にエネルギー的考察を行う．まず，式(3.49)で与えられるくさび型転傾の自由エネルギーを求めてみる．自由エネルギー密度(3.47)は，2次元の極座標 $x = \rho \cos \alpha$, $y = \rho \sin \alpha$ に対して，

$$f_\mathrm{d} = \frac{1}{2} K \left\{ \left(\frac{\partial \phi}{\partial \rho} \right)^2 + \frac{1}{\rho^2} \left(\frac{\partial \phi}{\partial \alpha} \right)^2 \right\} \tag{3.53}$$

と表されるので，式(3.49)を代入すれば，

$$f_\mathrm{d} = \frac{1}{2} K \frac{s^2}{\rho^2} \tag{3.54}$$

3-6 転傾のエネルギー的考察

を得る．これを積分すれば自由エネルギーが求められるが，積分は $\rho \to 0$ および $\rho \to \infty$ の極限で発散してしまう．フランクの自由エネルギーは分子間距離よりも大きなスケールで有効であるので，これに対応する積分の下限を a とする．上限に対しては液晶を入れた容器の大きさ $\rho_{\max}$ をとるものとする．転傾に沿った単位長さ当たりの自由エネルギー F は

$$F = \int_a^{\rho_{\max}} \frac{K}{2} \frac{s^2}{\rho^2} 2\pi \rho \, d\rho = \pi K s^2 \log(\rho_{\max}/a) \tag{3.55}$$

と与えられる．これより，転傾の自由エネルギーは強度 s の自乗に比例するので，一般に強度の大きな転傾は現れにくいことがわかる．自由エネルギーは a および $\rho_{\max}$ に対数依存するのでこれらの正確な値は必要ない．$\rho_{\max}/a \approx 10^5$ とすれば，$F = 30Ks^2$ 程度である．以上の議論では a より小さい領域の自由エネルギーが考慮されていなかったが，連続体理論が適用できないこの領域はコア（core）と呼ばれ，確かな構造はわかっていないようである．簡単な推定をすると，コアの自由エネルギーは K 程度であるといわれている．したがって，コアの自由エネルギーへの寄与は先に計算した弾性変形による自由エネルギーに比べればわずかであると考えることができる．

転傾は単位長さ当たり一様配向状態と較べ式(3.55)で与えられる自由エネルギーを余分に持つから，これに相当する張力を持つと考えられる．今，図3.17に示すように片方が自由に移動できる壁面の間に転傾線が存在する場合を考えてみよう．転傾線の長さを l，この転傾線が一様状態に対して余分に持

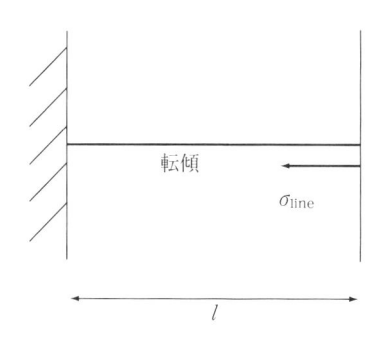

図 3.17 2つの壁の間に存在する転傾線の張力．右側の壁は自由に移動できるとする．

つ自由エネルギーを F_l とすると，式(3.55)で与えられる単位長さ当たりの自由エネルギー F を使って，

$$F_l = Fl \tag{3.56}$$

となる．また，転傾線の張力を σ_{line} とすれば，右の壁を微小量 dl だけ右方向に温度一定の下で準静的に移動させたとき，$dF_l = \sigma_{\text{line}} dl$．

[**演習問題 3.4**：上記の関係式を導出せよ]

したがって，関係式

$$\sigma_{\text{line}} = \left(\frac{\partial F_l}{\partial l} \right)_T \tag{3.57}$$

が得られる．この式に式(3.56)を代入すれば，

$$\sigma_{\text{line}} = F \tag{3.58}$$

となり，転傾線の張力は単位長さ当たりの自由エネルギーに等しいことがわかる．力学では力はポテンシャルエネルギーの変位に関する微分で与えられるが，熱力学において温度一定のもとでは自由エネルギーの微分となることに注意せよ．なお，式(3.57)に対応する力学での力の定義式では偏微分の前にマイナス記号が付くが，これは単に今張力を正（変位の正の向きとは逆）としているからである．このような張力が存在することは，なんらかの方法で作られたループが時間の経過とともに収縮して行くことから実験的に確かめられる（図

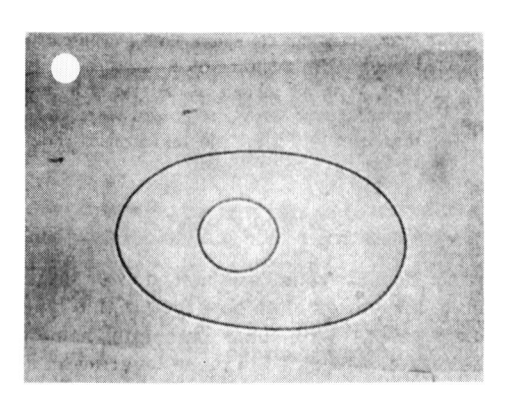

図 3.18 転傾ループが張力により縮んでゆく様子．異なる時刻で2回撮影したもの．外側のループが時間が経つと内側のループへと収縮している．
(J. Nehring, *Phys. Rev.* **A7**, 1737(1973))

3.18).

3-7 転傾間の相互作用

前節では1本の転傾線は一様状態に比べ余分な自由エネルギーを持つので，転傾線の方向に沿って張力が働くことがわかった．ここでは，転傾線が2本平行に存在するときの相互作用の力を求めてみる．2本の転傾線はそれらの回りの配向ベクトル場をひずませるので，このひずみを介して相互作用を行う．

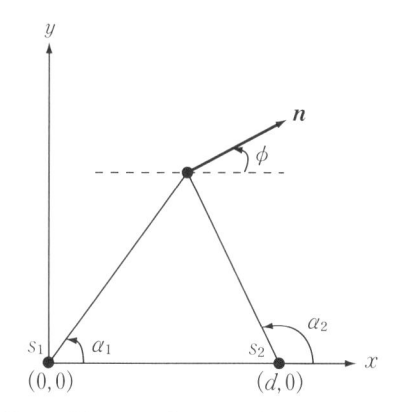

図 3.19 z 軸に平行に距離 d だけ離れて強度 s_1 と s_2 の転傾線が存在している場合の相互作用．

簡単な例として，s_1 と s_2 の強さを持つ2本のくさび転傾が平行に距離 d 離れてあるとき，転傾線の単位長さ当たりに働く相互作用の力を求めてみる．図3.19に示すように，転傾線 s_1 を z 軸上に，転傾線 s_2 を原点から d 離れたところに z 軸と平行に置く．一定数近似 ($K_1=K_2=K_3=K$) の場合には，3-5節で述べたように x 軸と配向ベクトル n のなす角 ϕ はラプラス方程式(3.48)に従い，この方程式の解として式(3.49)のくさび転傾が存在することを示した．式(3.49)は原点にある1つの転傾を表すが，ラプラス方程式は特別な場所に関係していないから，式(3.49)を平行移動させたものも解である．さらに，ラプラス方程式は線形であるので，このような解を足し算したものも解である．し

たがって，図 3.19 に示すように原点と $(d, 0)$ にそれぞれ式(3.49)で与えられる，s_1 と s_2 のくさび転傾を配置したものも解である．この場合の配向ベクトルの方向を ϕ とすれば，

$$\begin{aligned}\phi &= s_1\alpha_1 + s_2\alpha_2 + c \\ &= s_1 \tan^{-1}(y/x) + s_2 \tan^{-1}(y/(x-d)) + c\end{aligned} \quad (3.59)$$

である．ただし，α_1 と α_2 は図 3.19 に示す角度であり，c は定数である．これを自由エネルギー密度(3.47)に代入し積分すれば転傾間の距離 d をパラメータとして含む自由エネルギーが得られる．この自由エネルギーを d で微分すれば相互作用の力が求められることになる．考え方は前節における転傾線の張力と同じである．このように自由エネルギーを計算してもよいが，電磁気学とのアナロジーを使うと，以下のように簡単に相互作用の力を求めることができる．

式(3.47)から z 方向に沿っての単位長さ当たりの自由エネルギーは

$$F = \int \frac{K}{2}\left\{\left(\frac{\partial \phi}{\partial x}\right)^2 + \left(\frac{\partial \phi}{\partial y}\right)^2\right\} dx dy \quad (3.60)$$

となるが，ここで電磁気学との対応をつけるために

$$\varepsilon = K, \quad (3.61\,\text{a})$$

$$E_x = \frac{\partial \phi}{\partial y}, \quad (3.61\,\text{b})$$

$$E_y = -\frac{\partial \phi}{\partial x} \quad (3.61\,\text{c})$$

とおく．このように定義した理由は後ほど明らかになる．上式を式(3.60)に代入すれば

$$F = \int \frac{\varepsilon}{2}\{E_x^2 + E_y^2\} dx dy \quad (3.62)$$

となり，これは ε と (E_x, E_y) をそれぞれ誘電率（本書では，ε を比誘電率としているが，この節でのみ簡単のため SI 単位系の誘電率とする）と電場と見なせば誘電率 ε を持つ媒質中での電場のエネルギーとなる．"電場"は式(3.61 b)と(3.61 c)に式(3.59)を代入すれば

$$(E_x, E_y) = \left(s_1 \frac{x}{x^2+y^2} + s_2 \frac{x-d}{(x-d)^2+y^2},\ s_1 \frac{y}{x^2+y^2} + s_2 \frac{y}{(x-d)^2+y^2}\right) \quad (3.63)$$

となる．

　一方，単位長さ当たりの電荷が σ_1 および σ_2 である線電荷がそれぞれ転傾の位置にあり，それらの回りが誘電率 ε の媒体で満たされているときの電場はガウスの法則より

$$(E_x, E_y) = \left(\frac{\sigma_1}{2\pi\varepsilon} \frac{x}{x^2+y^2} + \frac{\sigma_2}{2\pi\varepsilon} \frac{x-d}{(x-d)^2+y^2}, \right.$$
$$\left. \frac{\sigma_1}{2\pi\varepsilon} \frac{y}{x^2+y^2} + \frac{\sigma_2}{2\pi\varepsilon} \frac{y}{(x-d)^2+y^2} \right) \tag{3.64}$$

となるが，これは式(3.63)と同じ形をしている．式(3.61)のように置いた理由がこれである．式(3.63)と(3.64)を比べると，

$$s_1 = \frac{\sigma_1}{2\pi\varepsilon}, \quad s_2 = \frac{\sigma_2}{2\pi\varepsilon} \tag{3.65}$$

を得る．ところで，誘電率 ε の媒質中にある電荷密度 σ_1 および σ_2 を持つ距離 d 離れた線電荷の間の単位長さ当たりの力 f_{int} は，線電荷 σ_1 が線電荷 σ_2 の位置に作る電場がガウスの法則より $\sigma_1/(2\pi\varepsilon d)$ であることに注意すれば

$$f_{\mathrm{int}} = \frac{\sigma_1 \sigma_2}{2\pi\varepsilon d} \tag{3.66}$$

となることは容易にわかる．この式を式(3.61 a)，式(3.65)を使って，転傾に関係する量で書き換えれば

$$f_{\mathrm{int}} = 2\pi K s_1 s_2 / d \tag{3.67}$$

を得る．すなわち，転傾間に働く力はその間の距離に反比例し，それぞれの強度に比例することがわかる．また，強度が同符号であれば斥力，異符号であれば引力である．

3-8　ネマチック液晶の配向ゆらぎ

　液晶の最も著しい特徴の1つとしてその大きなゆらぎ（fluctuation）があげられる．フランクの自由エネルギー密度（式(2.22)参照）は配向ベクトルの空間微分の自乗に比例するから，大きな空間スケールに渡ってゆっくりと変化する変形に対しては自由エネルギーの増分は小さく，平衡状態においても熱的にこのような配向ベクトルのゆらぎを容易に励起することができる．ここで，

配向ベクトルの熱ゆらぎということに奇異な感じを受ける読者に多少の説明が必要であろう。2-1 節で述べたように，配向ベクトルはすでに分子の配向ゆらぎに関して平均を行って定義された量であるので，そのゆらぎとは何かが問題である．しかし，この平均は微小領域で行ったものであり，今興味があるのはこれよりも大きな領域にわたる配向ベクトルのゆらぎである．このような長波長のゆらぎに関してはまだ平均はなされていない．以下，フランクの自由エネルギーを基に平衡状態において熱的に励起される配向ベクトルの変形（モード (mode)）の自乗平均を計算する．

一様な配向状態（基底状態）を $\bm{n}_0$ とし，これに平行に z 軸をとる．すなわち，$\bm{n}_0=(0,0,1)$．有限温度では熱ゆらぎにより配向ベクトルは時間的空間的に絶えず変化している．ゆらぎによる変化分を $\delta\bm{n}=(\delta n_x, \delta n_y, \delta n_z)$ とすれば，$(\bm{n}_0+\delta\bm{n})^2=1$ よりゆらぎが小さいときには $\bm{n}_0\cdot\delta\bm{n}=0$ となる．すなわち，$\delta\bm{n}$ は $\bm{n}_0$ に直交する．ここで採用した座標系では，$\delta n_z=0$ となり，δn_x と δn_y のみを考慮すればよいことがわかる．磁場の影響も含めて考察するために，式(2.22)（ただし，$K_2'=0$ と置く）と式(3.4)の $\bm{n}$ に $\bm{n}_0+\delta\bm{n}$ を代入し，δn_x と δn_y の 2 次のオーダーまでとると

$$f_\mathrm{d}+f_\mathrm{mag}=\frac{1}{2}K_1\left(\frac{\partial\delta n_x}{\partial x}+\frac{\partial\delta n_y}{\partial y}\right)^2+\frac{1}{2}K_2\left(\frac{\partial\delta n_x}{\partial y}-\frac{\partial\delta n_y}{\partial x}\right)^2 \\ +\frac{1}{2}K_3\left\{\left(\frac{\partial\delta n_x}{\partial z}\right)^2+\left(\frac{\partial\delta n_y}{\partial z}\right)^2\right\}-\frac{1}{2}\mu_0^{-1}\Delta\chi B^2(\delta n_x{}^2+\delta n_y{}^2) \tag{3.68}$$

が得られる．ただし，配向ベクトルに依存しない項は落とした．また，磁場が今仮定している配向が安定化されるように，つまり z 軸に印加されているとした．$\delta n_\alpha(\bm{r})(\alpha=x,y)$ をフーリエ級数に展開すると

$$\delta n_\alpha(\bm{r})=\frac{1}{V}\sum_{\bm{q}}\delta n_\alpha(\bm{q})e^{i\bm{q}\cdot\bm{r}} \tag{3.69}$$

ただし，V は液晶の体積である．$\bm{q}$ のとり得る値は通常の周期的境界条件から決められるとする．すなわち，液晶が今一辺の長さ L の立方体の容器に入っているとすれば，$\delta n_\alpha(x+L,y,z)=\delta n_\alpha(x,y+L,z)=\delta n_\alpha(x,y,z+L)=\delta n_\alpha(x,y,z)$ より，$q_x=2\pi l_x/L, q_y=2\pi l_y/L, q_z=2\pi l_z/L$（$l_x, l_y, l_z$ は整数）となる．また，$\bm{q}$ の大きさの上限は，厳密には配向ベクトルを定義した微小領域の

3-8 ネマチック液晶の配向ゆらぎ

逆数程度であろうが,通常は液晶分子の間隔の逆数程度をとる.

$\delta n_\alpha(\boldsymbol{r})$ は実数であるから,$*$ が複素共役を表すとすると,$\delta n_\alpha(-\boldsymbol{q})=\delta n_\alpha(\boldsymbol{q})^*$ が成立している.次に,式(3.69)を式(3.68)に代入し,液晶の存在する領域にわたって積分する.このとき,公式

$$\int_V e^{i(\boldsymbol{q}+\boldsymbol{q}')\cdot \boldsymbol{r}} \mathrm{d}V = V\delta_{\boldsymbol{q}+\boldsymbol{q}',0} \tag{3.70}$$

を用いる.ただし,$\delta_{\boldsymbol{q}+\boldsymbol{q}',0}$ はクロネッカーのデルタ (Kronecker's delta) であり,$\boldsymbol{q}+\boldsymbol{q}'$ がゼロのときのみ 1 となる.式(3.70)の左辺の被積分関数は $\boldsymbol{q}+\boldsymbol{q}'\neq 0$ であれば $\boldsymbol{r}$ の変化に対して振動するので,積分の体積 V が十分大きければ,積分は V に対して無視できる.一方,$\boldsymbol{q}+\boldsymbol{q}'=0$ ならば V となることは明らかである.この公式より,ゆらぎによる自由エネルギーの増分は

$$\Delta F = \frac{1}{2V}\sum_{\boldsymbol{q}}\{K_1|q_x\delta n_x(\boldsymbol{q})+q_y\delta n_y(\boldsymbol{q})|^2 + K_2|q_y\delta n_x(\boldsymbol{q})-q_x\delta n_y(\boldsymbol{q})|^2 \\ + K_3 q_z^2(|\delta n_x(\boldsymbol{q})|^2+|\delta n_y(\boldsymbol{q})|^2) + \mu_0^{-1}\Delta\chi B^2(|\delta n_x(\boldsymbol{q})|^2+|\delta n_y(\boldsymbol{q})|^2)\} \tag{3.71}$$

となる.

[**演習問題 3.5**:上記の式を導出せよ]

しかし,上式においては K_1 と K_2 を係数に持つ項にクロスターム $\delta n_x(\boldsymbol{q})\delta n_y(\boldsymbol{q})^*$ が現れるので,$\delta n_x(\boldsymbol{q})$ と $\delta n_y(\boldsymbol{q})$ は固有モード (eigen mode, normal mode)(エネルギーの表式において他のものと積を作らず,それ自身の(絶対値の)自乗だけで現れるもので,結晶の格子振動で現れるものと同じである)ではない.つまり,独立にゆらぐことができない.さらに,これらの項の係数にベクトル $\boldsymbol{q}$ の成分が入り込んでいることから,固有モードは $\boldsymbol{q}$ ごとに異なることになる.そこで,ある与えられた $\boldsymbol{q}$ ベクトルに対し,以下のように基底ベクトルを定義する(図 3.20).

まず,$\boldsymbol{n}_0$ と $\boldsymbol{q}$ のつくる平面と直交する単位ベクトル $\boldsymbol{e}_2=\boldsymbol{n}_0\times \boldsymbol{q}/|\boldsymbol{n}_0\times\boldsymbol{q}|$ を定義する.次に,これらのベクトルに直交する第 3 の単位ベクトル $\boldsymbol{e}_1=\boldsymbol{e}_2\times \boldsymbol{n}_0$ を定義する.このような単位ベクトルで $\boldsymbol{q}$ と $\boldsymbol{n}$ を表し

$$\boldsymbol{q} = q_\perp \boldsymbol{e}_1 + q_z \boldsymbol{n}_0 \tag{3.72 a}$$

$$\delta \boldsymbol{n}(\boldsymbol{q}) = \delta n_1(\boldsymbol{q})\boldsymbol{e}_1 + \delta n_2(\boldsymbol{q})\boldsymbol{e}_2 \tag{3.72 b}$$

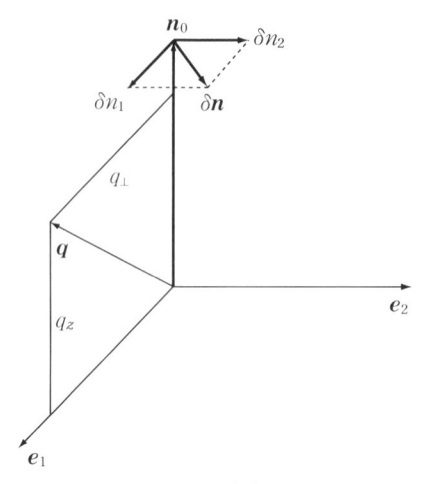

図 3.20 固有モード $\delta n_1(\bm{q})$ および $\delta n_2(\bm{q})$. $\bm{q}$ ごとに固有モードは異なる.

新たな $\bm{q}$ の成分 $q_\perp$ および $\delta n_1(\bm{q})$, $\delta n_2(\bm{q})$ を定義する．このように定義された $\delta n_1(\bm{q})$ および $\delta n_2(\bm{q})$ が固有モードとなることは群論を知っている読者には明らかであろう[1]．つまり，ネマチック液晶の対称操作の中で $\bm{n}_0$ と $\bm{q}$ を変えない対称操作，この場合 $\bm{n}_0$ と $\bm{q}$ の作る面に対する鏡映操作に対して，これらは互いに混じり合うことなく，$\delta n_1(\bm{q})$ が不変であるのに対し，$\delta n_2(\bm{q})$ は符号を変える．したがって，$\delta n_1(\bm{q})$ と $\delta n_2(\bm{q})$ は異なる既約表現の基底となっているからである．式(3.72)を式(3.71)に代入すれば

$$\Delta F = \frac{1}{2V}\sum_{\bm{q}}\sum_{j=1,2}(K_j q_\perp^2 + K_3 q_z^2 + \mu_0^{-1}\Delta\chi B^2)|\delta n_j(\bm{q})|^2 \qquad (3.73)$$

を得る．ただし，この計算の際，式(3.71)における x と y 軸をそれぞれ図 3.20 の $\bm{e}_1$ と $\bm{e}_2$ に平行にとると $q_x = q_\perp$, $q_y = 0$, $q_z = q_z$, $\delta n_x = \delta n_1$, $\delta n_y = \delta n_2$ となることを使った．上式より $\delta n_1(\bm{q})$ および $\delta n_2(\bm{q})$ が固有モードであることは明らかである．上式における $\delta n_1(\bm{q})$ の絶対値の自乗の係数（$j=1$ のとき）は弾性定数 K_1 および K_3 を含むので，スプレイおよびベンドの混合した波数 $\bm{q}$ の周期的変形になっている．同様に $\delta n_2(\bm{q})$ に関してはツイストおよびベンドの混合した変形になっている．特に，$q_z = 0$ 場合には，前者は純粋なスプレイ

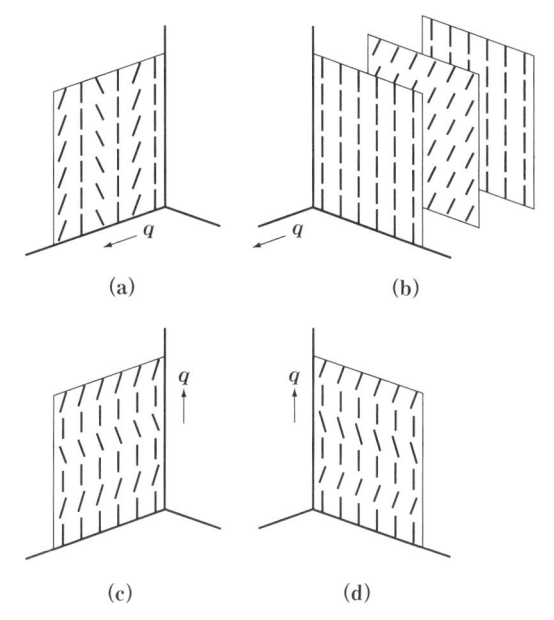

図 3.21 特別な q に対する固有モード．$q_z=0$ に対してモード 1 は純粋なスプレイ（a）に，モード 2 は純粋なツイスト（b）になる．$q_\perp=0$ に対しては両方とも純粋なベンド（（c）と（d））になる．

変形に（図 3.21（a）），後者は純粋なツイスト変形になり（b），$q_\perp=0$ の場合には両方ともベンド変形になっている（（c）と（d））．

さて，熱平衡状態でのゆらぎ $\delta n_j(\boldsymbol{q})$ に関する確率密度関数[*3]は，統計力学によれば $\exp(-\Delta F/k_\mathrm{B}T)$ （k_B：ボルツマン定数（Boltzmann constant））に比例するので，これより $\delta n_j(\boldsymbol{q})$ の自乗平均 $\langle|\delta n_j(\boldsymbol{q})|^2\rangle$ を計算することができる．以下それを計算してみよう．まず，考えやすいように複素数の $\delta n_j(\boldsymbol{q})$ を実数と虚数部分に分けて，

[*3] 連続変数に確率が依存するときには，確率密度関数を用いる必要がある．例えば，連続変数 x が x から $x+\mathrm{d}x$ の間にある確率は確率密度関数 $f(x)$ を用いて $f(x)\mathrm{d}x$ と与えられる．多変数 $(x_1, x_2, \cdots, x_n)$ に対しても，x_1 が x_1 から $x_1+\mathrm{d}x_1$，x_2 が x_2 から $x_2+\mathrm{d}x_2$，$\cdots$，x_n が x_n から $x_n+\mathrm{d}x_n$ の間にある確率は確率密度関数 $f(x_1, x_2, \cdots, x_n)$ を用いて $f(x_1, x_2, \cdots, x_n)\mathrm{d}x_1\mathrm{d}x_2\cdots\mathrm{d}x_n$ と与えられる．

$$\delta n_j(\boldsymbol{q}) = \delta n_j{'}(\boldsymbol{q}) + i\delta n_j{''}(\boldsymbol{q}) \tag{3.74}$$

とする．実数の $\delta n_j{'}(\boldsymbol{q})$ と $\delta n_j{''}(\boldsymbol{q})$ に対する確率密度関数を扱うことにする．ここで，$\delta n_j(\boldsymbol{r})$ が実数であるための条件 $\delta n_j(-\boldsymbol{q}) = \delta n_j(\boldsymbol{q})^*$ より，関係式 $\delta n_j{'}(-\boldsymbol{q}) = \delta n_j{'}(\boldsymbol{q})$ および $\delta n_j{''}(-\boldsymbol{q}) = -\delta n_j{''}(\boldsymbol{q})$ が得られることに注意する必要がある．これより，$\boldsymbol{q}$ と $-\boldsymbol{q}$ のゆらぎは独立でないことがわかるから，式(3.73)における $\boldsymbol{q}$ についての和を $\boldsymbol{q}$ 空間の半分だけ（例えば，$q_z > 0$ の領域）に制限することができる．式(3.73)の $\boldsymbol{q}$ についての和を半分にし，その代わり全体を2倍すれば

$$\Delta F = \frac{1}{V} {\sum_{\boldsymbol{q}}}' \sum_{j=1,2} (K_j q_\perp^2 + K_3 q_z^2 + \mu_0^{-1} \Delta \chi B^2)(\delta n_j{'}(\boldsymbol{q})^2 + \delta n_j{''}(\boldsymbol{q})^2) \tag{3.75}$$

が得られる．ただし，$\sum'$ は半空間にわたる和を表す．この式は

$$\Delta F = \sum_{i=1}^{N} a_i x_i^2 \tag{3.76}$$

の形をしており（x_i は $\delta n_j{'}(\boldsymbol{q})$ および $\delta n_j{''}(\boldsymbol{q})$ に，a_i は $(K_j q_\perp^2 + K_3 q_z^2 + \mu_0^{-1} \Delta \chi B^2)/V$ に対応している），この場合 $\langle x_j^2 \rangle$ は

$$\begin{aligned}
\langle x_j^2 \rangle &= \frac{\int_{-\infty}^{+\infty} \mathrm{d}x_1 \cdots \int_{-\infty}^{+\infty} \mathrm{d}x_N x_j^2 \exp\left(-\frac{1}{k_\mathrm{B} T} \sum_{i=1}^{N} a_i x_i^2\right)}{\int_{-\infty}^{+\infty} \mathrm{d}x_1 \cdots \int_{-\infty}^{+\infty} \mathrm{d}x_N \exp\left(-\frac{1}{k_\mathrm{B} T} \sum_{i=1}^{N} a_i x_i^2\right)} \\
&= \frac{\int_{-\infty}^{+\infty} x_j^2 \exp\left(-\frac{1}{k_\mathrm{B} T} a_j x_j^2\right) \mathrm{d}x_j}{\int_{-\infty}^{+\infty} \exp\left(-\frac{1}{k_\mathrm{B} T} a_j x_j^2\right) \mathrm{d}x_j} \\
&= \frac{k_\mathrm{B} T}{2 a_j}
\end{aligned} \tag{3.77}$$

となる．ここで，公式

$$\int_{-\infty}^{+\infty} x^2 e^{-bx^2} \mathrm{d}x = \frac{\sqrt{\pi}}{2 b^{3/2}}, \quad \int_{-\infty}^{+\infty} e^{-bx^2} \mathrm{d}x = \frac{\sqrt{\pi}}{\sqrt{b}} \tag{3.78}$$

を用いた．式の途中を見れば明らかなように，x_j についての平均は $x_i (i=1,\cdots,N)$ が独立であるから，他の変数にはよらず，x_j の持つエネルギー $a_j x_j^2$ のみを使って計算すればよいことがわかる．さらに，式(3.77)を書き換えた式

$$\langle a_j x_j^2 \rangle = \frac{k_\mathrm{B} T}{2} \tag{3.79}$$

が，式(3.76)から $a_j x_j^2$ が x_j に関係するエネルギーであることを考慮すれば，エネルギー等分配則になっていることがわかる．式(3.77)を得るのに今まで面倒な計算を行ってきたが，エネルギー等分配則(3.79)を知っていれば，直に式(3.77)が得られたわけである．

波数 q を持つ配向ゆらぎに対しては，式(3.77)より

$$\langle|\delta n_j(\boldsymbol{q})|^2\rangle = \langle(\delta n_j'(\boldsymbol{q}))^2\rangle + \langle(\delta n_j''(\boldsymbol{q}))^2\rangle$$
$$= \frac{k_B T V}{K_j q_\perp^2 + K_3 q_z^2 + \mu_0^{-1}\Delta\chi B^2} \quad (3.80)$$

が得られる．上式は，自由度を正しく勘定すれば式(3.73)とエネルギー等分配則を使って簡単に導出できることに注意せよ．つまり，ある j に対して $\delta n_j(\boldsymbol{q})$ と $\delta n_j(-\boldsymbol{q})$ を合わせて自由度2であるから，各々は自由度1と見なして，$\delta n_j(\boldsymbol{q})$ に対してのみエネルギー等分配則を適用すればよい．ここで，式(3.77)の x_i ($\delta n_j'(\boldsymbol{q})$ または $\delta n_j''(\boldsymbol{q})$ に対応) の積分範囲が $-\infty$ から $+\infty$ になっていることに疑問を抱く読者がいるかも知れない．本来ならば $\delta n_j'(\boldsymbol{q})$ と $\delta n_j''(\boldsymbol{q})$ がとることが許される領域で積分が行われなくてはならないが，平均を計算するときには自由エネルギーは指数関数の中にあり，$\delta n_j'(\boldsymbol{q})$ および $\delta n_j''(\boldsymbol{q})$ が大きくなると指数関数は急速に減少し，事実上大きな $\delta n_j'(\boldsymbol{q})$ および $\delta n_j''(\boldsymbol{q})$ からの積分への寄与は無視できるので，$\delta n_j'(\boldsymbol{q})$ および $\delta n_j''(\boldsymbol{q})$ についての積分区間を無限大にしても結果はほとんど変わらない．式(3.80)より磁場が存在しないとき，ゆらぎの自乗平均は $|\boldsymbol{q}|\to 0$ で発散する．つまり，ネマチック液晶では，非常に大きな長波長の配向ゆらぎが生じていることがわかる．これは，$B=0$ のとき自由エネルギーの表式(3.73)において $\boldsymbol{q}=0$ としてしまうと変形があっても自由エネルギーが増えない，つまり復元力が働かないことの結果である．このような性質を持つモードは南部-ゴールドストーンモードと呼ばれ，高対称相（ネマチック液晶では等方相）が連続的対称性を持つことに由来している．

3-9 ネマチック液晶の光散乱

液晶が強く光を散乱するのは，前節で述べた大きな配向ベクトルのゆらぎの

ためである．液晶分子の分極率には異方性があるため，液晶の屈折率も配向ベクトルに平行と垂直な方向では異なる．配向ベクトルがゆらぐと屈折率の異方性もゆらぎ，光散乱（light scattering）が起こる．通常の液体でもごくわずかな光散乱はあるが，これは密度ゆらぎに伴う屈折率の大きさの変化に起因するものである．ここでは，液晶に特有な配向ゆらぎに起因する強い光散乱について考察する．

まず，散乱強度の公式を導出しておく．配向ベクトルのゆらぎとそれに伴う誘電率の時間変化は照射する光の振動より十分遅いから，光にとっては配向ベクトル場は静止しているとしてよい．光の散乱は次のように説明することができる．光が液晶に入射すると分子に振動電場が作用することになるが，この電場により同じ振動数で振動する電気双極子モーメント（dipole moment）が誘起される．今度はこの振動する電気双極子から入射光と同じ振動数で振動する電磁波が輻射される．光が照射されているすべての分子からの電気双極子輻射（dipole radiation）を観測点で足し合わせれば，その点での散乱光の強度が求められる．

角振動数（angular frequency）ω で振動する1つの電気双極子 $\boldsymbol{\mu} = \boldsymbol{\mu}_0 e^{-i\omega t}$（$\boldsymbol{\mu}_0$：定数ベクトル）があるとする．もちろん，この $\boldsymbol{\mu}$ は複素数であるので，実際の双極子モーメントは約束に従ってこの実数部分をとったものである．真空中での双極子から十分離れた点 $\boldsymbol{R}$ における電場は[4]

$$\begin{aligned}
\boldsymbol{E} &= -\frac{\omega^2}{4\pi\varepsilon_0 c^2} \frac{e^{ikR}}{R} \hat{\boldsymbol{R}} \times (\hat{\boldsymbol{R}} \times \boldsymbol{\mu}) \\
&= \frac{\omega^2}{4\pi\varepsilon_0 c^2} \frac{e^{ikR}}{R} (\boldsymbol{\mu} - \hat{\boldsymbol{R}}(\hat{\boldsymbol{R}} \cdot \boldsymbol{\mu}))
\end{aligned} \tag{3.81}$$

で与えられる．ここで，k は光の波数（wave number），$\hat{\boldsymbol{R}}$ は $\boldsymbol{R}$ に平行な単位ベクトルであり，最後の式への変形は公式 $\boldsymbol{a} \times (\boldsymbol{b} \times \boldsymbol{c}) = \boldsymbol{b}(\boldsymbol{a} \cdot \boldsymbol{c}) - \boldsymbol{c}(\boldsymbol{a} \cdot \boldsymbol{b})$ を用いた．電場（electric field）$\boldsymbol{E}$ は $\boldsymbol{\mu}$ と $\boldsymbol{R}$ の作る面内にあり，$\boldsymbol{R}$ と直交している（図3.22）．磁場（magnetic field）$\boldsymbol{H}$ の方向は $\boldsymbol{E}$ と $\boldsymbol{R}$ に直交し，$\boldsymbol{R}$, $\boldsymbol{E}$, $\boldsymbol{H}$ の順に右手系をなしている．すなわち，球面波となっている．ただし，電場 $\boldsymbol{E}$ の大きさは式(3.81)からわかるように $\boldsymbol{\mu}$ と $\boldsymbol{R}$ のなす角 θ に依存し，$\sin\theta$ に比例する．液晶は光学的異方性を持つので，厳密には式(3.81)を適用

3-9 ネマチック液晶の光散乱

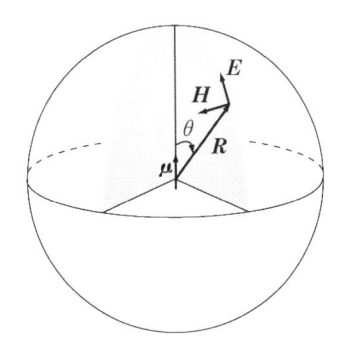

図 3.22 振動する電気双極子からの電磁波の輻射．双極子から遠く離れた場所では球面波と見なすことができる．

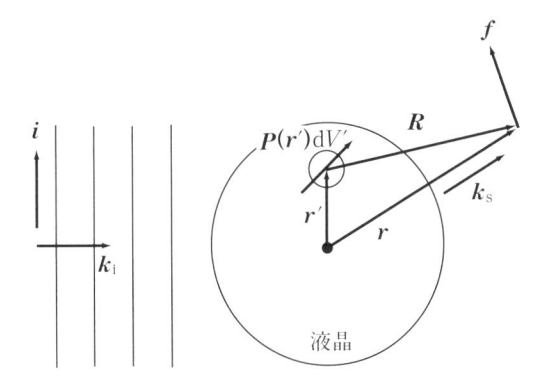

図 3.23 液晶に平面波が入射したときの遠方での散乱強度．入射光および散乱光の偏光方向をそれぞれ i および f，また波数ベクトルをそれぞれ k_i および k_s とした．

することができない．しかし，液晶に特有な散乱実験の特徴は式(3.81)を用いて説明できるので，以下この式を用いて計算を行う．ただし，式(3.81)中の k は液晶中の光の波数であり，大きさは光の進行方向および常光か異常光（5-1 節参照）かによって変わる．これに対応して，式(3.81)中の ε_0 を $\varepsilon\varepsilon_0$ で置き換えればよいが，散乱実験では散乱強度の絶対値を問題とすることはほとんどないのでそのままにしておく．

液晶中の場所 r' に微小体積 dV' をとり（図3.23），単位体積当たりの双極子モーメントの総和が分極であることを考慮すれば，dV' 中には $P(r')dV'$（ただし，$P(r')$ は場所 r' における分極）の双極子モーメントが存在することになる．電場を観測する点が液晶の存在する領域から十分離れていれば（$|r'| \ll |r|$），式(3.81)の指数関数の位相は

$$kR \cong \bm{k}_s \cdot (\bm{r} - \bm{r}') \tag{3.82}$$

と近似することができる．ただし，$\bm{k}_s$ は散乱波の波数ベクトル（液晶から観測点へ向かう大きさが k のベクトル）である．

[**演習問題 3.6**：式(3.82)を導出せよ]

$\bm{k}_s$ は $\bm{r}$ と平行であるが，今の場合 $\bm{R}$ と平行と近似できる．式(3.81)において $\bm{\mu}$ を $P(r')dV$ で置き換え，式(3.82)を代入し，$R \doteq r$，$\hat{\bm{R}}$ を $\hat{\bm{r}}$（$\hat{\bm{r}}$ は $\bm{r}$ 方向の単位ベクトル）で近似し，液晶が存在する領域にわたって積分すると，場所 $\bm{r}$ における電場は

$$\bm{E}(\bm{r}) = \frac{\omega^2}{4\pi\varepsilon_0 c^2} \frac{e^{i\bm{k}_s \cdot \bm{r}}}{r} \int (\bm{P}(\bm{r}') - \hat{\bm{r}}(\hat{\bm{r}} \cdot \bm{P}(\bm{r}'))) e^{-i\bm{k}_s \cdot \bm{r}'} dV' \tag{3.83}$$

となる．通常の散乱実験では偏光板を使ってある方向の偏光成分のみを取り出す．$\hat{\bm{r}}$ に対して直交した単位ベクトル $\bm{f}$ 方向の電場（偏光）成分を取り出すとすると，

$$\bm{E}(\bm{r}) \cdot \bm{f} = \frac{\omega^2}{4\pi\varepsilon_0 c^2} \frac{e^{i\bm{k}_s \cdot \bm{r}}}{r} \int (\bm{P}(\bm{r}') \cdot \bm{f}) e^{-i\bm{k}_s \cdot \bm{r}'} dV' \tag{3.84}$$

を得る．

ここで，$\bm{P}(\bm{r}')$ の表式を求めよう．関係式 $\bm{D} = \varepsilon_0 \varepsilon \bm{E}$（$\varepsilon_0$：真空の誘電率，$\varepsilon$：比誘電率テンソル，したがって，$\bm{E}$ は列ベクトルと思って行列 ε との積を表す．成分で表せば $D_\alpha = \varepsilon_0 \varepsilon_{\alpha\beta} E_\beta$）および $\bm{D} = \varepsilon_0 \bm{E} + \bm{P}$ から

$$\bm{P} = \varepsilon_0 (\varepsilon - 1) \bm{E} \tag{3.85}$$

となる．ただし，1は単位行列である．ここで，入射光の電場を $E_0 \bm{i} e^{i(\bm{k}_i \cdot \bm{r} - \omega t)}$（$\bm{i}$：入射光の偏光方向を示す単位ベクトル，$\bm{k}_i$：入射光の波数ベクトル）とする．$\bm{k}_i$ の方向は入射波の進行方向であるが，$\bm{k}_s$ と同様，その大きさは方向と常光か異常光であるかに依存することに注意せよ．もちろん，式(3.85)の $\bm{E}$ には入射光の電場ばかりでなく，散乱光のものも含まれるが，以下では散乱は

3-9 ネマチック液晶の光散乱

小さいとして無視する．上の入射光電場の表式を式(3.85)へ，さらに(3.84)へ代入すると

$$\begin{aligned}E(r)\cdot f &= \frac{\omega^2 E_0}{4\pi c^2}\frac{e^{ik_s\cdot r}}{r}\int f\cdot((\varepsilon(r')-1)i)e^{-i(k_s-k_l)\cdot r'}\mathrm{d}V' e^{-i\omega t} \\ &= \frac{\omega^2 E_0}{4\pi c^2}\frac{e^{ik_s\cdot r}}{r}(f\cdot(\varepsilon(q)i) - V\delta_{q,0}f\cdot i)e^{-i\omega t}\end{aligned} \quad (3.86)$$

が得られる．ただし，

$$q = k_s - k_l \quad (3.87)$$

$$\varepsilon(q) = \int \varepsilon(r)e^{-iq\cdot r}\mathrm{d}V \quad (3.88)$$

である．ここで，$k_s - k_i$ は散乱ベクトル(scattering wavevector)と呼ばれる．上式より，光散乱実験で観察されるゆらぎの波数 q は散乱ベクトルに等しいことがわかる．式(3.86)におけるゆらぎに関係ない，$q=0$ の場合のみ散乱に寄与する $\delta_{q,0}$ の項は以後落とすことにする．

式(3.86)を以下のように書き換える．

$$E(r)\cdot f = \frac{E_0 e^{i(k_s\cdot r - \omega t)}}{r}a \quad (3.89\text{ a})$$

$$a = \frac{\omega^2}{4\pi c^2}f\cdot(\varepsilon(q)i) \quad (3.89\text{ b})$$

位置 r で観測される強度は(3.89 a)の絶対値の自乗に比例するから，$|a|^2$ に比例する．配向ベクトルはゆらいでいるので，誘電率もゆらぎ，その結果散乱光強度もゆらぐことになる．平均の強度は

$$\sigma = \langle|a|^2\rangle \quad (3.90)$$

に比例する．ただし，$\langle\cdots\rangle$ は配向ベクトルのゆらぎに関する熱平均を表す．式(3.90)，具体的には $\langle|f\cdot(\varepsilon(q)i)|^2\rangle$ を計算する．前節と同じように一様配向状態からのゆらぎに関する平均を求めてみる．配向ベクトルの関数としての誘電率テンソルは式(3.2)で与えられているから（3-1節では直流電場に対する誘電率を考えていたが，ここでは光に対する電子分極率を起源とする誘電率を考えている．なお，以下では光に対する誘電率異方性を ε_a と表す），これを用いて

$$f\cdot(\varepsilon(r)i) = \varepsilon_\perp i\cdot f + \varepsilon_a(i\cdot n)(f\cdot n) \quad (3.91)$$

を得る．

[**演習問題 3.7**：上記の式を導出せよ]

　さらに，配向ベクトル $\bm{n}(\bm{r})$ を一様な配向 $\bm{n}_0=(0,0,1)$ とゆらぎ $\delta\bm{n}=(\delta n_x, \delta n_y, 0)$ の和として表し

$$\bm{n}=\bm{n}_0+\delta\bm{n} \tag{3.92}$$

式(3.91)に代入し，$\delta\bm{n}$ の1次までとると，

$$\bm{f}\cdot(\varepsilon(\bm{r})\bm{i})=\varepsilon_\perp \bm{i}\cdot\bm{f}+\varepsilon_\mathrm{a}(\bm{i}\cdot\bm{n}_0)(\bm{f}\cdot\bm{n}_0) \\ +\varepsilon_\mathrm{a}(\bm{i}\cdot\bm{n}_0)(\bm{f}\cdot\delta\bm{n})+\varepsilon_\mathrm{a}(\bm{i}\cdot\delta\bm{n})(\bm{f}\cdot\bm{n}_0) \tag{3.93}$$

となる．右辺の最初の2項はゆらぎのないときの（平均の）誘電率であり，第3, 4項がゆらぎの寄与を表す．上式をフーリエ変換すれば

$$\bm{f}\cdot(\varepsilon(\bm{q})\bm{i})=\varepsilon_\mathrm{a}(\bm{i}\cdot\bm{n}_0)(\bm{f}\cdot\delta\bm{n}(\bm{q}))+\varepsilon_\mathrm{a}(\bm{i}\cdot\delta\bm{n}(\bm{q}))(\bm{f}\cdot\bm{n}_0) \tag{3.94}$$

を得る．ただし，興味のない $\bm{q}=0$ の成分は落とした．この式を式(3.72 b)を用いて固有モード $\delta n_1(\bm{q})$，$\delta n_2(\bm{q})$ で書き換えれば，

$$\bm{f}\cdot(\varepsilon(\bm{q})\bm{i})=\varepsilon_\mathrm{a}\sum_{j=1,2}\{(\bm{i}\cdot\bm{n}_0)(\bm{f}\cdot\bm{e}_j)+(\bm{f}\cdot\bm{n}_0)(\bm{i}\cdot\bm{e}_j)\}\delta n_j(\bm{q}) \tag{3.95}$$

となる．$\delta n_1(\bm{q})$ と $\delta n_2(\bm{q})$ が独立であるから

$$\langle\delta n_1(\bm{q})^*\delta n_2(\bm{q})\rangle=\langle\delta n_1(\bm{q})\delta n_2(\bm{q})^*\rangle=0 \tag{3.96}$$

が成立する．式(3.80)，(3.89 b)，(3.90)，(3.95)，(3.96)から，目的の式

$$\sigma=\left(\frac{\varepsilon_\mathrm{a}\omega^2}{4\pi c^2}\right)^2\sum_{j=1,2}\frac{Vk_\mathrm{B}T}{K_3q_z^2+K_jq_\perp^2+\mu_0^{-1}\Delta\chi B^2}\{(\bm{i}\cdot\bm{n}_0)(\bm{f}\cdot\bm{e}_j)+(\bm{f}\cdot\bm{n}_0)(\bm{i}\cdot\bm{e}_j)\}^2 \tag{3.97}$$

が得られる．

[**演習問題 3.8**：上記の式を導出せよ]

　式(3.97)から，まず入射光と散乱光の偏光方向 $\bm{i}$ と $\bm{f}$ がともに平均の配向方向 $\bm{n}_0$ に平行な場合（$\bm{q}=\bm{k}_\mathrm{s}-\bm{k}_\mathrm{l}$ は $\bm{n}_0$ に垂直）には，$\bm{e}_j$ が $\bm{n}_0$ に直交することから（図3.20参照）$\sigma=0$ となることがわかる．したがって，$\bm{i}$ または $\bm{f}$ が $\bm{n}_0$ と平行でない時に散乱光が観測されることになる．この場合の簡単な例として図3.24に示した散乱配置を具体的に考えてみよう．入射光は配向ベクトルに垂直な方向から入射し，散乱光も配向ベクトルに垂直な方向で観測する（a）．入射光の偏光方向は配向ベクトルに垂直，散乱光の偏光方向は平行になっている(a)．また，入射方向と散乱方向のなす角（散乱角）を ϕ とする

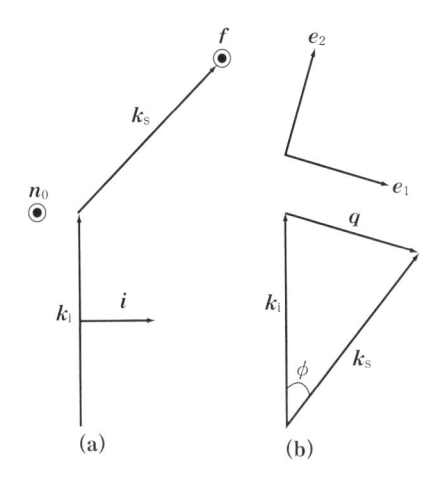

図 3.24 配向ゆらぎが観察できる簡単な散乱配置.

(b). このとき，式(3.97)の散乱配置に依存する因子は以下のようになる．

$$q_{\parallel}=0,\ q_{\perp}=2k\sin(\phi/2),\ \boldsymbol{i}\cdot\boldsymbol{n}_0=0,\ \boldsymbol{f}\cdot\boldsymbol{n}_0=1,$$
$$\boldsymbol{i}\cdot\boldsymbol{e}_1=\cos(\phi/2),\ \boldsymbol{i}\cdot\boldsymbol{e}_2=\sin(\phi/2),\ \boldsymbol{f}\cdot\boldsymbol{e}_1=0,\ \boldsymbol{f}\cdot\boldsymbol{e}_2=0 \tag{3.98}$$

ここで，簡単のため，異方性を無視し，$k=|\boldsymbol{k}_\mathrm{s}|=|\boldsymbol{k}_\mathrm{i}|$ とした．$B=0$ としてこれらを式(3.97)に代入すれば

$$\sigma \propto \left(\frac{\varepsilon_\mathrm{a}}{\lambda}\right)^2 \frac{Vk_\mathrm{B}T}{K_1}\left(\cot^2(\phi/2)+\frac{K_1}{K_2}\right) \tag{3.99}$$

が得られる．ただし，$c/\omega=\lambda/2\pi$ と $k\propto\lambda^{-1}$（λ：真空中の光の波長）を用いた．上式より ϕ がゼロに近づくにつれて散乱強度が急激に大きくなることがわかる．また，当然のことではあるが，誘電率異方性がないと（$\varepsilon_\mathrm{a}=0$），散乱は生じない．この結果は，歴史的には理論に先行した実験の結果をよく説明した．また，散乱強度の ϕ 依存性を測定すれば，K_1/K_2 が求められることもわかる（横軸に $\cot^2(\phi/2)$，縦軸に散乱強度をとると横軸との切片が $-K_1/K_2$ を与える）．しかし，実際には前述したように液晶中の入射光と散乱光の伝播に関しての屈折率の異方性（$\boldsymbol{k}_\mathrm{i}$ と $\boldsymbol{k}_\mathrm{s}$ の大きさが異なる）を考慮する必要がある．

第4章

ネマチック液晶の流体力学

　前章ではフランクの弾性自由エネルギーの応用例を紹介したが，いずれも平衡状態でのものであり，流動はない．液晶は異方性に加えて流動性もあるから，液晶の状態は配向ベクトルと流れの速度によって記述される．これらはお互いに影響し合うので，話は複雑になるが，エリクセン-レスリーによりそれらの運動方程式が求められている．本章では，まず等方性流体の流体力学の復習をした後，この運動方程式を導出する．さらに，この応用例を紹介する．

4-1　等方性液体の流体力学

　液晶の流体力学の話に入る前に，等方性液体の流体力学の復習を簡単にしておく．等方性流体（isotropic fluid）の巨視的な状態は各時刻，各場所の速度 $v(r,t)$ によって指定される．以下，$v(r,t)$ を決定する偏微分方程式を導出するために，流体中に微小体積 δV をとる（図4.1）．ただし，この微小体積は流れに乗って移動するとする．微小体積が時刻 t に場所 r にあるとすると，dt 後には場所 $r'=r+v(r,t)dt$ に移動する．一般には流体は多少膨張したり収縮したりするので dt の後の体積 $\delta V'$ は δV とは異なる．ここでは簡単のため体積不変，すなわち密度 $\rho(r,t)=$ 一定と仮定する．この仮定は質量の保存を表す連続の方程式（continuity equation）

$$\frac{\partial \rho}{\partial t} = -\nabla \cdot (\rho v) \tag{4.1}$$

より，

$$\nabla \cdot v = 0 \tag{4.2}$$

と等価である．式(4.1)の右辺のベクトル ρv は，その大きさが単位時間に単位面積を通過する質量を，その方向が流体（質量）の流れの方向を表すベクト

$$v(r+vdt,\ t+dt)$$

$$\delta V$$

$$v(r,t)$$

$$\delta V$$

$$r'=r+v(r,t)dt$$

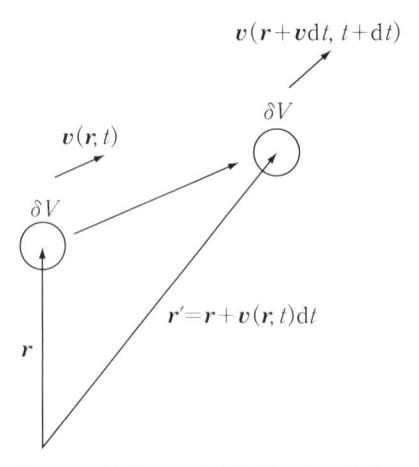

$$r$$

図 4.1 流体中の微小体積 δV の動き．

ル（質量の流れ密度）であるから，この発散は単位時間に単位体積から流出する質量を表す．これにマイナス符号を付けた右辺は単位時間に単位体積に流入する質量であるから，流体が生成したり消滅しなければ（保存すれば），これと等しい質量が単位時間単位体積当たり増加（左辺）する．密度 ρ 一定の仮定の下では質量の単位時間当たりの増加はないから，右辺の流入もなくなる．式(4.2)が速度場を使って表した非圧縮流体（incompressible fluid）の条件である．

次に，ニュートンの運動方程式におけるこの微小体積の加速度を求めてみる．位置 r，時刻 t における速度は $v(r,t)$ であるが，dt 後には先に述べたように $r'=r+v(r,t)dt$ に移動しているから，$t+dt$ における速度は

$$\begin{aligned}v(r',\ t+dt) &= v(r+v(r,t)dt,\ t+dt) \\ &= v(r,\ t)+\frac{\partial v}{\partial t}dt+(v\cdot\nabla)v\,dt\end{aligned} \quad (4.3)$$

となる．ただし，dt は無限小とし1次までの項を残した．また，右辺の時間および空間についての偏微分は (r,t) におけるものである．なお，式(4.3)を導出するときのテーラー展開は各成分に分けて行った方がわかりやすい．

[**演習問題 4.1**：式(4.3)を導出せよ]

式(4.3)より微小体積の加速度は

$$\frac{d\bm{v}}{dt} \equiv \frac{\bm{v}(\bm{r}', t+dt) - \bm{v}(\bm{r}, t)}{dt}$$
$$= \frac{\partial \bm{v}}{\partial t} + (\bm{v}\cdot\nabla)\bm{v} \tag{4.4}$$

と与えられることがわかる．上式の右辺を左辺のように表す．または，通常の微分と区別するために $d\bm{v}/dt$ の代わりに $D\bm{v}/Dt$ と表されることもあり，ラグランジュ微分（Lagrange's derivative）または物質微分（material derivative）と呼ばれる．上の導出の過程からわかるように，このような微分は流体の流れに沿って時間変化を見たものである．これに対し $\partial \bm{v}/\partial t$ は場所 $\bm{r}$ で静止して時間変化を見たものである．一般に流体の流れに乗って変化する物理量 $F(\bm{r}, t)$（例えば，密度，温度等）については，速度についての導出を同じように繰り返せば，ラグランジュ微分

$$\frac{dF}{dt} \equiv \frac{\partial F}{\partial t} + (\bm{v}\cdot\nabla)F \tag{4.5}$$

が定義できる．上式の F を $\bm{v}$ で置き換えたものが式(4.4)である．さて，加速度が与えられたので，単位体積に働く力を $\bm{f}$ とすれば，微小体積の運動方程式を書き下すことができる．

$$\rho \delta V \frac{d\bm{v}}{dt} = \delta V \bm{f} \tag{4.6}$$

すなわち，

$$\rho \frac{d\bm{v}}{dt} = \rho \frac{\partial \bm{v}}{\partial t} + \rho(\bm{v}\cdot\nabla)\bm{v} = \bm{f} \tag{4.7}$$

力 $\bm{f}$ は重力のように直接微小体積に作用する体積力（volume force）と圧力のように微小体積の外側にある流体から表面を通して作用する面積力（surface force）に分けることができる．以下，面積力について説明する．流体（物質）内に図4.2に斜線で示した領域を仮想的に考える．この仮想的に考えた領域の外側にある流体から表面（を通してこの領域）に作用する単位面積当たりの力は応力テンソル（stress tensor）$\sigma_{\alpha\beta}$ を使って

$$\sigma_{\beta\alpha} n_\beta \tag{4.8}$$

と表すことができる．ただし，$\bm{n}$ は表面上の外向き単位法線ベクトルである．

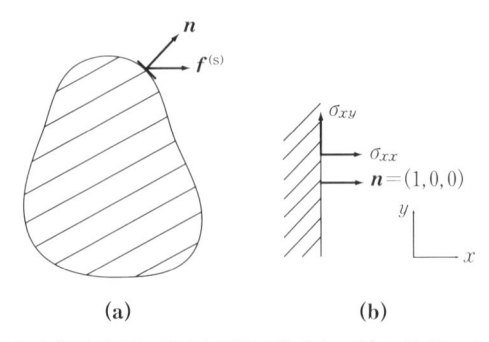

図 4.2 （a）物体表面の単位面積に働く力 $\bm{f}^{(\mathrm{s})}$ と法線ベクトル $\bm{n}$，（b）応力テンソルの σ_{xx}, σ_{xy} 成分．

なお，外側の流体は今着目している流体から反作用として大きさが等しい逆向きの力を受けていることに注意せよ．$\sigma_{\alpha\beta}$ は $3\times3=9$ 個の成分を持つが，それらの意味は式(4.8)から明らかである．例えば，$\bm{n}=(1,0,0)$ とすれば（図4.2(b)），式(4.8)から $\sigma_{x\alpha}$ となる．これより，$\sigma_{x\alpha}$ は x の負の側にある物体が x 軸に垂直な面を通して x の正の側から受ける単位面積当たりの力の α 成分であることがわかる．なお，$3\times3=9$ 個の $\sigma_{\alpha\beta}$ が与えられれば，任意の方向に向いた面に作用する力が式(4.8)のように与えられることを示すことができる[5]．また，等方性流体では $\sigma_{\alpha\beta}$ が対称テンソル（$\sigma_{\alpha\beta}=\sigma_{\beta\alpha}$）となることも示すことができる[5]．

微小体積の表面には応力テンソルによって表される力が働くので，表面全体にわたってこの力を足し算すれば目的の微小体積に働く正味の力が求められる．したがって，微小体積に働く力の α 成分は

$$\int_{\partial V} \sigma_{\beta\alpha} n_\beta \mathrm{d}S \tag{4.9}$$

となる．ただし，$\mathrm{d}S$ は面素，∂V は微小体積の全表面を表す．上式にガウスの定理を使うと，

$$\int_{\partial V} \sigma_{\beta\alpha} n_\beta \mathrm{d}S = \int_{\delta V} \frac{\partial \sigma_{\beta\alpha}}{\partial x_\beta} \mathrm{d}V \cong \frac{\partial \sigma_{\beta\alpha}}{\partial x_\beta} \int_{\delta V} \mathrm{d}V = \frac{\partial \sigma_{\beta\alpha}}{\partial x_\beta} \delta V \tag{4.10}$$

を得る．ただし，微小体積を考えているので，被積分関数を一定として積分の

外に出した．上式を体積 δV で割れば面積力に対する単位体積当たりの力 $\boldsymbol{f}^{(s)}$ が得られる．

$$f_\alpha^{(s)} = \frac{\partial \sigma_{\beta\alpha}}{\partial x_\beta} \tag{4.11}$$

面積力の場合には応力テンソルの発散が単位体積当たりの力となることがわかった．このような力でまず最初に考えられるのが圧力 $p(\boldsymbol{r}, t)$ である．先に述べた応力テンソルの意味（定義）と，圧力は常に面に垂直に働くことを考慮すれば，$-p\delta_{\alpha\beta}$ が圧力に対応する応力テンソルであることは容易にわかる．

もう1つ重要な応力として粘性を起源とするものがある．流体が静止していれば，もちろん圧力のみが働く．流体が流れていても，全体が同じ速度で移動し，異なる場所にある流体の相対変化がなければ，この場合にも圧力の他に応力は存在しない．しかし，流体の速度が場所によって異なるときには，仮想的に考えた領域の境界に，その境界と接する外側の領域から固体の摩擦力に相当する粘性力を受ける．このような応力の原因となる流体の相対運動を以下に考察してみる．図 4.3 に示すように時刻 t に位置 $\boldsymbol{r}$ にあった点が流れに乗って $\mathrm{d}t$ 後に位置 $\boldsymbol{r}'$ に移動したとする．先に述べたように関係式

$$\boldsymbol{r}' = \boldsymbol{r} + \boldsymbol{v}(\boldsymbol{r}, t)\mathrm{d}t \tag{4.12}$$

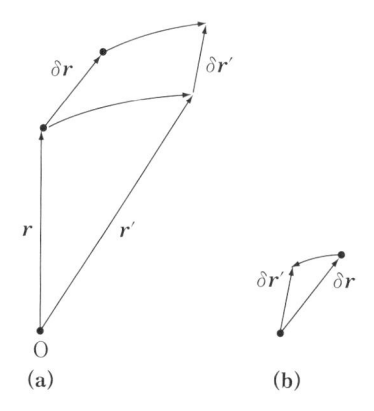

図 4.3 （a）時刻 t に場所 $\boldsymbol{r}$ にあった点は流れとともに場所 $\boldsymbol{r}'$ へ，場所 $\boldsymbol{r}+\delta\boldsymbol{r}$ にあった点は場所 $\boldsymbol{r}'+\delta\boldsymbol{r}'$ へと $\mathrm{d}t$ 後に移動する．（b）この流れを時刻 t に場所 $\boldsymbol{r}$ にあった点に乗って眺めると $\delta\boldsymbol{r}$ は $\mathrm{d}t$ 後に $\delta\boldsymbol{r}'$ へ移動することになる．

が成立する．次に，位置 r から δr 離れた点 $r+\delta r$ が $r'+\delta r'$ に移動したとすると式(4.12)の r を $r+\delta r$ で，r' を $r'+\delta r'$ で置き換えて

$$r'+\delta r' = r+\delta r+v(r+\delta r, t)\mathrm{d}t \\ \cong r+\delta r+v(r, t)\mathrm{d}t+(\delta r\cdot\nabla)v\mathrm{d}t \tag{4.13}$$

を得る．式(4.13)から式(4.12)を引くと

$$\delta r' = \delta r+(\delta r\cdot\nabla)v\mathrm{d}t \tag{4.14}$$

を得る．上式は時刻 t に位置 r にあった点から見た相対的な流れを表している（図4.3(b)）．この式は速度自身ではなくその空間微分（速度勾配）のみを含んでいることに注意せよ．今は流体の相対的運動を問題としているので，速度勾配（velocity gradient）のみが現れているのである．

式(4.14)をもう少し詳しく調べてみよう．式(4.14)に現れる速度勾配テンソル $\partial v_\alpha/\partial x_\beta$ を対称テンソル $A_{\alpha\beta}$ と反対称テンソル $W_{\alpha\beta}$ に分けてみる．

$$\frac{\partial v_\alpha}{\partial x_\beta} = A_{\alpha\beta}+W_{\alpha\beta} \tag{4.15}$$

ただし，

$$A_{\alpha\beta} = \frac{1}{2}\left(\frac{\partial v_\alpha}{\partial x_\beta}+\frac{\partial v_\beta}{\partial x_\alpha}\right) \tag{4.16 a}$$

$$W_{\alpha\beta} = \frac{1}{2}\left(\frac{\partial v_\alpha}{\partial x_\beta}-\frac{\partial v_\beta}{\partial x_\alpha}\right) \tag{4.16 b}$$

である．これらのテンソルを使うと式(4.14)は次のように書き直すことができる．

$$v_\mathrm{rel} = \frac{\delta r'-\delta r}{\mathrm{d}t} = (\delta r\cdot\nabla)v \\ = A\delta r+\boldsymbol{\omega}\times\delta r \tag{4.17}$$

ここで，A は $A_{\alpha\beta}$ を成分とする3×3行列であり，$\boldsymbol{\omega}$ は $W_{\alpha\beta}$ で次のように定義されたベクトルである[*1]．

$$\boldsymbol{\omega} = (-W_{yz}, -W_{zx}, -W_{xy}) \tag{4.18}$$

式(4.17)の v_rel は位置 r から δr 離れた点の位置 r に対する相対速度を表している．式(4.17)は成分を書き下せば容易に導くことができる．

[*1] $2\boldsymbol{\omega}=\nabla\times v$ と表すこともでき，流体力学の教科書では $2\boldsymbol{\omega}$ を $\boldsymbol{\omega}$ と書き，渦度（vorticity）と呼んでいることに注意せよ．

式(4.17)の右辺の第2項は点 r をとおるベクトル ω に平行な軸の回りの角速度 $|\omega|$ での回転を表す．このような回転流は相対的な運動を引き起こさないから，反対称テンソル $W_{\alpha\beta}$ は粘性応力へ寄与しないことがわかる．対称テンソルを起源とする第1項は流体の相対的運動（非回転流）を表している．このことを見るために，テンソル A の主軸に座標軸をとる（主軸については**付録A**参照）．固有値を $\lambda_1, \lambda_2, \lambda_3$ とすれば，式(4.17)の右辺第1項は $(\lambda_1 \delta x, \lambda_2 \delta y, \lambda_3 \delta z)$ となる．ただし，非圧縮性の条件(4.2)を考慮すると $A_{\alpha\alpha}=0$，つまり対角和はゼロである．今の場合，$\lambda_1+\lambda_2+\lambda_3=0$ であることがわかる．これより正となる固有値があれば，負となる固有値が必ずあることになる．つまり，ある点から出ていく流れがあれば必ず入ってくる流れがある．図4.4に $\lambda_1=+1$, $\lambda_2=-1, \lambda_3=0$ としたときの相対速度場 $(\lambda_1 \delta x, \lambda_2 \delta y, \lambda_3 \delta z)$ を描いた．以上，流れは流体上のある点から眺めるとその点の回りに一様に回転する成分（回転流）とその点から離れたり近づいたりする成分（非回転流）に分けることができることがわかった．ここで，$\partial v_x/\partial y$ だけがゼロでない"ずり流れ（shear flow）"と呼ばれる簡単な流れを図4.5に示す．$\partial v_x/\partial y = A_{xy} + W_{xy}$ であるから，ずり流れが図4.5のA（非回転流）とW（回転流）の2つの成分に分けられるのがわかるであろう．

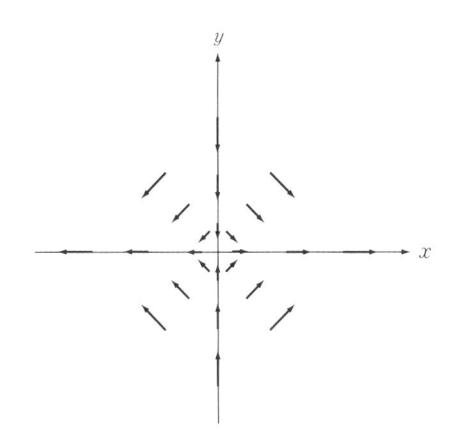

図 4.4 速度場 $(x, -y, 0)$ で表される非回転流．y 軸に沿って原点へ流れ込む流体は x 軸に沿って原点から出ていく．

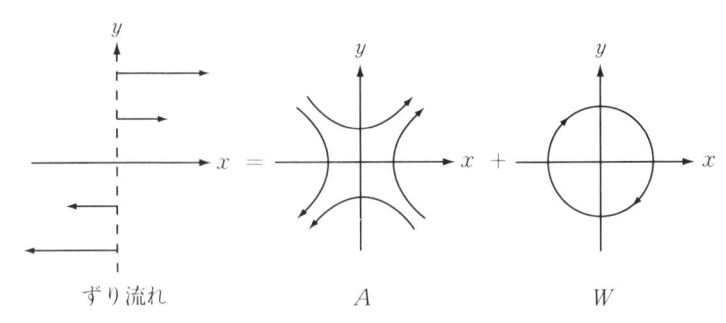

図 4.5 ずり流れは非回転流(A)と回転流(W)に分解することができる．

　ここで話を粘性応力に戻そう．例えば，図4.4で示した流れにより中心を通る x 軸に垂直な面に引張応力（$\sigma_{xx}>0$）が，y 軸に垂直な面には圧縮応力（$\sigma_{yy}<0$）が働きそうである．$A_{\alpha\beta}$ も $\sigma_{\alpha\beta}$ も2階のテンソルであるから，これらをつなぐ係数は4階のテンソルとなる．ここでは導出を行わないが，流体の等方性と非圧縮性を考慮すると簡単な関係式[5]

$$\sigma_{\alpha\beta}^{(\mathrm{visc})}=2\eta A_{\alpha\beta}=\eta\left(\frac{\partial v_\alpha}{\partial x_\beta}+\frac{\partial v_\beta}{\partial x_\alpha}\right) \tag{4.19}$$

が得られる．ただし，η は粘度（viscosity）である．これに圧力による圧縮応力 $-p\delta_{\alpha\beta}$ を加えれば全応力

$$\sigma_{\alpha\beta}=-p\delta_{\alpha\beta}+\eta\left(\frac{\partial v_\alpha}{\partial x_\beta}+\frac{\partial v_\beta}{\partial x_\alpha}\right) \tag{4.20}$$

となる．この式によって方程式は閉じる．つまり，式(4.20)を式(4.11)に代入し，さらに式(4.7)に代入し，必要ならば体積力 $\boldsymbol{f}^{(\mathrm{v})}$ を加えると

$$\rho\frac{\partial \boldsymbol{v}}{\partial t}+\rho(\boldsymbol{v}\cdot\nabla)\boldsymbol{v}=-\nabla p+\eta\Delta\boldsymbol{v}+\boldsymbol{f}^{(\mathrm{v})} \tag{4.21}$$

を得る．ただし，非圧縮条件(4.2)を用いた．この式は非圧縮流体のナビエ-ストークス方程式（Navier-Stokes equation）である．式(4.21)はベクトルの方程式であるから式の数は3個であり，さらに非圧縮条件(4.2)の1個を加えて，方程式の合計は4個となる．これに対して，変数は速度 $\boldsymbol{v}$ の3個と圧力 p の合計4個である．

4-2 分子場とエリクセンの応力

　流れがある場合のネマチック液晶の動力学を記述する方程式を導出するための準備をこの節では行う．第2章ではフランクの弾性自由エネルギーを基に全自由エネルギー極小の条件から配向ベクトル場を求めたが，このときは配向ベクトル場そのものではなく配向ベクトルの方向を指定する角度に関する変分問題として扱った．ここでは大きさ1という束縛条件のある配向ベクトルの変分問題をまず考えることにする．流れがない場合に束縛条件 $\boldsymbol{n}^2=1$ の下で配向ベクトル場 $\boldsymbol{n}(\boldsymbol{r})$ の汎関数である全自由エネルギー $F[\boldsymbol{n}(\boldsymbol{r})]$ (以下では全自由エネルギーとして，表面の自由エネルギーは除き，バルクの自由エネルギーのみを考える) を極小とする変分問題を考えなくてはならない．自由エネルギー密度を

$$f = f_\mathrm{d}(\boldsymbol{n}, \nabla \boldsymbol{n}) + f_\mathrm{ext}(\boldsymbol{n}) \tag{4.22}$$

とする．ただし，$f_\mathrm{d}(\boldsymbol{n}, \nabla \boldsymbol{n})$ はフランクの弾性自由エネルギー密度であり，引き数の $\nabla \boldsymbol{n}$ は f_d が $n_\alpha(\alpha=1,2,3)$ に加えて $\partial n_\beta/\partial x_\alpha (\alpha, \beta=1,2,3)$ の関数でもあることを表す．また，$f_\mathrm{ext}(\boldsymbol{n})$ は外場（磁場，電場等）による自由エネルギー密度であり，$\boldsymbol{n}$ だけの関数であるとした．

　今，変分問題をしばし忘れて，任意にとった，したがって必ずしも平衡状態にない配向ベクトル場 $\boldsymbol{n}(\boldsymbol{r})$ が温度一定の条件の下で微小変形して $\boldsymbol{n}(\boldsymbol{r})+\delta\boldsymbol{n}(\boldsymbol{r})$ となったときの全自由エネルギーの変化 δF を求めてみよう．

$$\delta F = F[\boldsymbol{n}(\boldsymbol{r})+\delta\boldsymbol{n}(\boldsymbol{r})] - F[\boldsymbol{n}(\boldsymbol{r})] \tag{4.23}$$

付録Dの式(D.2)より

$$\delta F = \int \left\{ \frac{\partial f}{\partial n_\alpha} - \frac{\partial}{\partial x_\beta}\left(\frac{\partial f}{\partial(\partial n_\alpha/\partial x_\beta)}\right) \right\} \delta n_\alpha \mathrm{d}V + (\text{表面積分}) \tag{4.24}$$

を得る．ただし，アインシュタインの規約を適用し，α と β についての和をとる．被積分関数の中括弧を $-h_\alpha(\boldsymbol{r})$ と定義すれば，すなわち

$$h_\alpha(\boldsymbol{r}) \equiv \frac{\partial}{\partial x_\beta}\left(\frac{\partial f}{\partial(\partial n_\alpha/\partial x_\beta)}\right) - \frac{\partial f}{\partial n_\alpha} \tag{4.25}$$

とすれば式(4.24)は

$$\delta F = -\int h_\alpha(\mathbf{r})\delta n_\alpha(\mathbf{r})\mathrm{d}V + (\text{表面積分}) \tag{4.26}$$

となる．上式よりベクトル $\mathbf{h}(\mathbf{r})$ の意味が明らかとなる．力学では物体が $\delta\mathbf{u}$ の微小変位をしたときのエネルギーの増分 δU は物体に作用する力 $\mathbf{f}$ を用いて，$\delta U = -\mathbf{f}\cdot\delta\mathbf{u}$ と与えられる．今の場合，微小体積 $\mathrm{d}V$ の自由エネルギーへの寄与は式(4.26)から $-h_\alpha(\mathbf{r})\delta n_\alpha(\mathbf{r})\mathrm{d}V = -\mathbf{h}(\mathbf{r})\cdot\delta\mathbf{n}(\mathbf{r})\mathrm{d}V$ であるから，力学との類推から $\mathbf{n}(\mathbf{r})$ に対する力は $\mathbf{h}(\mathbf{r})\mathrm{d}V$ であることがわかる．したがって，$\mathbf{h}(\mathbf{r})$ は場所 $\mathbf{r}$ にある配向ベクトルに作用する単位体積当たりの力であることがわかる．$\mathbf{h}(\mathbf{r})$ は分子場 (molecular field) と呼ばれている（この名前は磁性体に由来する）．

式(4.24)の被積分関数の中括弧の中味（$-\mathbf{h}(\mathbf{r})$）は $\delta F/\delta n_\alpha(\mathbf{r})$ と書かれ，汎関数微分 (functional derivative) と呼ばれる（汎関数微分の詳しい説明は**付録 E** 参照）．したがって，

$$h_\alpha(\mathbf{r}) = -\frac{\delta F}{\delta n_\alpha(\mathbf{r})} \tag{4.27}$$

と書くこともできる．話が煩雑になっているので，ここで汎関数微分についてまとめておくと，

$$F[\mathbf{n}(\mathbf{r})] = \int f(\mathbf{n},\nabla\mathbf{n})\mathrm{d}V \tag{4.28}$$

の $\mathbf{n}(\mathbf{r})$ に関する汎関数微分 $\delta F/\delta n_\alpha(\mathbf{r})$ は

$$\frac{\delta F}{\delta n_\alpha(\mathbf{r})} = \frac{\partial f}{\partial n_\alpha} - \frac{\partial}{\partial x_\beta}\left(\frac{\partial f}{\partial(\partial n_\alpha/\partial x_\beta)}\right) \tag{4.29}$$

で与えられる．ここで，分子場を具体的に表しておく．式(4.22)を式(4.25)に代入すると

$$h_\alpha = -\frac{\partial f_\mathrm{d}}{\partial n_\alpha} + \frac{\partial}{\partial x_\beta}\left(\frac{\partial f_\mathrm{d}}{\partial(\partial n_\alpha/\partial x_\beta)}\right) - \frac{\partial f_\mathrm{ext}}{\partial n_\alpha} \tag{4.30}$$

が得られる．右辺の第1項および第2項が弾性による力を表し，第3項は外場による．先の力学の例においてはポテンシャルエネルギーの変位による偏微分に負号をつけたものが力となるが，配向ベクトル場のような連続体では偏微分の代わりに汎関数微分が現れる．さらに，今考察している液晶は有限温度であるためにポテンシャルエネルギーの代わりに温度一定の下で極小をとる自由エ

ネルギーを使う必要がある．

通常の変分問題では式(4.27)をゼロとおいたオイラー-ラグランジュ方程式を解けばよい．"ゼロとおく"ことの物理的意味は明らかである．力が作用しなければ変化はないのでそれが極値であろう．ところが，今考えている配向ベクトル場には束縛条件 $\boldsymbol{n}^2=1$ があるのでそうはいかない．このような条件付きの変分問題ではラグランジュの未定乗数法が使われる．ラグランジュの未定乗数法（**付録 D**）によれば，未定乗数（今の場合は $\boldsymbol{r}$ の関数）$\lambda(\boldsymbol{r})$ を含む汎関数

$$F_\lambda[\boldsymbol{n}(\boldsymbol{r})] \equiv F[\boldsymbol{n}(\boldsymbol{r})] + \int \frac{1}{2}\lambda(\boldsymbol{r})((\boldsymbol{n}(\boldsymbol{r}))^2-1)\mathrm{d}V$$
$$= \int \left[f + \frac{1}{2}\lambda(\boldsymbol{r})((\boldsymbol{n}(\boldsymbol{r}))^2-1)\right]\mathrm{d}V \tag{4.31}$$

を $\boldsymbol{n}(\boldsymbol{r})$ に束縛条件がないとして，通常の変分問題として解けばよい．

$$f_\lambda \equiv f + \frac{1}{2}\lambda(\boldsymbol{r})((\boldsymbol{n}(\boldsymbol{r}))^2-1) \tag{4.32}$$

とおいて式(4.29)の f に代入し，ゼロとおけば

$$0 = \frac{\delta F_\lambda}{\delta n_\alpha(\boldsymbol{r})} = -h_\alpha(\boldsymbol{r}) + \lambda(\boldsymbol{r})n_\alpha(\boldsymbol{r}) \tag{4.33}$$

を得る．式(4.33)は書き直せば

$$\boldsymbol{h}(\boldsymbol{r}) = \lambda(\boldsymbol{r})\boldsymbol{n}(\boldsymbol{r}) \tag{4.34}$$

となり，極値の条件はすべての場所で分子場が配向ベクトルに平行になることであることがわかった．これは，分子場が配向ベクトルに働く単位体積当たりの力であることを思い起こせば当然の結果である．力が配向ベクトルに平行でないならば配向ベクトルは力の方向に回転するであろうが，平行であるならば配向ベクトルの大きさを変えようとする力は働くだろうが束縛条件があるからこのような変化は起こらず安定であるからである．

上では配向ベクトルの変化のみを考えて配向ベクトルに働く力を導出したが，実際の液晶では配向ベクトルの回転に加えて分子の重心の移動に伴う並進の自由度がある．以下では仮想的に液晶の微小な変位を考えて並進に対する力を導出する．仮想的な変位によって場所 $\boldsymbol{r}$ にあった点が $\boldsymbol{r}'=\boldsymbol{r}+\boldsymbol{u}(\boldsymbol{r})$ に移動したとする．ただし，移動量 $\boldsymbol{u}(\boldsymbol{r})$ は微小であり，移動の際配向ベクトルは変

化しないとする．すなわち，仮想変位させる前と後の配向ベクトル場をそれぞれ $\boldsymbol{n}(\boldsymbol{r})$ および $\boldsymbol{n}'(\boldsymbol{r})$ とすると

$$\boldsymbol{n}'(\boldsymbol{r}') = \boldsymbol{n}'(\boldsymbol{r}+\boldsymbol{u}(\boldsymbol{r})) = \boldsymbol{n}(\boldsymbol{r}) \tag{4.35}$$

が成り立つ．非圧縮性を仮定すると，場所 $\boldsymbol{r}$ にあった微小体積 dV は体積を変えずに場所 $\boldsymbol{r}' = \boldsymbol{r}+\boldsymbol{u}(\boldsymbol{r})$ に移動するが，この微小体積の持つ弾性自由エネルギーの移動前と後の変化を求めてみる．そのためには場所 $\boldsymbol{r}'$ における $\boldsymbol{n}'$ の微分係数が必要である．式(4.35)と $\boldsymbol{r}$ が $\boldsymbol{r}'$ の関数 $\boldsymbol{r}(\boldsymbol{r}')$ であることを使うと

$$\frac{\partial n_\gamma'(\boldsymbol{r}')}{\partial x_\beta'} = \frac{\partial n_\gamma(\boldsymbol{r}(\boldsymbol{r}'))}{\partial x_\beta'} = \frac{\partial x_\alpha}{\partial x_\beta'}\frac{\partial n_\gamma(\boldsymbol{r})}{\partial x_\alpha} \tag{4.36}$$

が得られる．最後の式の $\partial x_\alpha/\partial x_\beta'$ は次のように計算できる．$\boldsymbol{r}' = \boldsymbol{r}+\boldsymbol{u}(\boldsymbol{r})$ から

$$\frac{\partial x_\alpha}{\partial x_\beta'} = \delta_{\alpha\beta} - \frac{\partial u_\alpha(\boldsymbol{r})}{\partial x_\beta'} = \delta_{\alpha\beta} - \frac{\partial x_\gamma}{\partial x_\beta'}\frac{\partial u_\alpha(\boldsymbol{r})}{\partial x_\gamma} \tag{4.37}$$

となるが，最後の式の $\partial x_\gamma/\partial x_\beta'$ に再び上式を適用し，$\boldsymbol{u}$ の2次以上を無視すれば

$$\frac{\partial x_\alpha}{\partial x_\beta'} = \delta_{\alpha\beta} - \frac{\partial u_\alpha(\boldsymbol{r})}{\partial x_\beta} \tag{4.38}$$

が得られる．これを式(4.36)に代入すれば，場所 $\boldsymbol{r}$ と $\boldsymbol{r}'$ における微分係数の差が

$$\frac{\partial n_\gamma'}{\partial x_\beta'} - \frac{\partial n_\gamma}{\partial x_\beta} = -\frac{\partial n_\gamma}{\partial x_\alpha}\frac{\partial u_\alpha}{\partial x_\beta} \tag{4.39}$$

となることがわかる．微分係数はこのように変わるが配向ベクトルそのものは変わらない，つまり $\boldsymbol{n}'(\boldsymbol{r}') = \boldsymbol{n}(\boldsymbol{r})$ であることに注意せよ．これは元々の仮定（ここでは並進の効果のみに興味がある）である．配向ベクトルそのものに変化がないのに微分係数が変わるのは変位 $\boldsymbol{u}(\boldsymbol{r})$ が一様ではないからである．

式(4.39)と $\boldsymbol{n}'(\boldsymbol{r}') = \boldsymbol{n}(\boldsymbol{r})$ を使うと，場所 $\boldsymbol{r}$ と $\boldsymbol{r}'$ における微小体積の持つ自由エネルギーの差は

$$\begin{aligned}
& f_d\left(n_\alpha'(\boldsymbol{r}'), \frac{\partial n_\gamma'}{\partial x_\beta'}\right)dV - f_d\left(n_\alpha(\boldsymbol{r}), \frac{\partial n_\gamma}{\partial x_\beta}\right)dV \\
& = f_d\left(n_\alpha(\boldsymbol{r}), \frac{\partial n_\gamma}{\partial x_\beta} - \frac{\partial n_\gamma}{\partial x_\alpha}\frac{\partial u_\alpha}{\partial x_\beta}\right)dV - f_d\left(n_\alpha(\boldsymbol{r}), \frac{\partial n_\gamma}{\partial x_\beta}\right)dV \\
& \simeq -\frac{\partial f_d}{\partial(\partial n_\gamma/\partial x_\beta)}\frac{\partial n_\gamma}{\partial x_\alpha}\frac{\partial u_\alpha}{\partial x_\beta}dV
\end{aligned} \tag{4.40}$$

と書くことができる．さらに

$$\sigma_{\beta\alpha}^{(d)} = -\frac{\partial f_d}{\partial(\partial n_\gamma/\partial x_\beta)}\frac{\partial n_\gamma}{\partial x_\alpha} \tag{4.41}$$

を定義し，式(4.40)を積分すると，全弾性自由エネルギーの変化分は

$$\delta F_d = \int \sigma_{\beta\alpha}^{(d)} \frac{\partial u_\alpha}{\partial x_\beta} dV \tag{4.42}$$

となる．この式より式(4.41)で定義された $\sigma_{\beta\alpha}^{(d)}$ が変位 $\boldsymbol{u}(\boldsymbol{r})$ によって生じた応力テンソルを表すことがわかる．なぜなら，式(4.11)から一般に応力 $\sigma_{\beta\alpha}$ を単位体積当たりの力に書き換えると $\partial\sigma_{\beta\alpha}/\partial x_\beta$ となるので，変位が u_α であれば全自由エネルギーの変化分は部分積分により

$$-\int \frac{\partial \sigma_{\beta\alpha}}{\partial x_\beta} u_\alpha dV = \int \sigma_{\beta\alpha} \frac{\partial u_\alpha}{\partial x_\beta} dV + (\text{表面積分}) \tag{4.43}$$

で与えられる．これと式(4.42)を比べると確かに $\sigma_{\beta\alpha}^{(d)}$ が応力になっていることがわかる．式(4.41)の定義からわかるようにネマチック液晶の弾性を起源とする応力テンソル $\sigma_{\beta\alpha}^{(d)}$ は一般に対称ではない．$\sigma_{\beta\alpha}^{(d)}$ に圧力を加えた

$$\sigma_{\beta\alpha}^{(e)} = \sigma_{\beta\alpha}^{(d)} - p\delta_{\alpha\beta} \tag{4.44}$$

はエリクセンの応力と呼ばれている．

4-3 エリクセン-レスリーの理論

ネマチック液晶では流れ（速度場 $\boldsymbol{v}(\boldsymbol{r})$）とともに配向（配向ベクトル場 $\boldsymbol{n}(\boldsymbol{r})$）も考慮しなくてはならない．これらは相互に影響を及ぼし合い，話を複雑にする．まず，最初に配向ベクトルの運動に着目してみよう．配向ベクトルの変化は分子の回転に起因するものであるから，配向ベクトルの運動を剛体の力学に倣って考えることができるであろう．今，流体中の場所 $\boldsymbol{r}$ に微小体積 δV をとり，そこでの配向ベクトルの運動を考える．まず，簡単のため流れがない場合を扱う．微小時間の間の配向ベクトルの変化はある方向を向いた軸を中心とした微小回転と見なすことができることに着目しよう（図4.6）．図のように微小時間 dt の間に $\boldsymbol{n}$ が $d\boldsymbol{n}$ だけ変化したとする（3-8節で示したように $\boldsymbol{n}$ と $d\boldsymbol{n}$ が直交することに注意）．図に示すような $\boldsymbol{n}$ と $d\boldsymbol{n}$ に直交するベクトル $\boldsymbol{e}d\theta$（$\boldsymbol{e}$：単位ベクトル，$d\theta$：配向ベクトルの回転角）をとれば，ベク

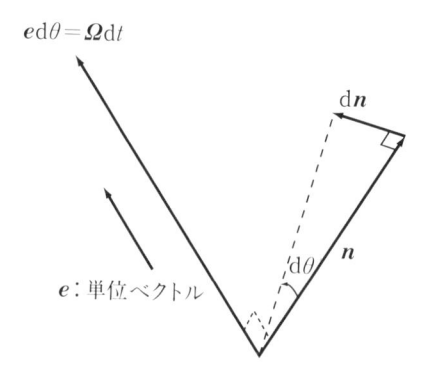

図 4.6 配向ベクトルの回転運動は角速度 Ω で表すことができる.

トル積の定義から容易にわかるように

$$d\bm{n} = \bm{e}d\theta \times \bm{n} \tag{4.45}$$

となる.さらに,角速度(angular velocity)$\bm{\Omega} = \bm{e}d\theta/dt$ を用いて

$$\frac{d\bm{n}}{dt} = \bm{\Omega} \times \bm{n} \tag{4.46}$$

を得る.$\bm{n}$ が $\bm{\Omega}$ と直交する単位ベクトルであることに注意すれば,

$$\bm{\Omega} = \bm{n} \times \frac{d\bm{n}}{dt} \tag{4.47}$$

と書き換えることができる.

[**演習問題 4.2**:上記を示せ]

単位体積当たりの慣性モーメント(moment of inertia)を I,配向ベクトルに作用する単位体積当たりのトルク(torque)を $\bm{\Gamma}$ とすれば,着目した微小体積 δV の慣性モーメントおよびそれに作用するトルクはそれぞれ $I\delta V$ および $\bm{\Gamma}\delta V$,また角加速度(angular acceleration)は $d\bm{\Omega}/dt$ であるから,次の配向ベクトルについての回転の運動方程式を得る.

$$I\frac{d\bm{\Omega}}{dt} = \bm{\Gamma} \tag{4.48}$$

ただし,両辺に共通する δV は割算して消去した.上式は流れがないとして導出したものであるが,流れがある場合は導出の過程に出てきた d/dt をラグラ

ンジュ微分（式(4.5)参照）と見なせばよい．つまり，流れに乗って配向ベクトルの運動を観察する場合も式(4.48)が成り立つ．なお，本章で出てくるd/dtはすべてラグランジュ微分である．

式(4.48)に式(4.47)を代入すれば，配向ベクトル$\boldsymbol{n}$に対する運動方程式が得られるが，実際には回転の慣性力は粘性力に比べ小さく，左辺をゼロと置くことができる（後述参照）．この場合，重要なのは右辺である．右辺は分子場$\boldsymbol{h}$と粘性力による単位体積当たりのトルクとからなる．まず，前者を考える．前節で述べたように，$\boldsymbol{h}$自身は式(4.26)から配向ベクトル$\boldsymbol{n}$に働く単位体積当たりの力であるから，これから単位体積当たりのトルクを求める．式(4.26)の右辺の第1項の被積分関数は

$$\boldsymbol{h}(\boldsymbol{r})\cdot\delta\boldsymbol{n}(\boldsymbol{r})=(\boldsymbol{n}(\boldsymbol{r})\times\boldsymbol{h}(\boldsymbol{r}))\cdot(\boldsymbol{n}(\boldsymbol{r})\times\delta\boldsymbol{n}(\boldsymbol{r})) \tag{4.49}$$

と書き換えられることに着目する．右辺から左辺の導出は容易で，公式$(\boldsymbol{a}\times\boldsymbol{b})\cdot\boldsymbol{c}=\boldsymbol{a}\cdot(\boldsymbol{b}\times\boldsymbol{c})$を使えば，

$$\begin{aligned}(\boldsymbol{n}(\boldsymbol{r})\times\boldsymbol{h}(\boldsymbol{r}))\cdot(\boldsymbol{n}(\boldsymbol{r})\times\delta\boldsymbol{n}(\boldsymbol{r}))&=-(\boldsymbol{h}(\boldsymbol{r})\times\boldsymbol{n}(\boldsymbol{r}))\cdot(\boldsymbol{n}(\boldsymbol{r})\times\delta\boldsymbol{n}(\boldsymbol{r}))\\&=-\boldsymbol{h}(\boldsymbol{r})\cdot(\boldsymbol{n}(\boldsymbol{r})\times(\boldsymbol{n}(\boldsymbol{r})\times\delta\boldsymbol{n}(\boldsymbol{r})))\end{aligned} \tag{4.50}$$

さらに，公式$\boldsymbol{a}\times(\boldsymbol{b}\times\boldsymbol{c})=\boldsymbol{b}(\boldsymbol{a}\cdot\boldsymbol{c})-\boldsymbol{c}(\boldsymbol{a}\cdot\boldsymbol{b})$を使えば

$$\begin{aligned}\boldsymbol{n}(\boldsymbol{r})\times(\boldsymbol{n}(\boldsymbol{r})\times\delta\boldsymbol{n}(\boldsymbol{r}))&=\boldsymbol{n}(\boldsymbol{r})(\boldsymbol{n}(\boldsymbol{r})\cdot\delta\boldsymbol{n}(\boldsymbol{r}))-\delta\boldsymbol{n}(\boldsymbol{r})(\boldsymbol{n}(\boldsymbol{r})\cdot\boldsymbol{n}(\boldsymbol{r}))\\&=-\delta\boldsymbol{n}(\boldsymbol{r})\end{aligned} \tag{4.51}$$

となるから，式(4.49)が証明できた．ただし，微小変位に対しては$\boldsymbol{n}(\boldsymbol{r})$と$\delta\boldsymbol{n}(\boldsymbol{r})$が直交することを用いた．さて，式(4.49)の$\boldsymbol{n}(\boldsymbol{r})\times\delta\boldsymbol{n}(\boldsymbol{r})$は，図4.6からわかるように，その大きさが回転の角度，方向が回転軸に平行なベクトルであるので，式(4.49)から回転角に共役な力，すなわち単位体積当たりのトルクは$\boldsymbol{n}(\boldsymbol{r})\times\boldsymbol{h}(\boldsymbol{r})$となる．これを，

$$\boldsymbol{\Gamma}^{(F)}(\boldsymbol{r})=\boldsymbol{n}(\boldsymbol{r})\times\boldsymbol{h}(\boldsymbol{r}) \tag{4.52}$$

と表す．このように$\boldsymbol{\Gamma}^{(F)}$は自由エネルギーを起源とするトルクであり，流れを起源とする粘性（摩擦）トルクとは異なることに注意せよ．

次に，粘性トルクについて考察する．この粘性トルクは2つに分けることができる．1つは，図4.7(a)に示すように，配向ベクトルが回転するときに生じる抵抗である．このような抵抗力は一般に速度（考察している物理量の変化速度）に比例するので，今の場合回転に対する粘性トルクは$\gamma_1(>0)$を粘性係

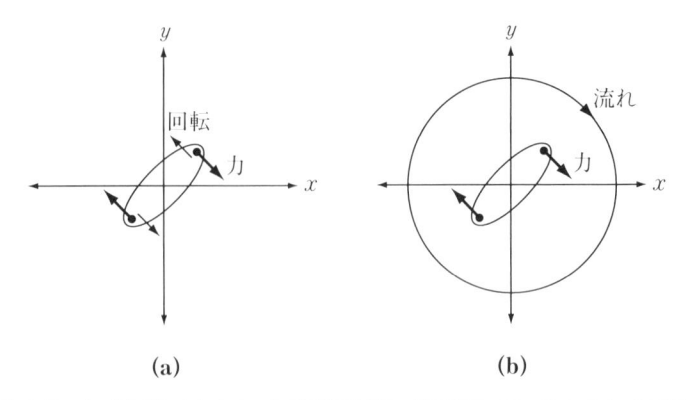

図 4.7 (a) 配向ベクトル（回転楕円体）が回転しているとそれを妨げるように粘性トルクが働く．(b) 配向ベクトルが静止していても回転流があると粘性トルクが働く．一般的には回転流に対する配向ベクトルの相対的回転が粘性トルクを生じさせる．

数として

$$-\gamma_1 \Omega \tag{4.53}$$

と書けるであろう．上式の Ω は式(4.47)で定義され，そのなかの時間微分は先に述べたように流れがあるときのラグランジュ微分である．しかし，式(4.53)は回転流があるときには以下のように修正される．式(4.53)は配向ベクトルの回転に対する抵抗であるが，ここで流れがあるときには流れは回転流と非回転流に分けることができたことを思い出そう．極端な例として，配向ベクトルの回転と流れの回転が一致している場合を考えると，配向ベクトルは流れに対して相対的に静止していることになり，配向ベクトルの回転に対して力は働かないであろう．この例からわかるように，配向ベクトルの回転に関する粘性力は流れに対する配向ベクトルの相対的回転に依存することがわかる．これを定式化するために，流れに対する配向ベクトルの相対的な角速度 Ω_0 を導入する．式(4.53)の Ω は Ω_0 で置き換えられねばならない．式(4.18)で定義される流体の局所的な角速度 ω を用いると，

$$\Omega_0 = \Omega - \omega \tag{4.54}$$

が成立する．ベクトル Ω と ω の方向が一致している場合は上式は容易に理解

できる．一般の場合も，微小時間 dt の間に流れと一緒に回転する座標系では配向ベクトル $\boldsymbol{n}$ は $\boldsymbol{n}+\boldsymbol{\Omega}_0 dt\times\boldsymbol{n}$ に変化し，さらにこれが流れによる回転により実験室系では $(\boldsymbol{n}+\boldsymbol{\Omega}_0 dt\times\boldsymbol{n})+\boldsymbol{\omega}dt\times(\boldsymbol{n}+\boldsymbol{\Omega}_0 dt\times\boldsymbol{n})\cong\boldsymbol{n}+(\boldsymbol{\Omega}_0+\boldsymbol{\omega})dt\times\boldsymbol{n}$ に変化するが，これは $\boldsymbol{n}+\boldsymbol{\Omega}dt\times\boldsymbol{n}$ に等しくなくてはならないからである．$\boldsymbol{\Omega}_0$ を使って流れによる回転に対する相対的な配向ベクトルの変化速度 $\boldsymbol{N}$ を

$$\boldsymbol{N}=\boldsymbol{\Omega}_0\times\boldsymbol{n} \tag{4.55}$$

と表すことができる．上式に左から $\boldsymbol{n}$ をベクトル積として掛け，公式 $\boldsymbol{a}\times(\boldsymbol{b}\times\boldsymbol{c})=\boldsymbol{b}(\boldsymbol{a}\cdot\boldsymbol{c})-\boldsymbol{c}(\boldsymbol{a}\cdot\boldsymbol{b})$ を用いると

$$\boldsymbol{\Omega}_0=\boldsymbol{n}\times\boldsymbol{N}+(\boldsymbol{n}\cdot\boldsymbol{\Omega}_0)\boldsymbol{n} \tag{4.56}$$

を得る．また，式(4.55)に式(4.54)を代入し，式(4.46)を用いて $\boldsymbol{\Omega}\times\boldsymbol{n}$ を消去すると関係式

$$\boldsymbol{N}=\frac{d\boldsymbol{n}}{dt}-\boldsymbol{\omega}\times\boldsymbol{n} \tag{4.57}$$

を得る．

さて，配向ベクトルの流れに対する相対的回転に起因する単位体積当たりの粘性トルクは式(4.53)の代わりに $-\gamma_1\boldsymbol{\Omega}_0$ となると考えられるが，式(4.56)の右辺第2項は配向ベクトルに平行なトルクの成分であるから意味がない．そこで，この分を除いて第1項のみを考慮すると，粘性トルク $\boldsymbol{\Gamma}_1^{(\mathrm{visc})}$ は

$$\begin{aligned}\boldsymbol{\Gamma}_1^{(\mathrm{visc})}&=-\gamma_1\boldsymbol{n}\times\boldsymbol{N}\\&=-\gamma_1\boldsymbol{n}\times\left(\frac{d\boldsymbol{n}}{dt}-\boldsymbol{\omega}\times\boldsymbol{n}\right)\end{aligned} \tag{4.58}$$

となる．式(4.52)との類推から，配向ベクトルに作用する回転に起因する単位体積当たりの粘性力は

$$\begin{aligned}\boldsymbol{h}_1^{(\mathrm{visc})}&=-\gamma_1\boldsymbol{N}\\&=-\gamma_1\left(\frac{d\boldsymbol{n}}{dt}-\boldsymbol{\omega}\times\boldsymbol{n}\right)\end{aligned} \tag{4.59}$$

となることもわかる．式(4.58)および式(4.59)から配向ベクトルが静止している（$d\boldsymbol{n}/dt=0$）場合にも，回転流があれば（$\boldsymbol{\omega}\neq0$）配向ベクトルにトルクが働くことがわかる（図4.7(b)）．

もう1つの粘性トルクは非回転流から生じる．具体的な説明は後に行うことにして対称性から粘性力を求めてみる．配向ベクトルの受ける単位体積当たり

の粘性力は速度勾配の非回転成分を表す対称テンソル $A_{\alpha\beta}$（式(4.16 a)参照）に比例するであろう．さらに，配向ベクトル $\bm{n}$ にも依存するはずである．これら2階のテンソル $A_{\alpha\beta}$ とベクトル $\bm{n}$ から作られるベクトルである単位体積当たりの粘性力は

$$\bm{h}_2^{(\mathrm{visc})} = -\gamma_2 A\bm{n} \qquad (h_{2,a}^{(\mathrm{visc})} = -\gamma_2 A_{\alpha\beta} n_\beta) \tag{4.60}$$

と表されるであろう．$\bm{h}_1^{(\mathrm{visc})}$ を含めてこれらの粘性力は一般的には不可逆過程の熱力学によって導出することができる[2]．式(4.60)から非回転流による単位体積当たりの粘性トルクは

$$\bm{\varGamma}_2^{(\mathrm{visc})} = -\gamma_2 \bm{n} \times A\bm{n} \tag{4.61}$$

となる．ここで，この粘性トルクの意味を考えてみよう．簡単のため，4-1節で述べた，x-y 面内で軸方向に対角化された非回転流を考える．つまり，$A_{xx}=1$, $A_{yy}=-1$ でその他の成分はゼロとする．さらに，配向ベクトルは x-y 面内にあるとして $\bm{n}=(n_x, n_y, 0)$ と置く．まず，配向ベクトルが x 方向を向いている場合（$\bm{n}=(1,0,0)$），式(4.61)はゼロとなり，トルクは働かないことになる．この事情は図 4.8(a)からわかる．これに対して，斜 $45°$ 方向を向いた場合には（$\bm{n}=(1/\sqrt{2},1/\sqrt{2},0)$），式(4.61)の z 成分はゼロではなくトルクが働くことになる．ここで，式(4.61)の γ_2 は通常負の値をとることに注意せよ．トルクが働く理由は図 4.8(b)から明らかである．図 4.8 の他の図も同様に理解できる．

式(4.59)の $\bm{h}_1^{(\mathrm{visc})}$ と式(4.60)の $\bm{h}_2^{(\mathrm{visc})}$ を加え合わせれば，配向ベクトルに作用する単位体積当たりの粘性力は

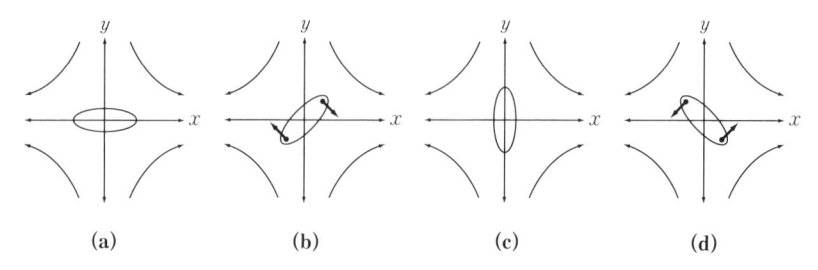

図 4.8 非回転流があるときの配向ベクトル（回転楕円体）に働くトルク．図では，$\gamma_2<0$ として配向ベクトルに働くトルクを矢印で示した．

4-3 エリクセン-レスリーの理論

$$h^{(\text{visc})} = -\gamma_1\left(\frac{d\boldsymbol{n}}{dt} - \boldsymbol{\omega}\times\boldsymbol{n}\right) - \gamma_2 A\boldsymbol{n} \tag{4.62}$$

また,粘性トルクは,上式に $\boldsymbol{n}$ をベクトル積として左から掛けて

$$\boldsymbol{\Gamma}^{(\text{visc})} = -\gamma_1 \boldsymbol{n}\times\left(\frac{d\boldsymbol{n}}{dt} - \boldsymbol{\omega}\times\boldsymbol{n}\right) - \gamma_2 \boldsymbol{n}\times A\boldsymbol{n} \tag{4.63}$$

となる.最後に,運動方程式(4.48)において慣性項が無視できる(左辺がゼロ)場合には,右辺 $\boldsymbol{\Gamma} = \boldsymbol{\Gamma}^{(F)} + \boldsymbol{\Gamma}^{(\text{visc})}$ をゼロとおけば

$$\boldsymbol{n}\times\boldsymbol{h} = \gamma_1 \boldsymbol{n}\times\left(\frac{d\boldsymbol{n}}{dt} - \boldsymbol{\omega}\times\boldsymbol{n}\right) + \gamma_2 \boldsymbol{n}\times A\boldsymbol{n} \tag{4.64}$$

を得る.配向ベクトルに作用する単位体積当たりの力のつり合い $\boldsymbol{h} + \boldsymbol{h}^{(\text{visc})} = 0$ に対しては

$$\boldsymbol{h} = \gamma_1\left(\frac{d\boldsymbol{n}}{dt} - \boldsymbol{\omega}\times\boldsymbol{n}\right) + \gamma_2 A\boldsymbol{n} \tag{4.65}$$

を得る.ただし,4-2節で分子場 $\boldsymbol{h}$ を考察したときと同じ理由で,上式の $\boldsymbol{n}$ 方向の成分は意味がなく,$\boldsymbol{n}$ に垂直な2成分のみを考えればよい.一方,式(4.64)も一見するとベクトルの方程式で3つの式があるように思えるが,式全体に "$\boldsymbol{n}\times$" が掛かっているので,$\boldsymbol{n}$ に平行な成分は常にゼロとなって($\boldsymbol{n}$ に平行な軸の回りのトルクは常にゼロ),この場合も $\boldsymbol{n}$ に垂直な2成分のみ($\boldsymbol{n}$ に垂直な軸の回りのトルク)を考慮することになる.式(4.64)と式(4.65)は等価である.慣性項を落してしまったが,式(4.64)および式(4.65)は,分子場 $\boldsymbol{h}$ および流体の速度勾配 $\boldsymbol{\omega}$ と A が与えられれば,$d\boldsymbol{n}/dt$ を与えるので,配向ベクトル $\boldsymbol{n}$ の運動方程式である.

次に,ネマチック液晶の場合に,流体の加速度を与える式(4.7)の右辺を考える.右辺の単位体積当たりの力 $\boldsymbol{f}$ は重力等の外力による体積力,エリクセンの応力および粘性応力による面積力によって与えられる.この中で,ネマチック液晶の粘性応力の表式は等方性流体のものと大きく異なる.等方性流体の場合,粘性応力テンソル $\sigma_{\alpha\beta}^{(\text{visc})}$ は対称速度勾配テンソル $A_{\alpha\beta}$ を用いて式(4.19)のように表された.ネマチック液晶の場合にも $A_{\alpha\beta}$ により粘性応力が生じるが,等方性流体のように粘性係数はスカラーではなく,$\boldsymbol{n}$ に依存するテンソルとなる.さらに,流れが配向ベクトルに粘性力を及ぼしたことに対応し,配向ベクトルが回転すれば流れに対し応力を及ぼすであろう.この応力

は，流体が配向ベクトルと同じように回転していれば現れないであろうから，式(4.59)の $\bm{h}_1^{(\mathrm{visc})}$ と同様に $d\bm{n}/dt$ ではなく，$\bm{N}$ に依存すると考えられる．また，応力を $A_{\alpha\beta}$ と $\bm{N}$ で展開したときの係数は $\bm{n}$ に依存するが，$\bm{n}$ には向きがないから $\bm{n}$ を偶数個含んでいなくてはならない．以上を考慮して，粘性応力テンソルを $A_{\alpha\beta}$ と N_α で展開した結果[2)]

$$\sigma_{\alpha\beta}^{(\mathrm{visc})} = \alpha_4 A_{\alpha\beta} + \alpha_1 n_\alpha n_\beta n_\mu n_\rho A_{\mu\rho} + \alpha_5 n_\alpha n_\mu A_{\mu\beta} + \alpha_6 n_\beta n_\mu A_{\mu\alpha} \\ + \alpha_2 n_\alpha N_\beta + \alpha_3 n_\beta N_\alpha \tag{4.66}$$

が得られている．上式の係数 α_i はレスリー係数（Leslie coefficient）と呼ばれる．右辺のすべての項が2階のテンソルとなっていることは容易にわかるであろう．また，すべての項が時間反転に対して符号を変えることに注意しよう．すなわち，時間の経過する向きを逆 ($t \to -t$) にすると，速度は符号を変えるので，$A_{\alpha\beta}$ と $\bm{\omega}$ が符号を変える．また，式(4.57)において $d\bm{n}/dt$ は符号を変えるから，$\bm{N}$ も符号を変える．$\bm{n}$ はもちろん時間反転に関して符号を変えない．このように時間反転によって符号を変えるのは粘性力の顕著な特徴である．式(4.62)と式(4.63)の配向ベクトルに作用する粘性力も同様な性質を持つ．これに対して，これ以外の外力，分子場，エリクセンの応力は時間反転に対して符号を変えない．

さて，式(4.66)に戻ると，右辺第1項は等方性流体と同様に非回転流に対する等方的な粘性応力を表す．第2項から第4項までが液晶に特有な非回転流に対する粘性応力を表し，第5と6項が配向ベクトルと流体の相対的回転に対する粘性応力を表す．これらの項の意味を順番に調べよう．式(4.61)の意味を調べたのと同様に，x-y 面内で軸方向に対角化された非回転流の下での応力を考えてみる．つまり，$A_{xx}=1$，$A_{yy}=-1$ でその他の成分はゼロとする．さらに，配向ベクトルは x-y 面内にあるとして $\bm{n}=(n_x, n_y, 0)$ と置く．これらを式(4.66)の右辺第2項に代入すると粘性応力として（x, y 成分に関して）

$$(n_x^2 - n_y^2) \begin{pmatrix} n_x^2 & n_x n_y \\ n_x n_y & n_y^2 \end{pmatrix} \tag{4.67}$$

を得る．ただし，簡単のため粘性係数 α_1 は落とした．この式から求めた $\bm{n}=(1,0,0)$，$(1/\sqrt{2}, 1/\sqrt{2}, 0)$，$(0,1,0)$ の3つの場合に対する応力を図4.9(a)

4-3 エリクセン-レスリーの理論

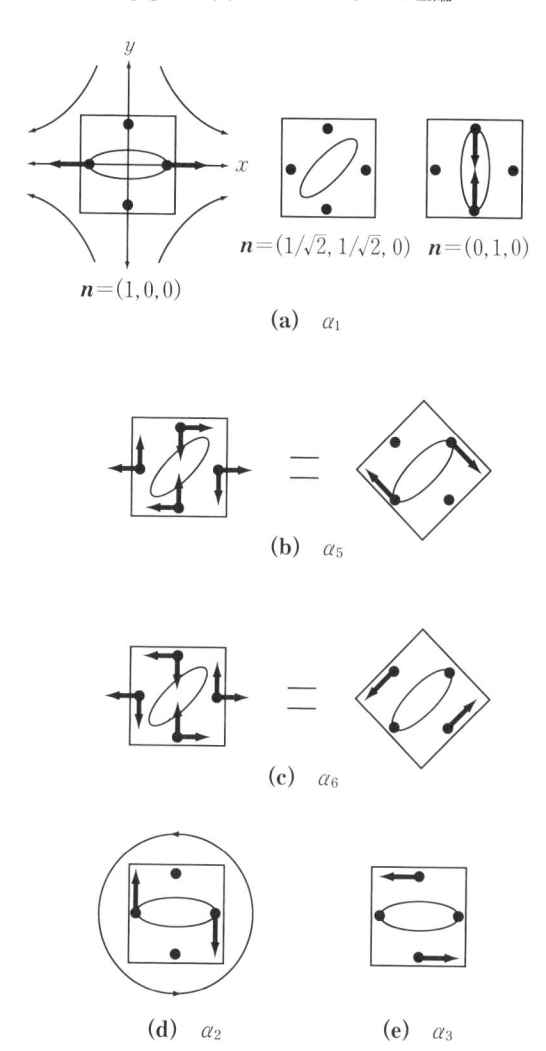

図 4.9 非回転流と回転流に対して発生する応力テンソル．

に示す．中心の正方形に作用する応力が描かれている．配向ベクトルが x 軸に平行な場合（左図）には x 軸方向に伸長応力が働き，斜 $45°$ 方向を向いた場合（中図）には応力は働かず，y 軸方向を向いた場合（右図）には y 軸方向

に圧縮応力が働くことがわかる．このように粘性応力は非回転流と配向ベクトルとの相対的関係に依存し変化する．

次に粘性係数 α_5 を持つ第3項を同じように調べてみよう．第3項に上の A と $\boldsymbol{n}$ を代入すると（係数 α_5 は除いて）

$$\begin{pmatrix} n_x^2 & -n_x n_y \\ n_x n_y & -n_y^2 \end{pmatrix} \tag{4.68}$$

となる．これより，配向ベクトルが x または y 軸方向を向いているときには式(4.67)と全く同じであることがわかる．これに対し，配向ベクトルが斜 $45°$ 方向を向いた場合には図4.9(b)に示すようになる．左側の図は x-y 座標系に対して応力を図示したものであるが，右側の図はこれを座標変換して斜 $45°$ 方向に座標軸を持つ座標系で応力を表し，わかりやすくしたものである．配向ベクトルが斜 $45°$ 方向を向いた場合には，式(4.68)は

$$\begin{pmatrix} 1/2 & -1/2 \\ 1/2 & -1/2 \end{pmatrix} \tag{4.69}$$

となるが，斜 $45°$ 方向に座標軸を持つ座標系では（**付録A**の式(A.23)から）

$${}^t\!\begin{pmatrix} \cos 45° & -\sin 45° \\ \sin 45° & \cos 45° \end{pmatrix}\begin{pmatrix} 1/2 & -1/2 \\ 1/2 & -1/2 \end{pmatrix}\begin{pmatrix} \cos 45° & -\sin 45° \\ \sin 45° & \cos 45° \end{pmatrix} = \begin{pmatrix} 0 & -1 \\ 0 & 0 \end{pmatrix} \tag{4.70}$$

となり，図4.9(b)の右図のような回転を与える応力となることがわかる．

応力テンソルにこのような回転トルクを与えるものが出てくるのは，式(4.69)または式(4.70)が非対称テンソルだからである．これに対して式(4.66)の第2項は任意の A と $\boldsymbol{n}$ に対して対称であるので，回転トルクは現れない．粘性係数 α_6 に関係する第4項についても応力テンソルを同様に計算すると，図4.9(c)が得られる．配向ベクトルが x および y 方向を向いた場合は(a)と同じであるが，斜 $45°$ 方向を向いた場合は(b)同様回転トルクが働くことになる．ただし，力の作用する面が異なる．以上のことから，粘性係数 α_5 と α_6 が関係する粘性応力は流体を回転させるように作用することがわかったが，このことは配向ベクトルを回転させるトルクにもなっていることを意味している．実際，配向ベクトルに作用する単位体積当たりのトルクを表す式(4.63)の右辺第2項の起源はこれである．この考え方に基づいて後に γ_2 と α_5 および α_6

の関係を求める．

　式(4.66)の第5項と6項は配向ベクトルの流れに対する相対的な回転に関係するので，一般性を失うことなく，配向ベクトルは静止しており流体のみが回転しているとすることができる．流体がz軸の回りに単位角速度で回転している，つまり$\boldsymbol{\omega}=(0,0,1)$とすると，式(4.57)から$\boldsymbol{N}=(n_y,-n_x,0)$となる．これを式(4.66)の第5項に代入すると（係数α_2は除いて）

$$\begin{pmatrix} n_x n_y & -n_x{}^2 \\ n_y{}^2 & -n_x n_y \end{pmatrix} \tag{4.71}$$

を得る．配向ベクトルがx方向を向いているときの粘性応力を図4.9(d)に示した．この場合も非対称テンソルとなり，回転トルクが生じる．ただし，流れの回転方向と受けるトルクの向きが逆であるが，この関係は係数α_2の符号に依存することに注意せよ．ここでは，式(4.66)に現れる粘性係数の個々の符号は決まっておらず，不可逆過程の熱力学から導かれる粘性係数の間の制約条件が存在することのみを指摘しておく[3]．図(d)では配向ベクトルがx方向を向いた場合のみを示したが，他の方向を向いても応力は配向ベクトルとともに回転するだけである．これは，応力を決める一方の流れが回転流であるため回転対称性があり，配向ベクトルを回転しても回転流との相対的関係が変わらないからである．これに対して，図4.9(a)，(b)，(c)の非回転流では回転対称性がないので，このようにはならない．式(4.66)の粘性係数α_3を持つ最後の項についても同様に図4.9(e)が得られる．図4.9(b)と(c)の関係と類似し，図4.9(e)でも回転トルクとなるが図4.9(d)とは力が作用する面が異なる．また，図4.9(b)と(c)において説明したのと同様に，図4.9(d)と(e)においても配向ベクトルにトルクが作用し，これが式(4.63)の右辺第1項と関係している．

　ここで，配向ベクトルに作用する粘性トルクに現れる粘性係数γ_1とγ_2を式(4.66)のレスリー係数α_iを用いて表してみる．図4.10に示すような一辺の長さがεの立方体を考える．z軸回りのトルク（場所$\boldsymbol{r}_i$に力$\boldsymbol{F}_i$が作用していれば全トルク$=\sum_i \boldsymbol{r}_i \times \boldsymbol{F}_i$）は$(\sigma_{xy}-\sigma_{yx})\varepsilon^3$となるから，これを体積$\varepsilon^3$で割れば，単位体積当たりのトルクは$(\sigma_{xy}-\sigma_{yx})$となる．これに式(4.66)を代入し，整

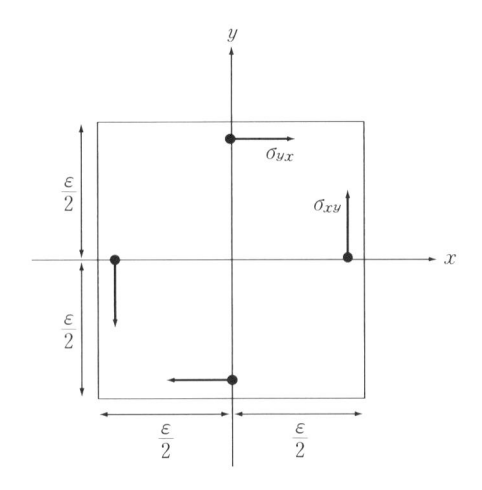

図 4.10 1辺が ε の微小立方体に作用するトルク．

理すると，
$$\begin{aligned}
\Gamma_z^{(\mathrm{visc})} &= \sigma_{xy}^{(\mathrm{visc})} - \sigma_{yx}^{(\mathrm{visc})} \\
&= (\alpha_2 - \alpha_3)(n_x N_y - n_y N_x) + (\alpha_5 - \alpha_6)(n_x n_\mu A_{\mu y} - n_y n_\mu A_{\mu x})
\end{aligned} \tag{4.72}$$

さらに，$A_{\alpha\beta}$ が対称であることを使うと
$$\begin{aligned}
&= (\alpha_2 - \alpha_3)(n_x N_y - n_y N_x) + (\alpha_5 - \alpha_6)(n_x (A\bm{n})_y - n_y (A\bm{n})_x) \\
&= (\alpha_2 - \alpha_3)(\bm{n} \times \bm{N})_z + (\alpha_5 - \alpha_6)(\bm{n} \times (A\bm{n}))_z
\end{aligned} \tag{4.73}$$

を得る．これを式(4.63)の z 成分と比べると
$$\begin{aligned}
\gamma_1 &= \alpha_3 - \alpha_2 \\
\gamma_2 &= \alpha_6 - \alpha_5
\end{aligned} \tag{4.74}$$

を得る．粘性係数の間の関係としてもう1つ，パロディー（Parodi）によってオンサーガー（Onsager）の相反定理から導かれたパロディーの関係式[2)]
$$\alpha_6 - \alpha_5 = \alpha_2 + \alpha_3 \tag{4.75}$$

がある．この関係式を加えると，独立な粘性係数は5個となる．

本節の最後に以上のエリクセン-レスリー理論（Ericksen-Leslie's theory）におけるネマチック液晶の基礎方程式をまとめておく．

4-3 エリクセン-レスリーの理論

$$\rho \frac{dv_\alpha}{dt} = \frac{\partial}{\partial x_\beta}(\sigma_{\beta\alpha}^{(e)} + \sigma_{\beta\alpha}^{(visc)}) + f_\alpha^{(v)} \tag{4.76 a}$$

$$h_\alpha = \gamma_1 N_\alpha + \gamma_2 A_{\alpha\beta} n_\beta \tag{4.76 b}$$

$$\bm{n} \times \bm{h} = \gamma_1 \bm{n} \times \bm{N} + \gamma_2 \bm{n} \times A\bm{n} \tag{4.76 b'}$$

$$\frac{\partial v_\alpha}{\partial x_\alpha} = 0 \tag{4.76 c}$$

$$\sigma_{\alpha\beta}^{(visc)} = \alpha_4 A_{\alpha\beta} + \alpha_1 n_\alpha n_\beta n_\mu n_\rho A_{\mu\rho} + \alpha_5 n_\alpha n_\mu A_{\mu\beta} + \alpha_6 n_\beta n_\mu A_{\mu\alpha}$$
$$+ \alpha_2 n_\alpha N_\beta + \alpha_3 n_\beta N_\alpha \tag{4.77}$$

$$\sigma_{\beta\alpha}^{(e)} = -\frac{\partial f}{\partial(\partial n_\gamma/\partial x_\beta)}\frac{\partial n_\gamma}{\partial x_\alpha} - p\delta_{\alpha\beta} \tag{4.78 a}$$

$$h_\alpha = \frac{\partial}{\partial x_\beta}\left(\frac{\partial f}{\partial(\partial n_\alpha/\partial x_\beta)}\right) - \frac{\partial f}{\partial n_\alpha} \tag{4.78 b}$$

$$N_\alpha = \frac{dn_\alpha}{dt} - (\bm{\omega}\times\bm{n})_\alpha = \frac{dn_\alpha}{dt} - W_{\alpha\beta}n_\beta \tag{4.78 c}$$

ここで，$\bm{v}$：液晶の流速ベクトル，$\bm{n}$：配向ベクトル，ρ：密度，f：式(4.22)で与えられるフランクの弾性自由エネルギー密度に外場との相互作用エネルギー密度も加えた全自由エネルギー密度，$\sigma_{\beta\alpha}^{(e)}$：エリクセンの応力テンソル，$\sigma_{\alpha\beta}^{(visc)}$：粘性応力テンソル，$f_\alpha^{(v)}$：重力等の応力テンソルでは表せない液晶に直接作用する体積力，$\bm{N}$：回転流に対する相対的な配向ベクトルの変化速度，$A_{\alpha\beta}$：対称速度勾配テンソル，$W_{\alpha\beta}$：反対称速度勾配テンソル，$\bm{\omega}$：流れの角速度，p：圧力，γ_i：粘性係数，α_i：レスリー係数，d/dt：ラグランジュ微分，である．式(4.76 a)は流体の運動方程式（流速 v_α の時間に関する1階の微分方程式），式(4.76 b)は回転の慣性が無視できるときの配向ベクトルに作用する弾性力（外場との相互作用も含めて）と粘性力のつり合いを意味しており，式(4.78 c)を代入すればわかるように配向ベクトルの運動方程式（配向ベクトル n_α の時間に関する1階の微分方程式）である．式(4.76 c)は非圧縮性の条件である（式(4.2)参照）．なお，式(4.76 b)については，式(4.76 b')を代わりとしてもよい．式(4.77)は粘性応力テンソルを与える関係式，式(4.78)は定義式である．式(4.78 a)はエリクセンの応力テンソルの定義式である．ここで，式(4.41)では f_d が用いられているが，式(4.22)からわかるように外場との相互作用は配向ベクトルの空間微分を含まないから，式(4.78 a)においては f を

用いた.方程式(4.76)は変数として,速度 $\boldsymbol{v}$,配向ベクトル $\boldsymbol{n}$ および圧力 p を持つが,$\boldsymbol{n}$ には単位ベクトルという制約があるから独立な変数の総数は6個となる.一方,方程式の数も6個である.なぜなら,式(4.76 a)が3個,式(4.76 b)については前にも述べたように,$\boldsymbol{n}$ に垂直な成分のみが意味があるから2個,式(4.76 c)は1個であるからである.こうして,方程式は閉じており,適当な境界条件および初期条件のもとで解くことができる.

4-4 ミーソビッツの粘性係数

ここでは粘性応力 $\sigma_{\alpha\beta}^{(\mathrm{visc})}$ の配向ベクトルの配向方向依存性を簡単なずり流れの場合について調べてみる.図4.11(a)に示すように,x 方向に速度勾配を持つ z 方向へのずり流れがあるとする.このときの速度場を

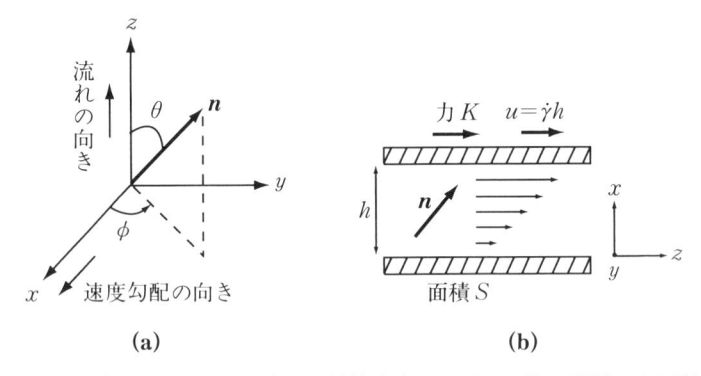

図 4.11 ずり流れにより発生する粘性応力.ただし,強い磁場により配向ベクトルの方向は固定されているとする.

$$\boldsymbol{v} = (0, 0, \dot{\gamma}x) \tag{4.79}$$

とする.ただし,$\dot{\gamma}$ はずり速度(shear rate)と呼ばれる.また,配向ベクトルは強い磁場により方向が固定されており,場所によらず

$$\boldsymbol{n} = (\sin\theta\cos\phi, \sin\theta\sin\phi, \cos\theta) \tag{4.80}$$

とする.式(4.16)から今の場合

$$A_{xz} = W_{zx} = -\omega_y = \frac{1}{2}\dot{\gamma} \tag{4.81}$$

4-4 ミーソビッツの粘性係数

となり，これらを式(4.78 c)に代入すれば

$$N_z = \omega_y n_x = -\frac{1}{2}\dot{\gamma} n_x,$$
$$N_x = -\omega_y n_z = \frac{1}{2}\dot{\gamma} n_z \qquad (4.82)$$

となる．式(4.80)から式(4.82)を式(4.77)に代入して計算すると

$$\sigma_{xz}^{(\text{visc})} = \eta(\theta, \phi)\dot{\gamma} \qquad (4.83\,\text{a})$$

$$\eta(\theta, \phi) = \frac{1}{2}\{(2\alpha_1 \cos^2\theta - \alpha_2 + \alpha_5)\sin^2\theta\cos^2\phi + (\alpha_3 + \alpha_6)\cos^2\theta + \alpha_4\} \quad (4.83\,\text{b})$$

を得る．ただし，$\eta(\theta, \phi)$ は有効粘性率と呼ばれ，実験では図4.11(b)に示すように，x軸に垂直な2枚の平板の一方を固定し，他方をz軸方向に平行移動させる（実際には板の面積は有限であるのでゆっくりと微小な往復運動をさせる）ときに板が流体に及ぼす力Kから求められる．今の場合，上板の移動速度をuとすれば，$\dot{\gamma} = u/h$ および $\sigma_{xz} = K/S$ である．

流れに対して配向ベクトルが以下の特別な方向を向いたときの有効粘性率がミーソビッツにより詳しく調べられており，特にミーソビッツの粘性係数（Miesowicz viscosity）と呼ばれている．

（a） 配向ベクトルが速度勾配に平行な場合（$\theta = 90°$, $\phi = 0°$）

$$\eta_1 = \frac{1}{2}(-\alpha_2 + \alpha_4 + \alpha_5) \qquad (4.84\,\text{a})$$

（b） 配向ベクトルが流れに平行な場合（$\theta = 0$）

$$\eta_2 = \frac{1}{2}(\alpha_3 + \alpha_4 + \alpha_6) \qquad (4.84\,\text{b})$$

（c） 配向ベクトルが流れと速度勾配に垂直な場合（$\theta = 90°$, $\phi = 90°$）

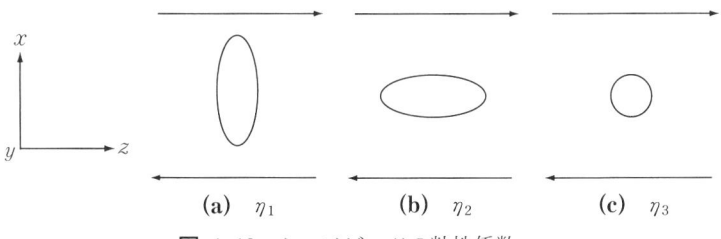

図 4.12 ミーソビッツの粘性係数.

$$\eta_3 = \frac{1}{2}\alpha_4 \tag{4.84c}$$

これらの配置を図 4.12 に示す．また，図 4.13 にミーソビッツの粘性係数の等方相からネマチック相にわたる温度依存性を示す．ネマチック相では $\eta_1 > \eta_3 > \eta_2$ である．等方相-ネマチック相転移点の近くでは，α_4 のみを含む η_3 が等方相の粘性係数とほぼなめらかに繋がることがわかる．

上では磁場等により配向ベクトルの方向が固定されている場合を扱ったが，次にこのような束縛がない場合を考えてみよう．ここでも図 4.11 のずり流れを仮定する．まず，図 4.12(c) の配置では，単位体積当たりのトルクの式 (4.63) および (4.80)，(4.81) から，容易に $\Gamma^{(\text{visc})}=0$ を示すことができる．したがって，配向ベクトルにトルクが働かないので，配向状態は変化しないこと

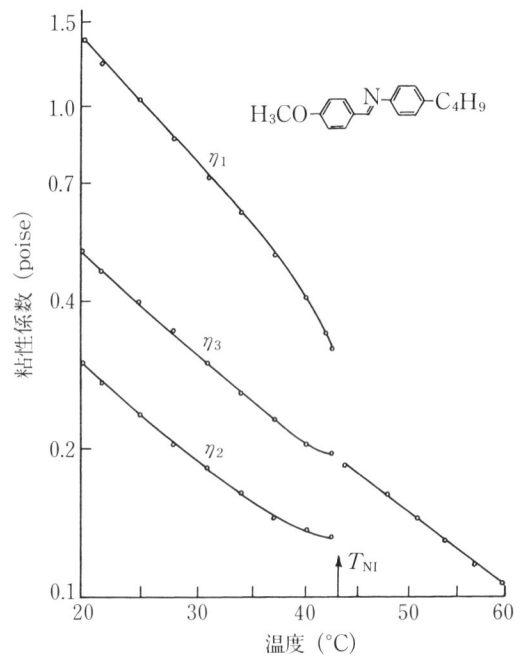

図 4.13 MBBA におけるミーソビッツの粘性係数の温度依存．(Ch. Gaehwiller, *Mol. Cryst. Liq. Cryst.* **20**, 301 (1973))

がわかる．次に，図 4.12(a) と(b)を含む一般的な配向として，配向ベクトルがずり面内にある ($\phi=0$) 場合，つまり $\bm{n}=(\sin\theta, 0, \cos\theta)$ と書ける場合，y 軸方向の単位面積当たりのトルクは，式(4.63)および(4.81)から

$$\begin{aligned}\Gamma_y^{(\text{visc})} &= -\gamma_1(n_z N_x - n_x N_z) - \gamma_2(n_z n_\mu A_{\mu x} - n_x n_\mu A_{\mu z}) \\ &= -\frac{1}{2}\dot{\gamma}\{\gamma_1 + \gamma_2 \cos 2\theta\}\end{aligned} \quad (4.85)$$

となる．配向ベクトルが静止しているためには上式のトルクがゼロでなくてはいけないから

$$\cos 2\theta_0 = -\gamma_1/\gamma_2 \quad (4.86)$$

を満たす θ_0 の方向を向くことになる．θ_0 は流動配向角と呼ばれている．$|\gamma_1/\gamma_2|>1$ の場合には式(4.86)を満たす θ_0 がなく，したがって，式(4.85)のトルクは配向ベクトルがずり面内にあるときにはどの方向を向いてもゼロではなく，静止した配向状態は存在しないことになる．通常の液晶では $|\gamma_1/\gamma_2|$ は 1 より少し小さいので，θ_0 は存在し，ゼロに近い値をとる．実際の実験では壁面の配向への影響があるので，式(4.86)で与えられる流動配向角をとるのは上下の板の中央部分である．

4-5 フレデリクス転移の動力学

3-3 節で，図 3.3 に示したような水平配向セルに y 方向に磁場を印加すると，あるしきい値以上の磁場でツイスト変形が起こることを見た．この節では磁場が変化したときの配向ベクトルの応答を調べてみる．最初に，このような実験では流れが生じないことを示しておこう．空間的に一様に磁場が変化したときには，x-y 面内では配向ベクトルは同じように回転するであろうから，配向ベクトル $\bm{n}$ の z 成分はゼロで，x, y 成分は z 座標のみに依存するとしてよい．初めに流れがない，すなわち $\bm{v}=0$ として議論を始める．すると，式(4.78c)で定義される $\bm{N}$ の z 成分はゼロで，x, y 成分は z にのみ依存している（$dn_\alpha/dt \neq 0 (\alpha=x, y)$ に注意）．したがって，粘性応力テンソル(4.77)のゼロでない成分は $\sigma_{\alpha\beta} = \alpha_2 n_\alpha N_\beta + \alpha_3 n_\beta N_\alpha$（$\alpha, \beta = x$ or y）であり，かつこれらは z のみに依存する．このことから，流れを引き起こす単位体積当たりの力

$\partial \sigma_{\beta\alpha}/\partial x_\beta$ のすべての成分がゼロとなることは容易にわかる．以下では，$\boldsymbol{v}=0$ とおき，配向ベクトルの運動方程式(4.76 b′)のみを考える．

配向ベクトルと x 軸のなす角を θ とすれば

$$\boldsymbol{n}=(\cos\theta,\sin\theta,0) \tag{4.87}$$

とおける．上式を式(4.76 b′)に代入して θ についての偏微分方程式を導くことができる．式(4.76 b′)の右辺の x,y 成分がゼロで，z 成分が $\gamma_1\partial\theta/\partial t$ となることはすぐにわかるが，左辺の分子場 $\boldsymbol{h}$ を定義式(4.78 b)から計算し，さらに式(4.87)を代入して θ で表すのはいささか面倒である．そこで，ここでは以前導出した式を使えるように式(4.76 b′)の左辺を書き直すことにする．式(4.26)からわかるように，分子場は配向ベクトルを仮想変位 $\delta\boldsymbol{n}$ させたときの自由エネルギーの変化分に現れる共役な力として定義されたものである．今は θ を変数と考えているので，$\delta\boldsymbol{n}$ を仮想変位 $\delta\theta$ の関数とすることができる．すなわち，式(4.87)より

$$\begin{aligned}\delta n_x &= -\sin\theta\delta\theta = -n_y\delta\theta,\\ \delta n_y &= \cos\theta\delta\theta = n_x\delta\theta,\\ \delta n_z &= 0\end{aligned} \tag{4.88}$$

となる．これらを式(4.26)に代入すると

$$\begin{aligned}\delta F &= -\int(n_x h_y - n_y h_x)\delta\theta\mathrm{d}V\\ &= -\int(\boldsymbol{n}\times\boldsymbol{h})_z\delta\theta\mathrm{d}V\end{aligned} \tag{4.89}$$

となり（今の議論に関係のない表面積分の項は落とした），式(4.76 b′)の左辺の z 成分が現れる．一方，δF は汎関数微分を使って

$$\delta F = \int \frac{\partial F}{\delta\theta}\delta\theta\mathrm{d}V \tag{4.90}$$

と表されるので，

$$(\boldsymbol{n}\times\boldsymbol{h})_z = -\frac{\delta F}{\delta\theta} \tag{4.91}$$

であることがわかった．上式は z 軸回りの単位体積当たりのトルクが自由エネルギーの回転角に関する汎関数微分で与えられるというもっともらしい関係式である．式(4.91)の右辺は，式(4.29)において n_α を θ で置き換え，f に式

(3.6)を代入して計算すればよい．こうして，配向ベクトルに対する運動方程式

$$\gamma_1 \frac{\partial \theta}{\partial t} = K_2 \frac{\partial^2 \theta}{\partial z^2} + \mu_0^{-1} \Delta\chi B^2 \sin\theta \cos\theta \tag{4.92}$$

を得る．境界条件は $\theta(0) = \theta(d) = 0$ とする．

しきい値以上の磁場を印加し，平衡状態に達してから磁場を急に切った場合を考察する．磁場が強くなければ，3-3節で述べたように

$$\theta(z) = \theta_m \sin(qz) \tag{4.93}$$

と近似することができる．ただし，境界条件を満たすように $q = \pi/d$ と決める．また，平衡状態では θ_m は式(3.27)で与えられる．磁場を切り，水平配向状態に緩和する過程では θ_m が時間の経過とともにゼロに近づく．式(4.92)で $B=0$ とし，式(4.93)を代入すると，

$$\frac{d\theta_m}{dt} = -\frac{\pi^2 K_2}{\gamma_1 d^2} \theta_m \tag{4.94}$$

が得られる．時刻 $t=0$ での θ_m を $\theta_m(0)$ とすれば

$$\theta_m(t) = \theta_m(0) e^{-t/\tau},$$
$$\tau = \frac{\gamma_1 d^2}{\pi^2 K_2} \tag{4.95}$$

となり，指数関数的に減衰することがわかる．緩和時間 τ は通常のネマチック液晶では 10 msec 程度であり，この時間がデバイスの性能を決める重要な特徴的時間となる．

磁場をゼロからしきい値以上に急に変化させる場合も式(4.92)をもとに議論することができるが，方程式の解法が複雑になるのでここでは割愛する．これは応用上も重要であるので，興味のある読者は参考文献[2])を参照されたい．

4-6　回転磁場中の液晶

図 4.14 のように円筒状の容器に入れたネマチック液晶に空間的に一様な磁場を z 軸に垂直にかける．壁面の影響が無視できれば，配向ベクトルは磁場の方向を向く．次に，この磁場を z 軸の回りに回転させてみる．このとき，配向ベクトルは自由エネルギーを小さくしようと，回転粘性に抗して磁場の方

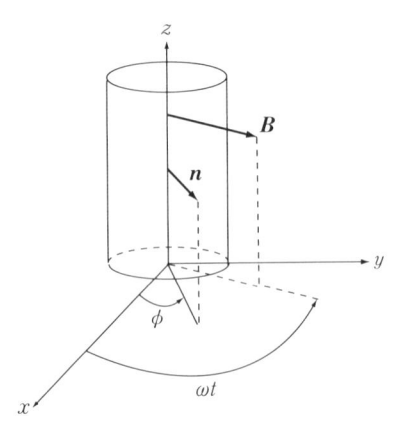

図 4.14 回転磁場中にある液晶．液晶は円柱型容器に入っているが，壁面での束縛はないとする．

向を向こうとする．磁場の回転が遅いときには配向ベクトルはほぼ磁場の方向を向くことができるが，速くなるにつれ回転粘性応力が大きくなり磁場と配向ベクトルの方向がずれてくるであろう．このずれの角度を求めてみよう．

図 4.14 より磁束密度と配向ベクトルは

$$\begin{aligned}\boldsymbol{B}&=(B_0\cos\omega t, B_0\sin\omega t, 0),\\ \boldsymbol{n}&=(\cos\phi, \sin\phi, 0)\end{aligned} \tag{4.96}$$

と表すことができる．配向ベクトルが x-y 面内にある点は前節と同じである．したがって，運動方程式 (4.76 b′) の右辺の z 成分は同じく $\gamma_1\partial\phi/\partial t$ となる．左辺についても式 (4.91) を計算すればよい．ただし，θ を ϕ で置き換え，自由エネルギーには磁場との相互作用エネルギー (3.4) を用いる．壁面の近傍を除き，配向は一様と考えられるので，弾性エネルギーを無視する．簡単な計算の結果

$$\gamma_1\frac{\mathrm{d}\phi}{\mathrm{d}t}=\frac{1}{2}\mu_0^{-1}\Delta\chi B_0^2\sin 2(\omega t-\phi) \tag{4.97}$$

を得る．定常状態では磁場と配向ベクトルの方向が一定の角度 $\phi_0=\omega t-\phi$ をなすものと考えられるので，式 (4.97) を ϕ_0 を用いて書き直せば

$$\sin 2\phi_0 = \frac{\omega}{\omega_0} \tag{4.98}$$

を得る.ただし,

$$\omega_0 = \frac{\Delta \chi B_0^2}{2\mu_0 \gamma_1} \tag{4.99}$$

はこの系の状態を特徴づけるパラメーターである.$\omega < \omega_0$ の場合には式 (4.98) で決められる位相差 ϕ_0 を保った配向ベクトルの角速度一定の回転が起こるであろう.$\omega > \omega_0$ の場合には一定速度の回転は起こらなくなるが,この議論は参考文献[2)] に譲る.

4-7 配向ゆらぎのダイナミクス

4-4 節では流れはあるが配向ベクトルが静止している場合を,また 4-5 節および 4-6 節では流れがなく配向ベクトルが運動している場合を扱ったが,本節では流れと配向が互いに影響を及ぼし合っている例として平衡状態における配向ベクトルのゆらぎのダイナミクスを調べる.

まず,z 軸方向に一様に配向した状態を少しだけ乱したときに液晶がどのように一様状態へと緩和して行くかを調べる.3-8 節で述べたように,一様状態から少しだけ変形したときの固有モードは波数 q を持つ平面波であり,さらに一様状態の配向ベクトル n_0 と q の作る面内の変位(モード 1)とそれに垂直な方向の変位(モード 2)に分けられた(図 4.15).一様状態の配向ベクト

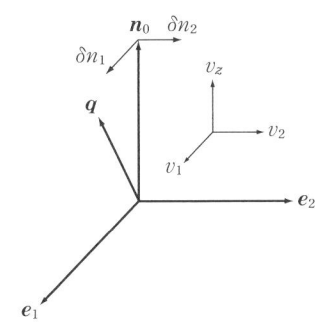

図 4.15 配向ベクトルの固有モードと速度ベクトルの固有モード.

ル $\boldsymbol{n}_0$ と波数 $\boldsymbol{q}$ を決めると,図 4.15 に示すように固有モード δn_1 と δn_2 が定まる.$\boldsymbol{n}_0$ と $\boldsymbol{q}$ を変えない対称操作はこれらを含む面での鏡映である.この鏡映操作を行うと δn_1 は不変であるが,δn_2 は符号を変える.同じように流体の速度成分を考えると,v_1, v_z は不変であるが,v_2 は符号を変える(図 4.15 参照).したがって,δn_1 と v_1, v_z,δn_2 と v_2 はそれぞれ同じ対称性を持つことがわかる.後に示すように,運動方程式において同じ対称性を持った量のみが一緒に現れ,違う対称性を持った量は決して混じらないことがわかる.このようなことを知っていると,計算の見通しが大変よくなる.固有モードはそれぞれ独立に運動するので,別々にその運動を調べることができる.必要ならば最後にそれらを重ね合わせればよい.

上では $(\boldsymbol{e}_1, \boldsymbol{e}_2, \boldsymbol{n}_0)$ を基本ベクトルとする座標系で話をしたが,以下ではしばらくの間一般の x-y-z 座標系(ただし,z 軸は $\boldsymbol{n}_0$ 方向にとる)を用いる.z 軸からの微小変位に対しては配向ベクトルを $(\delta n_x(\boldsymbol{r}), \delta n_y(\boldsymbol{r}), 1)$ と書くことができる.ここで,$\delta n_a(\boldsymbol{r})$ ($a = x, y$) のフーリエ級数展開を式(3.69)と同じように定義しておく.

$$\delta n_a(\boldsymbol{r}) = \frac{1}{V} \sum_{\boldsymbol{q}} \delta n_a(\boldsymbol{q}) e^{i\boldsymbol{q} \cdot \boldsymbol{r}} \tag{4.100}$$

同様に速度 $v_a(\boldsymbol{r})$ ($a = x, y, z$) のフーリエ級数展開を定義する.

$$v_a(\boldsymbol{r}) = \frac{1}{V} \sum_{\boldsymbol{q}} v_a(\boldsymbol{q}) e^{i\boldsymbol{q} \cdot \boldsymbol{r}} \tag{4.101}$$

これらの逆変換は

$$\delta n_a(\boldsymbol{q}) = \int \delta n_a(\boldsymbol{r}) e^{-i\boldsymbol{q} \cdot \boldsymbol{r}} \mathrm{d}V \tag{4.102 a}$$

$$v_a(\boldsymbol{q}) = \int v_a(\boldsymbol{r}) e^{-i\boldsymbol{q} \cdot \boldsymbol{r}} \mathrm{d}V \tag{4.102 b}$$

である.以下では $\delta n_a(\boldsymbol{r})$ と $v_a(\boldsymbol{r})$ が十分小さいとし,これらが関係する方程式においてこれらの 1 次の項のみ残す(後に $\delta n_a(\boldsymbol{r})$ と $v_a(\boldsymbol{r})$ とが同じオーダーであることがはっきりする).このように線形化した方程式に式(4.100)と(4.101)を代入すると,元の線形化された方程式において $\delta n_a(\boldsymbol{r})$ と $v_a(\boldsymbol{r})$ をそれぞれそれらのフーリエ係数 $\delta n_a(\boldsymbol{q})$ と $v_a(\boldsymbol{q})$ で置き換えた方程式が得られる.

[**演習問題 4.3**：このことを，方程式 $a\delta n_\alpha(\boldsymbol{r})+bv_\alpha(\boldsymbol{r})=0$（$a,b$ は定数）を例に説明せよ]

ただし，空間微分 $\partial\delta n_\beta(\boldsymbol{r})/\partial x_\alpha$ を含む場合には式(4.100)をこれに代入して容易にわかるように，$\partial\delta n_\beta(\boldsymbol{r})/\partial x_\alpha \to iq_\alpha\delta n_\beta(\boldsymbol{q})$ の置き換えをすればよい．このように異なる $\boldsymbol{q}$ を持つフーリエ係数は独立であるので，各 $\boldsymbol{q}$ ごとに固有モードを探せばよいことになる．そこで，図 4.15 のように単位ベクトル $\boldsymbol{e}_2(\boldsymbol{q})=\boldsymbol{n}_0\times\boldsymbol{q}/|\boldsymbol{n}_0\times\boldsymbol{q}|$，$\boldsymbol{e}_1(\boldsymbol{q})=\boldsymbol{e}_2(\boldsymbol{q})\times\boldsymbol{n}_0$ をとり，変位をこれらの方向に分解する．今まで，$\delta n_\alpha(\boldsymbol{q})$ と $v_\alpha(\boldsymbol{q})$ は x-y-z 座標系での成分（$\alpha=x,y,z$）であったが，これ以降は $\boldsymbol{e}_1(\boldsymbol{q})$，$\boldsymbol{e}_2(\boldsymbol{q})$，$\boldsymbol{n}_0$ を基本ベクトルとする x_1-x_2-x_3 座標系における成分とする[*2]．$\boldsymbol{q}$ もこの座標系で表す．

$$\boldsymbol{q}=q_1\boldsymbol{e}_1(\boldsymbol{q})+q_3\boldsymbol{n}_0 \tag{4.103}$$

ただし，3-8節では q_1 と q_3 をそれぞれ $q_\perp$ と q_z と書いたが，ここでは q_1 と q_3 が頻繁に現れるので数字の添字を使うことにする．着目した $\boldsymbol{q}$ に対してとった x_1-x_2-x_3 座標系では $q_2=0$ であることに注意せよ．

以上で準備は終わったので，計算に取りかかろう．まず，非圧縮性の条件 (4.76 c)に上の置き換えを行えば

$$iq_1v_1(\boldsymbol{q})+iq_3v_3(\boldsymbol{q})=0 \tag{4.104}$$

を得る．これより，$v_1(\boldsymbol{r})$ と $v_3(\boldsymbol{r})$ が独立でないことがわかるが，これは対称性からの考察の結果と一致している．以下では式(4.104)から得られる関係式 $v_1(\boldsymbol{q})=-q_3/q_1\cdot v_3(\boldsymbol{q})$ を使って，$v_1(\boldsymbol{q})$ が現れたら $v_3(\boldsymbol{q})$ で表すことにする．式(4.16 a) の対称速度勾配テンソルは

$$A(\boldsymbol{q})=\begin{pmatrix} iq_1v_1(\boldsymbol{q}) & iq_1v_2(\boldsymbol{q})/2 & i\dfrac{q_1^2-q_3^2}{2q_1}v_3(\boldsymbol{q}) \\ iq_1v_2(\boldsymbol{q})/2 & 0 & iq_3v_2(\boldsymbol{q})/2 \\ i\dfrac{q_1^2-q_3^2}{2q_1}v_3(\boldsymbol{q}) & iq_3v_2(\boldsymbol{q})/2 & iq_3v_3(\boldsymbol{q}) \end{pmatrix} \tag{4.105}$$

となる．式(4.78 c)の $\boldsymbol{\omega}$ は式(4.18)と式(4.16 b)より

[*2] 3-8節では x-y-z 座標系における $\delta n_x, \delta n_y$ と x_1-x_2-x_3 座標系における $\delta n_1, \delta n_2$ を区別するために，前者に対しては δn_α，後者に対しては δn_j と添字を変えたが，本節では両者に対して同じ α を用いるので注意せよ．

$$\boldsymbol{\omega}(\boldsymbol{q})=(iq_3v_2(\boldsymbol{q})/2,\ -i\{(q_1{}^2+q_3{}^2)/2q_1\}v_3(\boldsymbol{q}),\ -iq_1v_2(\boldsymbol{q})/2) \quad (4.106)$$

となる.次に,式(4.78c)の N_α を計算してみる.$\boldsymbol{n}(\boldsymbol{r})=(\delta n_1(\boldsymbol{r}),\delta n_2(\boldsymbol{r}),1)$ を式(4.78c)に代入して,例えば N_1 を書き下すと

$$N_1=\frac{\partial \delta n_1}{\partial t}+v_\beta\frac{\partial \delta n_1}{\partial x_\beta}-\omega_2+\omega_3\delta n_2 \quad (4.107)$$

となる.ただし,ラグランジュ微分の定義式(4.5)を用いた.$\boldsymbol{\omega}$ が速度 $\boldsymbol{v}$ と同じオーダーであることに注意すれば,第2,4項は2次のオーダーであるのでこれらを落として線形化した式をフーリエ係数で表して

$$\begin{aligned}N_1(\boldsymbol{q})&=\frac{\partial \delta n_1(\boldsymbol{q})}{\partial t}-\omega_2(\boldsymbol{q})\\&=\frac{\partial \delta n_1(\boldsymbol{q})}{\partial t}+i\{(q_1{}^2+q_3{}^2)/2q_1\}v_3(\boldsymbol{q})\end{aligned} \quad (4.108)$$

を得る.ただし,式(4.106)を用いた.他の成分も同様に計算すれば

$$\boldsymbol{N}(\boldsymbol{q})=\begin{pmatrix}\partial \delta n_1(\boldsymbol{q})/\partial t+i\{(q_1{}^2+q_3{}^2)/2q_1\}v_3(\boldsymbol{q})\\ \partial \delta n_2(\boldsymbol{q})/\partial t-iq_3v_2(\boldsymbol{q})/2\\ 0\end{pmatrix} \quad (4.109)$$

となる.

式(4.77)の $\sigma_{\alpha\beta}{}^{(\mathrm{visc})}$ も線形化し,式(4.105)と(4.109)を使うと

$\sigma_{11}{}^{(\mathrm{visc})}(\boldsymbol{q})=-i\alpha_4 q_3 v_3(\boldsymbol{q}),\ \sigma_{22}{}^{(\mathrm{visc})}(\boldsymbol{q})=0,\ \sigma_{33}{}^{(\mathrm{visc})}(\boldsymbol{q})=i(\alpha_1+\alpha_4+\alpha_5+\alpha_6)q_3 v_3(\boldsymbol{q}),$
$\sigma_{12}{}^{(\mathrm{visc})}(\boldsymbol{q})=\sigma_{21}{}^{(\mathrm{visc})}(\boldsymbol{q})=(i/2)\alpha_4 q_1 v_2(\boldsymbol{q}),$
$\sigma_{13}{}^{(\mathrm{visc})}(\boldsymbol{q})=\alpha_3\partial \delta n_1(\boldsymbol{q})/\partial t+(i/2q_1)(\alpha_3(q_1{}^2+q_3{}^2)+(\alpha_4+\alpha_6)(q_1{}^2-q_3{}^2))v_3(\boldsymbol{q}),$
$\sigma_{31}{}^{(\mathrm{visc})}(\boldsymbol{q})=\alpha_2\partial \delta n_1(\boldsymbol{q})/\partial t+(i/2q_1)(\alpha_2(q_1{}^2+q_3{}^2)+(\alpha_4+\alpha_5)(q_1{}^2-q_3{}^2))v_3(\boldsymbol{q}),$
$\sigma_{23}{}^{(\mathrm{visc})}(\boldsymbol{q})=\alpha_3\partial \delta n_2(\boldsymbol{q})/\partial t+(i/2)(-\alpha_3+\alpha_4+\alpha_6)q_3 v_2(\boldsymbol{q}),$
$\sigma_{32}{}^{(\mathrm{visc})}(\boldsymbol{q})=\alpha_2\partial \delta n_2(\boldsymbol{q})/\partial t+(i/2)(-\alpha_2+\alpha_4+\alpha_6)q_3 v_2(\boldsymbol{q})$

$$(4.110)$$

となり,運動方程式(4.76a)の右辺の粘性応力テンソルを求めることができた.その他の力に関しては,今の場合体積力 $f_\alpha{}^{(\mathrm{v})}$ はなく(重力は無視できる),エリクセンの応力 $\sigma_{\alpha\beta}{}^{(\mathrm{e})}=\sigma_{\alpha\beta}{}^{(\mathrm{d})}-p\delta_{\alpha\beta}$ については微小変形に対して $\sigma_{\alpha\beta}{}^{(\mathrm{d})}$ は式(4.41)からわかるように δn_α の2次のオーダーになるので無視してよい.したがって,粘性応力と圧力を考慮すればよいことがわかる.ここでは $\sigma_{\alpha\beta}{}^{(\mathrm{visc})}$ に対する単位体積当たりの力を $f_\alpha{}^{(\mathrm{visc})}$ とする.$f_\alpha{}^{(\mathrm{visc})}=\partial\sigma_{\beta\alpha}{}^{(\mathrm{visc})}/\partial x_\beta$ で

あるから，これに対応するフーリエ空間の関係式 $f_\alpha^{(\text{visc})}(\boldsymbol{q})=iq_\beta\sigma_{\beta\alpha}^{(\text{visc})}(\boldsymbol{q})$ を式(4.110)を使って計算すると

$$f_1^{(\text{visc})}(\boldsymbol{q})=i\alpha_2 q_3\partial\delta n_1(\boldsymbol{q})/\partial t-(1/2q_1)(\alpha_2(q_1^2+q_3^2)q_3-2\alpha_4 q_1^2 q_3$$
$$+(\alpha_4+\alpha_5)(q_1^2-q_3^2)q_3)v_3(\boldsymbol{q}),$$
$$f_2^{(\text{visc})}(\boldsymbol{q})=i\alpha_2 q_3\partial\delta n_2(\boldsymbol{q})/\partial t-(1/2)(-\alpha_2 q_3^2+\alpha_4(q_1^2+q_3^2)+\alpha_6 q_3^2)v_2(\boldsymbol{q}),$$
$$f_3^{(\text{visc})}(\boldsymbol{q})=i\alpha_3 q_1\partial\delta n_1(\boldsymbol{q})/\partial t-(1/2)((\alpha_3+\alpha_4+\alpha_6)(q_1^2+q_3^2)+2(\alpha_1+\alpha_5)q_3^2)v_3(\boldsymbol{q})$$
$$(4.111)$$

を得る．圧力に関してもフーリエ係数 $p(\boldsymbol{q})$ を使えば，運動方程式(4.76 a)は

$$\rho\frac{\partial v_\alpha(\boldsymbol{q})}{\partial t}=f_\alpha^{(\text{visc})}(\boldsymbol{q})-iq_\alpha p(\boldsymbol{q}) \tag{4.112}$$

となる．ここで，圧力を消去するために上式の両辺に q_α を掛け，α について足し算すると，左辺はゼロとなり（非圧縮性の条件 $q_\alpha v_\alpha=0$ を使う）

$$p(\boldsymbol{q})=-i(q_\alpha f_\alpha^{(\text{visc})}(\boldsymbol{q}))/q^2 \tag{4.113}$$

を得る．ただし，$q^2=q_1^2+q_3^2$ である．これを式(4.112)に代入すれば

$$\rho\frac{\partial v_\alpha(\boldsymbol{q})}{\partial t}=f_\alpha^{(\text{visc})}(\boldsymbol{q})-q_\alpha(q_\beta f_\beta^{(\text{visc})}(\boldsymbol{q}))/q^2 \tag{4.114}$$

となる．式(4.111)を式(4.114)に代入すると，式(4.114)の $\alpha=1,3$ は同じ関係式

$$\rho\frac{\partial v_3(\boldsymbol{q})}{\partial t}=iQ_1(\boldsymbol{q})\frac{\partial\delta n_1(\boldsymbol{q})}{\partial t}-P_1(\boldsymbol{q})v_3(\boldsymbol{q}) \tag{4.115}$$

を，$\alpha=2$ に対しては

$$\rho\frac{\partial v_2(\boldsymbol{q})}{\partial t}=iQ_2(\boldsymbol{q})\frac{\partial\delta n_2(\boldsymbol{q})}{\partial t}-P_2(\boldsymbol{q})v_2(\boldsymbol{q}) \tag{4.116}$$

を与える．ただし，

$$Q_1(\boldsymbol{q})=(q_1/q^2)(\alpha_3 q_1^2-\alpha_2 q_3^2),$$
$$Q_2(\boldsymbol{q})=\alpha_2 q_3,$$
$$P_1(\boldsymbol{q})=\frac{1}{2}\{(\alpha_3+\alpha_4+\alpha_6)q_1^4+(-\alpha_2+\alpha_4+\alpha_5)q_3^4$$
$$+(2\alpha_1+2\alpha_4+\alpha_5+\alpha_6+\alpha_3-\alpha_2)q_1^2 q_3^2\}/q^2$$
$$=\{\eta_2 q_1^4+\eta_1 q_3^4+(\alpha_1+\alpha_3+\alpha_4+\alpha_5)q_1^2 q_3^2\}/q^2,$$
$$P_2(\boldsymbol{q})=\frac{1}{2}\{\alpha_4 q_1^2+(-\alpha_2+\alpha_4+\alpha_5)q_3^2\}$$

$$=(\eta_3 q_1{}^2+\eta_1 q_3{}^2)$$
(4.117)

であるが,上式の粘性係数の書き換えにはパロディーの関係式(4.75)およびミーソビッツの粘性係数(4.84)を用いた.対称性の予想通り,式(4.115)と(4.116)においてはそれぞれ $\delta n_1(\boldsymbol{q})$ と $v_3(\boldsymbol{q})$ が対に,$\delta n_2(\boldsymbol{q})$ と $v_2(\boldsymbol{q})$ が対になっている.

次に,$\delta n_\alpha(\boldsymbol{q})$ の運動方程式を式(4.76 b)から導こう.ただし,式(4.76 b)における $\alpha=3$ の式は考慮する必要のないことに注意せよ.なぜなら,前にも述べたように式(4.76 b)の配向ベクトルに平行な方向は意味がなく,微小変形を扱う場合 $\boldsymbol{n}$ と $\boldsymbol{n}_0$ の差は今の線形近似では無視できるからである.式(4.76 b)の右辺を線形化し,フーリエ係数で表せば

$$\begin{aligned}
h_1(\boldsymbol{q})&=\gamma_1\partial\delta n_1(\boldsymbol{q})/\partial t+(i/2)\{(\gamma_1+\gamma_2)q_1+(\gamma_1-\gamma_2)q_3{}^2/q_1\}v_3(\boldsymbol{q})\\
&=\gamma_1\partial\delta n_1(\boldsymbol{q})/\partial t+i(\alpha_3 q_1-\alpha_2 q_3{}^2/q_1)v_3(\boldsymbol{q}),\\
h_2(\boldsymbol{q})&=\gamma_1\partial\delta n_2(\boldsymbol{q})/\partial t+(i/2)(\gamma_2-\gamma_1)q_3 v_2(\boldsymbol{q})\\
&=\gamma_1\partial\delta n_2(\boldsymbol{q})/\partial t+i\alpha_2 q_3 v_2(\boldsymbol{q})
\end{aligned}$$
(4.118)

を得る.ただし,粘性係数を書き換えるときに関係式(4.74)およびパロディーの関係式(4.75)を用いた.

次に,式(4.76 b)の左辺,すなわち(4.78 b)の計算をフーリエ空間で行う.そのために,まず自由エネルギーを固有モード $\delta n_\alpha(\boldsymbol{q})$ で表した式(3.73)が使えるように式(4.78 b)に対応するフーリエ空間における式を導出する.ただし,先に述べたように,ここでは $q_\perp$ および q_z をそれぞれ q_1 および q_3 と書いている.式(3.73)の ΔF は配向ベクトルが $\delta n_\alpha(\boldsymbol{q})$ だけ変形したときの自由エネルギーの変化分を表しているので,$\delta n_\alpha(\boldsymbol{q})$ の関数である.今着目した $\boldsymbol{q}$ に対する $\delta n_\alpha(\boldsymbol{q})$ (α は 1 または 2 のみをとる)が $\delta n_\alpha(\boldsymbol{q})+\varepsilon$ (ε は微小量)に変化したとする.このときの,ΔF の変化分は

$$\frac{\partial \Delta F}{\partial \delta n_\alpha(\boldsymbol{q})}\varepsilon$$
(4.119)

となる.一方,この ΔF の変化分は式(4.26)からも計算できる.フーリエ空間の変化 ε に対応する実空間の変化は式(4.100)より $V^{-1}\varepsilon e^{i\boldsymbol{q}\cdot\boldsymbol{r}}$ となる.式(4.26)の $\delta n_\alpha(\boldsymbol{r})$ に $V^{-1}\varepsilon e^{i\boldsymbol{q}\cdot\boldsymbol{r}}$ を代入すれば,ΔF の変化分として

$$-\frac{1}{V}\int h_\alpha(\boldsymbol{r})e^{i\boldsymbol{q}\cdot\boldsymbol{r}}\varepsilon \mathrm{d}V = -\frac{1}{V}h_\alpha(-\boldsymbol{q})\varepsilon \tag{4.120}$$

を得る．ただし，式(4.102)に相当するフーリエ逆変換の式を用いた．上式と式(4.119)を等しいと置き，$\boldsymbol{q}\to-\boldsymbol{q}$ とすると

$$h_\alpha(\boldsymbol{q}) = -V\frac{\partial \Delta F}{\partial \delta n_\alpha(-\boldsymbol{q})} = -V\frac{\partial \Delta F}{\partial \delta n_\alpha(\boldsymbol{q})^*} \tag{4.121}$$

が得られる．これが式(4.78 b)に対応するフーリエ空間における式である．上式に式(3.73)を代入すれば

$$h_\alpha(\boldsymbol{q}) = -(K_\alpha q_1^2 + K_3 q_3^2 + \mu_0^{-1}\Delta\chi B^2)\delta n_\alpha(\boldsymbol{q}) \tag{4.122}$$

となる．ただし，$\delta n_\alpha(\boldsymbol{q})^*$ に関する偏微分を実行する際に，式(3.73)において $\pm\boldsymbol{q}$ の 2 つの項をとる必要があることに注意せよ．

式(4.118)と式(4.122)から，配向ベクトルの運動方程式

$$\gamma_1\frac{\partial \delta n_1(\boldsymbol{q})}{\partial t} = -K_1(\boldsymbol{q})\delta n_1(\boldsymbol{q}) - iC_1(\boldsymbol{q})v_3(\boldsymbol{q}), \tag{4.123}$$

$$\gamma_1\frac{\partial \delta n_2(\boldsymbol{q})}{\partial t} = -K_2(\boldsymbol{q})\delta n_2(\boldsymbol{q}) - iC_2(\boldsymbol{q})v_2(\boldsymbol{q}), \tag{4.124}$$

を得る．ただし，

$$\begin{aligned}
C_1(\boldsymbol{q}) &= (\alpha_3 q_1^2 - \alpha_2 q_3^2)/q_1, \\
C_2(\boldsymbol{q}) &= \alpha_2 q_3, \\
K_\alpha(\boldsymbol{q}) &= K_\alpha q_1^2 + K_3 q_3^2 + \mu_0^{-1}\Delta\chi B^2
\end{aligned} \tag{4.125}$$

である．

流れがない場合 ($v_2(\boldsymbol{q}) = v_3(\boldsymbol{q}) = 0$) を考えると，式(4.123)と式(4.124)はこのとき $\gamma_1\partial\delta n_\alpha(\boldsymbol{q})/\partial t = -K_\alpha(\boldsymbol{q})\delta n_\alpha(\boldsymbol{q})$ となり，解は $\exp(-K_\alpha(\boldsymbol{q})/\gamma_1\cdot t)$ に比例する．したがって，$\delta n_\alpha(\boldsymbol{q})$ は緩和時間 $\gamma_1/K_\alpha(\boldsymbol{q})$ を持って指数関数的に減衰することがわかる．流れがある場合には，式(4.123)と式(4.115)を組みに，式(4.124)と式(4.116)を組みにして連立方程式を解くことになる．一般的に解くこともできるが，配向ベクトルの運動に着目し，以下のような近似を行う．流れの運動方程式(4.115)と式(4.116)において右辺の 2 項は両方とも粘性に比例するので，粘性が大きい場合には左辺の慣性項は落としてよいであろう．通常の液晶ではこの条件が満足されている．この近似の下では，式(4.115)と式(4.116)から流れの速度が配向ベクトルの時間微分を用いて表されるので，こ

れらを式(4.123)と式(4.124)に代入すると，最後に

$$\left(\gamma_1 - \frac{C_\alpha(\boldsymbol{q})Q_\alpha(\boldsymbol{q})}{P_\alpha(\boldsymbol{q})}\right)\frac{\partial \delta n_\alpha(\boldsymbol{q})}{\partial t} = -K_\alpha(\boldsymbol{q})\delta n_\alpha(\boldsymbol{q}), \tag{4.126}$$

に到達する．流れがないときの配向ベクトルの回転粘性係数 γ_1 が流れによって変化していることがわかる．これに対して，弾性はもともと配向ベクトルが持つものなので，流れを入れても弾性に関係する $K_\alpha(\boldsymbol{q})$ は変化しない．式(4.126)の時間微分の前の流れの効果を繰り込んだ粘性係数 ($\gamma_1 - C_\alpha(\boldsymbol{q})Q_\alpha(\boldsymbol{q})/P_\alpha(\boldsymbol{q})$) は，式(4.117)と式(4.125)を使って

$$\tilde{\eta}_1(\boldsymbol{q}) = \gamma_1 - \frac{(\alpha_3 q_1^2 - \alpha_2 q_3^2)^2}{\eta_2 q_1^4 + (\alpha_1 + \alpha_3 + \alpha_4 + \alpha_5)q_1^2 q_3^2 + \eta_1 q_3^4}, \tag{4.127}$$

$$\tilde{\eta}_2(\boldsymbol{q}) = \gamma_1 - \frac{\alpha_2^2 q_3^2}{\eta_3 q_1^2 + \eta_1 q_3^2} \tag{4.128}$$

となり，これらを使って緩和時間 $\tau_\alpha(\boldsymbol{q})$ は

$$\tau_\alpha(\boldsymbol{q}) = \frac{\tilde{\eta}_\alpha(\boldsymbol{q})}{K_\alpha(\boldsymbol{q})} \quad (\alpha=1, 2) \tag{4.129}$$

と与えられる．

4-8 動的光散乱

3-9節で述べたように，液晶の持つ大きな誘電率異方性と配向ゆらぎにより強い光散乱が生じる．3-9節では散乱光強度のゆらぎの自乗平均を求めたが，本章ではゆらぎの動的な性質を反映する時間相関関数を前章で導出した配向ベクトルの運動方程式を基に考察する．

ある散乱ベクトルと偏光に対する散乱配置における散乱強度は配向ベクトルのゆらぎを反映して時間とともに絶えず変化する．このように時間 t とともに変化する量を解析する際に時間相関関数が有用である．時刻 t における散乱強度を $I(t)$ とすると，時間相関関数は $\langle I(0)I(t)\rangle$ で定義される．ただし，$\langle \cdots \rangle$ は平均を表すが，これには二通りの定義がある．考えやすいのは時間平均

$$\langle I(0)I(t)\rangle = \frac{1}{T}\int_0^T I(\tau)I(t+\tau)\mathrm{d}\tau \tag{4.130}$$

である．十分大きな T をとればある一定の値に収束するであろう．$I(t)$ の時

間平均は

$$\langle I(t)\rangle = \frac{1}{T}\int_0^T I(t+\tau)\mathrm{d}\tau \tag{4.131}$$

である．ゆらぎのような現象では時間の原点はどこでもよいので，異なる t と t' に対して $\langle I(t)\rangle = \langle I(t')\rangle$ が成り立つ．これは，例えば 4-5 節で扱ったネマチック液晶に磁場をかけてあるとき突然切った後の場合では成立しないことは明らかであろう．時間の原点がどこでもよい，あるいは時間の原点をずらしても"統計的に"変わらない現象を定常的であるという．

もう 1 つの考え方がアンサンブル平均である．ある時間間隔にわたって散乱強度の時間依存 $I(t)$ を多数回繰り返し測定し，i 番目の測定値を $I_i(t)$ とする．定常的な過程では時間の原点はどこでもよいから，$I_i(t)$ の時間原点は i 番目の測定の開始時刻とする．今，時刻 t における $I(t)$ の標本 $\{I_1(t), I_2(t), I_3(t), \cdots\}$ を考えると，統計的にこれはある分布に従うであろう．そして，$I(t)$ が I から $I+\mathrm{d}I$ の微小区間にある確率 $f(I;t)\mathrm{d}I$ が定義できるであろう．確率密度関数 $f(I;t)$ の 2 番目の引き数は分布を与える時刻を表しているが，定常的な過程では時刻 t に依存しない．すなわち，$f(I;t) = f(I)$ と書くことができる．これを用いて，強度のアンサンブル平均を

$$\langle I(0)\rangle = \int_{-\infty}^{+\infty} I f(I;0)\mathrm{d}I = \langle I(t)\rangle = \int_{-\infty}^{+\infty} I f(I;t)\mathrm{d}I = \int_{-\infty}^{+\infty} I f(I)\mathrm{d}I \tag{4.132}$$

と表すことができる．ただし，強度は負の値をとらないのに積分の下限を $-\infty$ としたのは一般性を持たせるためである．もちろん，$+\infty$ もとらないが，それらの区間では $f(I;t)$ がゼロになっていると考える．

相関関数を表すためにはもう一段階情報量の多い確率密度関数を導入する必要がある．時刻 $t=t_1$ と $t_2(t_1<t_2)$ における強度 $I(t_1)$ と $I(t_2)$ の標本 $\{(I_1(t_1), I_1(t_2)), (I_2(t_1), I_2(t_2)), (I_3(t_1), I_3(t_2)), \cdots\}$ を考えると，$I(t_1)$ が I_1 から I_1+dI_1 の区間にありかつ $I(t_2)$ が I_2 から $I_2+\mathrm{d}I_2$ の区間にある確率 $f(I_1, I_2;t_1, t_2)\mathrm{d}I_1\mathrm{d}I_2$ を定義できる．定常過程では確率密度関数 $f(I_1, I_2;t_1, t_2)$ は時刻 t_1 と t_2 の差のみに依存し，$f(I_1, I_2;t_2-t_1)$ と書くことができる．これを用いれば相関関数は

$$\langle I(0)I(t)\rangle = \int_{-\infty}^{+\infty} I_1 I_2 f(I_1, I_2;t)\mathrm{d}I_1\mathrm{d}I_2 \tag{4.133}$$

となる．理論的な扱いにはアンサンブル平均が便利である．これに対して，実験結果を解析するときには時間平均を用いる．

$t\to\infty$ では $I(0)$ と $I(t)$ とは無関係になるであろうから，$f(I_1, I_2; \infty) = f(I_1)f(I_2)$ が成り立つであろう．これを式(4.133)に代入すれば，$\langle I(0)I(\infty)\rangle = \langle I(0)\rangle\langle I(\infty)\rangle = \langle I\rangle^2$ が得られる．$\langle I(0)I(t)\rangle$ は $t\to\infty$ で $\langle I\rangle^2$ になることがわかる．次に，$I(t)$ 自身ではなく，それから平均 $\langle I\rangle = \langle I(t)\rangle$ を引いたゆらぎの部分 $\Delta I(t) = I(t) - \langle I(t)\rangle$ の相関関数 $\langle \Delta I(0)\Delta I(t)\rangle$ を考えてみよう．定義から $\langle \Delta I(t)\rangle$ はゼロであるから，相関のない $\Delta I(0)$ と $\Delta I(\infty)$ に対して $\langle \Delta I(0)\Delta I(\infty)\rangle = \langle \Delta I(0)\rangle\langle \Delta I(\infty)\rangle = 0$ となる．一般に，$\Delta I(0)$ と $\Delta I(t)$ の間に相関がないならば相関関数はゼロになる．これに対して，$\Delta I(0)$ と $\Delta I(t)$ が全く同じ，つまり完全な相関がある場合には，$\langle \Delta I(0)\Delta(t)\rangle = \langle \Delta I(0)^2\rangle$（自乗平均）は必ず正で大きな値をとる．これらの例からわかるように，平均を差し引いた量の時間相関関数 $\langle \Delta I(0)\Delta I(t)\rangle$ は時間 t 隔たった2つの時刻における値 $\Delta I(0)$ と $\Delta I(t)$ の相関の程度を定量化したもので，相関が強いほど大きく，相関が完全になくなるとゼロになる．$\langle \Delta I(0)\Delta I(t)\rangle$ は後にわかるように液晶の場合は時間に対して単調に減少して，ゼロに近づく．このとき，相関関数がゆっくりと減少していれば，長時間にわたって相関がある，言い換えればある時刻の影響がその後長く存在し続けることになる．

さて，$\langle I(0)I(t)\rangle$ の具体的な計算に移ろう．散乱ベクトル $\boldsymbol{q}$ を持ったモードからの散乱強度は式(3.89 b)で与えられる散乱振幅の絶対値の自乗に比例する．また，式(3.89 b)の因子 $f \cdot (\varepsilon(\boldsymbol{q}, t)\boldsymbol{i})$ は式(3.95)で与えられ，固有モードに比例していた．散乱強度の時間ゆらぎを考慮するために式(3.95)の固有モードを $\delta n_\alpha(\boldsymbol{q}, t)$ と表すことにし，$\alpha = 1$ か 2 のどちらかのモードだけからの散乱を考えることにする．両方を一遍に考えても，$\alpha = 1$ と 2 のモードは固有モードであり，独立であるので，式(3.97)と同じように最後の相関関数は $\alpha = 1$ と 2 について加え合わされたものとなる．$\delta n_\alpha(\boldsymbol{q}, t)$ を起源とする時刻 t での散乱強度 $I(t)$ は

$$I(t) \propto |\alpha|^2 \propto |f \cdot (\varepsilon(\boldsymbol{q}, t)\boldsymbol{i})|^2 \propto |\delta n_\alpha(\boldsymbol{q}, t)|^2 \tag{4.134}$$

となり，結局 $\delta n_\alpha(\boldsymbol{q}, t)$ の絶対値の自乗に比例する．したがって，散乱強度の時間相関関数は，$\delta n_\alpha(\boldsymbol{q}, t)$ を用いて表すと次のように δn_α の4次式の平均と

4-8 動的光散乱

なってしまう．
$$\langle I(0)I(t)\rangle \propto \langle |\delta n_a(\boldsymbol{q},0)|^2|\delta n_a(\boldsymbol{q},t)|^2\rangle \tag{4.135}$$

幸い，液晶のゆらぎを含めて多くのゆらぎはガウス過程と呼ばれるものになるので，この場合は

$$\langle |\delta n_a(\boldsymbol{q},0)|^2|\delta n_a(\boldsymbol{q},t)|^2\rangle = \langle |\delta n_a(\boldsymbol{q},0)|^2\rangle^2 + \langle \delta n_a(\boldsymbol{q},0)^*\delta n_a(\boldsymbol{q},t)\rangle^2 \tag{4.136}$$

と書き換えられることが示されている[6]．右辺第1項の$\langle |\delta n_a(\boldsymbol{q},0)|^2\rangle$は式(3.80)で与えられている．第2項の$\langle \delta n_a(\boldsymbol{q},0)^*\delta n_a(\boldsymbol{q},t)\rangle$は$\delta n_a(\boldsymbol{q},t)$を実部$\delta n_a'(\boldsymbol{q},t)$と虚部$\delta n_a''(\boldsymbol{q},t)$に分ければ，

$$\langle \delta n_a(\boldsymbol{q},0)^*\delta n_a(\boldsymbol{q},t)\rangle = \langle \delta n_a'(\boldsymbol{q},0)\delta n_a'(\boldsymbol{q},t)\rangle + \langle \delta n_a''(\boldsymbol{q},0)\delta n_a''(\boldsymbol{q},t)\rangle \tag{4.137}$$

となる．ただし，式(3.75)からわかるようにδn_aの実部と虚部が独立であることから$\langle \delta n_a'(\boldsymbol{q},0)\delta n_a''(\boldsymbol{q},t)\rangle = \langle \delta n_a''(\boldsymbol{q},0)\delta n_a'(\boldsymbol{q},t)\rangle = 0$となることを用いた．

運動方程式(4.126)に$\delta n_a(\boldsymbol{q},t)=\delta n_a'(\boldsymbol{q},t)+i\delta n_a''(\boldsymbol{q},t)$を代入すると，実部と虚部も独立に式(4.126)を満たすことがわかる．オンサーガーにより式(4.126)のような緩和型の方程式を満たす量の時間相関関数が以下のように求められている（**付録F**参照）．

$$\langle \delta n_a'(\boldsymbol{q},0)\delta n_a'(\boldsymbol{q},t)\rangle = \langle \delta n_a''(\boldsymbol{q},0)\delta n_a''(\boldsymbol{q},t)\rangle = \langle \delta n_a'(\boldsymbol{q},0)^2\rangle e^{-t/\tau_a(\boldsymbol{q})} \tag{4.138}$$

ただし，$\tau_a(\boldsymbol{q})$は式(4.129)で与えられる緩和時間である．上式を見てわかるように，ある物理量（今の場合$\delta n_a'(\boldsymbol{q}), \delta n_a''(\boldsymbol{q})$）の時間相関関数はその運動方程式(式(4.126))の解$\exp(-t/\tau_a(\boldsymbol{q}))$に比例し，比例係数は$t=0$と置けばわかるようにその自乗平均となっている．式(4.138)を式(4.137)に代入し，

$$\langle \delta n_a(\boldsymbol{q},0)^*\delta n_a(\boldsymbol{q},t)\rangle = 2\langle \delta n_a'(\boldsymbol{q},0)^2\rangle e^{-t/\tau_a(\boldsymbol{q})} \tag{4.139}$$

さらに，式(4.139)において$t=0$と置いて得られる関係式$\langle |\delta n_a(\boldsymbol{q},0)|^2\rangle = 2\langle \delta n_a'(\boldsymbol{q},0)^2\rangle$を用いれば

$$\langle \delta n_a(\boldsymbol{q},0)^*\delta n_a(\boldsymbol{q},t)\rangle = \langle |\delta n_a(\boldsymbol{q},0)|^2\rangle e^{-t/\tau_a(\boldsymbol{q})} \tag{4.140}$$

となるので，上式を式(4.136)に代入して，

$$\langle |\delta n_a(\boldsymbol{q},0)|^2|\delta n_a(\boldsymbol{q},t)|^2\rangle = \langle |\delta n_a(\boldsymbol{q},0)|^2\rangle^2 (1+e^{-2t/\tau_a(\boldsymbol{q})}) \tag{4.141}$$

が得られる．式(3.95)を用いて，式(4.134)および式(4.135)の計算を正確に行

い，上式を代入すると

$$\langle I(0)I(t)\rangle \propto \sum_{\alpha=1,2}\{(\boldsymbol{i}\cdot\boldsymbol{n}_0)(\boldsymbol{f}\cdot\boldsymbol{e}_\alpha)+(\boldsymbol{f}\cdot\boldsymbol{n}_0)(\boldsymbol{i}\cdot\boldsymbol{e}_\alpha)\}^4 \left(\frac{Vk_{\mathrm{B}}T}{K_3 q_3^2 + K_\alpha q_1^2 + \mu_0^{-1}\Delta\chi B^2}\right)^2$$
$$\times (1+e^{-2t/\tau_\alpha(\boldsymbol{q})})$$

(4.142)

を得る．これより，散乱強度の時間相関関数を測定すれば，緩和時間 $\tau_\alpha(\boldsymbol{q})$ が求められることがわかる．さらに，3つのフランクの弾性定数がわかっていれば（散乱強度を測定することによって求めることができる），いろいろな散乱ベクトル $\boldsymbol{q}$ に対して緩和時間を測定して，式(4.127), (4.128)および(4.129)を使って粘性係数を決めることが可能である．

第 5 章

液晶の光学的性質

　液晶の構造は異方的であるので，光学的にも異方的である．したがって，液晶中の光学的性質は結晶と同じように扱う必要がある．結晶の光学的性質は結晶光学により理解できるが，それはそのまま液晶にも適用できる．本章では，まずこの結晶光学を簡単に説明する．変形のない一様なネマチック液晶および一部のスメクチック液晶の光学的性質はこれにより完全に理解できる．一方，配向ベクトルが回転するコレステリック液晶では光学的異方性（正確には本文中で説明する屈折率楕円体）も回転し，新たな取り扱いが必要となる．マクスウェル方程式を厳密に解き，コレステリック液晶の興味深い光学的性質を明らかにする．

5-1　ネマチック液晶中の光の伝播

　液晶は光学的異方性を持つため，光の伝播に関しては結晶と同様な扱いが必要である．以下では簡単に結晶光学の説明を行う．これはネマチック液晶に直接適用できる．

　誘電体（絶縁体）中の光の伝播は，4つのマクスウェルの方程式（Maxwell's equations）のうち時間発展を表す

$$\nabla \times \boldsymbol{H} = \frac{\partial \boldsymbol{D}}{\partial t} \tag{5.1}$$

$$\nabla \times \boldsymbol{E} = -\frac{\partial \boldsymbol{B}}{\partial t} \tag{5.2}$$

と物質の性質を反映した補助方程式

$$\boldsymbol{D} = \varepsilon_0 \varepsilon \boldsymbol{E} \tag{5.3}$$

$$\boldsymbol{B} = \mu_0 \boldsymbol{H} \tag{5.4}$$

によって記述される．ここで，$\boldsymbol{E}$：電場，$\boldsymbol{D}$：電束密度，$\boldsymbol{H}$：磁場，$\boldsymbol{B}$：磁束

密度，ε_0：真空の誘電率，ε：比誘電率テンソル[*1]，μ_0：真空の透磁率，である．式(5.4)では非磁性を仮定し，真空の透磁率 μ_0 を用いた．光学的異方性は2階の対称テンソルである誘電率 ε によって定められる．等方的な物質では ε は単位テンソル（単位行列）に比例する．以下では ε に異方性はあるが場所依存はないとする．例えば，一様に配向したネマチック液晶を考える．

角振動数 ω，波数ベクトル $\boldsymbol{k}$ を持つ平面波が伝播するとすれば

$$\boldsymbol{E}=\boldsymbol{E}_0 e^{i(\boldsymbol{k}\cdot\boldsymbol{r}-\omega t)}, \boldsymbol{D}=\boldsymbol{D}_0 e^{i(\boldsymbol{k}\cdot\boldsymbol{r}-\omega t)}, \boldsymbol{H}=\boldsymbol{H}_0 e^{i(\boldsymbol{k}\cdot\boldsymbol{r}-\omega t)} \quad (5.5)$$

と置けるであろう．上式は複素数であるが，実際の電場は実数であり上式の実数部分である．また，上式の表す平面波は波長 $2\pi/|\boldsymbol{k}|$ を持ち，速さ $\omega/|\boldsymbol{k}|$ で $\boldsymbol{k}$ の方向に伝播する．式(5.5)を式(5.1)および式(5.2)に代入すれば（$\partial/\partial t\to -i\omega, \nabla\to i\boldsymbol{k}$ と置き換えればよい）

$$\boldsymbol{k}\times\boldsymbol{H}_0 e^{i(\boldsymbol{k}\cdot\boldsymbol{r}-\omega t)}=-\omega\boldsymbol{D}_0 e^{i(\boldsymbol{k}\cdot\boldsymbol{r}-\omega t)} \quad (5.6)$$

$$\boldsymbol{k}\times\boldsymbol{E}_0 e^{i(\boldsymbol{k}\cdot\boldsymbol{r}-\omega t)}=\omega\mu_0\boldsymbol{H}_0 e^{i(\boldsymbol{k}\cdot\boldsymbol{r}-\omega t)} \quad (5.7)$$

が得られる．上式の両辺を $e^{i(\boldsymbol{k}\cdot\boldsymbol{r}-\omega t)}$ で割れば，振幅 $\boldsymbol{E}_0$ 等の間の関係式が得られるが，振幅と $e^{i(\boldsymbol{k}\cdot\boldsymbol{r}-\omega t)}$ の積は対応する $\boldsymbol{E}$ 等の物理量となるので，

$$\boldsymbol{k}\times\boldsymbol{H}=-\omega\boldsymbol{D} \quad (5.8)$$

$$\boldsymbol{k}\times\boldsymbol{E}=\omega\mu_0\boldsymbol{H} \quad (5.9)$$

と書き直すこともできる．したがって，添字 0 は付けても付けなくてもよいので以下では簡単のため添字の 0 は落とすことにするが，式(5.8)および式(5.9)における諸量は振幅（定数）と思った方がわかりやすい．ベクトル積の性質に注意すると，式(5.8)および式(5.9)より，$\boldsymbol{H}$ は $\boldsymbol{D}, \boldsymbol{E}, \boldsymbol{k}$ のいずれとも垂直であることがわかる（図5.1）．また，互いに直交するのは $\boldsymbol{k}, \boldsymbol{H}, \boldsymbol{D}$ である．

通常の波では方程式を解くことによって角振動数 ω が波数ベクトル $\boldsymbol{k}$ の関数となり，これを分散関係と呼んでいる．しかし，結晶光学では波の速さ v が波の進行方向

$$\boldsymbol{s}=\boldsymbol{k}/|\boldsymbol{k}|=\boldsymbol{k}/k \quad (5.10)$$

の関数として表され，以下に述べるように $\boldsymbol{k}$ を $\boldsymbol{s}$ と ω の関数と考えると便利である．ここで，誘電率テンソルの主軸方向に座標軸をとることにすると，こ

[*1] SI 単位系では正しくは比誘電率であるが，以後は単に誘電率と呼ぶ．

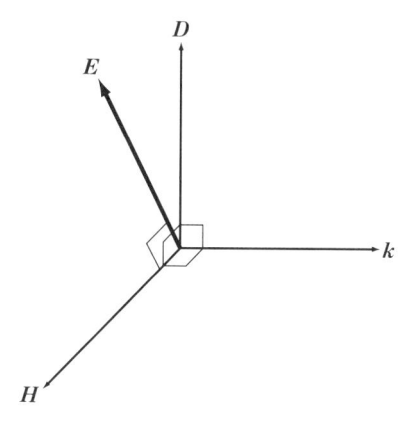

5-1 ネマチック液晶中の光の伝播

図 5.1 H, D, E, k の関係. k, H, D は互いに直交している.

の座標系では

$$\varepsilon = \begin{pmatrix} \varepsilon_1 & 0 & 0 \\ 0 & \varepsilon_2 & 0 \\ 0 & 0 & \varepsilon_3 \end{pmatrix} \tag{5.11}$$

と対角的になる(**付録 A** 参照).式(5.9)を式(5.8)に代入して H を消去し,公式 $\boldsymbol{a} \times (\boldsymbol{b} \times \boldsymbol{c}) = \boldsymbol{b}(\boldsymbol{a} \cdot \boldsymbol{c}) - \boldsymbol{c}(\boldsymbol{a} \cdot \boldsymbol{b})$ と式(5.10)を用いると

$$\begin{aligned}\boldsymbol{D} &= -\frac{1}{\mu_0 \omega^2} \boldsymbol{k} \times (\boldsymbol{k} \times \boldsymbol{E}) = \frac{1}{\mu_0 \omega^2} \{k^2 \boldsymbol{E} - \boldsymbol{k}(\boldsymbol{k} \cdot \boldsymbol{E})\} \\ &= \frac{k^2}{\mu_0 \omega^2} \{\boldsymbol{E} - \boldsymbol{s}(\boldsymbol{s} \cdot \boldsymbol{E})\}\end{aligned} \tag{5.12}$$

が得られる.

一般の場合を扱う前に波が z 軸の正の方向に進行する特別な場合を考えてみる.$\boldsymbol{s} = (0, 0, 1)$ を上式に代入すれば

$$D_1 = \frac{k^2}{\mu_0 \omega^2} E_1, \quad D_2 = \frac{k^2}{\mu_0 \omega^2} E_2, \quad D_3 = 0 \tag{5.13}$$

となる.ただし,$x \leftrightarrow 1, y \leftrightarrow 2, z \leftrightarrow 3$ とした.上式に式(5.3)と式(5.11)から得られる関係式 $\boldsymbol{D} = (\varepsilon_0 \varepsilon_1 E_1, \varepsilon_0 \varepsilon_2 E_2, \varepsilon_0 \varepsilon_3 E_3)$ を代入すれば,$\boldsymbol{s} = (0, 0, 1)$ 方向に進行する波の速さは,真空中の光速度を $c = 1/\sqrt{\varepsilon_0 \mu_0}$ として,第 1 の式から ω/k

$=c/\sqrt{\varepsilon_1}$, 第2の式から $\omega/k=c/\sqrt{\varepsilon_2}$ となる．なお，解には符号が負のものもあるが，$\omega, k=|\boldsymbol{k}|\geq 0$ なので正の解をとった．z 軸の負の方向に進行する波の速度は $\boldsymbol{s}=(0,0,-1)$ から得られるが，$\boldsymbol{s}=(0,0,1)$ と同じであることはすぐわかる．一般の方向に伝播する波に対しても，式(5.12)において $\boldsymbol{s}$ を $-\boldsymbol{s}$ に置き換えて式は変わらないから，同様である．$v_1=c/\sqrt{\varepsilon_1}$ および $v_2=c/\sqrt{\varepsilon_2}$ にはそれぞれ電束密度 $\boldsymbol{D}^{(1)}=(1,0,0)$ および $\boldsymbol{D}^{(2)}=(0,1,0)$ が対応する．ただし，電束密度の大きさは線形方程式からは決まらないので，方向だけが意味がある[*2]．これより，$\boldsymbol{s}=(0,0,1)$ 方向に伝播する電磁波には電束密度が直交する2種類があり，1つは速さ $v_1=c/\sqrt{\varepsilon_1}$ で x 方向に偏光した波であり，もう1つは速さ $v_2=c/\sqrt{\varepsilon_2}$ で y 方向に偏光した波である．以上の簡単な例に対しては波の伝播方向 $\boldsymbol{s}$ を決めればその方向の速さ $v=\omega/k$ が与えられた．さらに ω または k の一方が与えられれば他方も決められ，電磁波は完全に決定される．ところが，速さは誘電率に依存し，誘電率は一般に ω の関数であるから，速さは $\boldsymbol{s}$ の関数であると同時に ω の関数でもある．つまり，$v=v(\boldsymbol{s},\omega)$. したがって，$k$ が $\boldsymbol{s}$ と ω の関数，すなわち $k=\omega/v(\boldsymbol{s},\omega)=k(\boldsymbol{s},\omega)$ と考えた方が自然である．

一般の $\boldsymbol{s}$ に対しても速さの異なる2つの固有モード[*3]が存在することを示すことができる．式(5.12)の $\boldsymbol{D}$ を $\boldsymbol{D}=(\varepsilon_0\varepsilon_1 E_1, \varepsilon_0\varepsilon_2 E_2, \varepsilon_0\varepsilon_3 E_3)$ を用いて $\boldsymbol{E}$ で書き直し，$v=\omega/k$ および速さ $v_\alpha=c/\sqrt{\varepsilon_\alpha}$ を定義すれば

$$E_\alpha=\frac{v_\alpha^2}{v_\alpha^2-v^2}s_\alpha(\boldsymbol{s}\cdot\boldsymbol{E}) \quad (\alpha=1,2,3) \tag{5.14}$$

となり，これからさらに

[*2] 式(5.1)から式(5.4)までの両辺に定数 p を掛ければ，$p\boldsymbol{H}$ 等がこれらの方程式の解であることがわかる．つまり，大きさは決まらない．大きさを決めるのは光源である．

[*3] 液晶の配向についても固有モードが出てきた．3-8節ではエネルギーの表式において他とは積を作らずそれ自身の自乗（絶対値の自乗）だけで現れるモードであるとした．電磁波においても同様なことを示すことができる．また，配向のダイナミクスを考えたときには，独立に指数関数的に減衰するのが固有モードであった（4-7節参照）．電磁波においては一般に独立に単振動するのが固有モードである．

5-1 ネマチック液晶中の光の伝播

$$\frac{s_1^2}{v^2-v_1^2}+\frac{s_2^2}{v^2-v_2^2}+\frac{s_3^2}{v^2-v_3^2}=0 \tag{5.15}$$

が得られる．

[**演習問題 5.1**：式(5.15)を導出せよ]

上式に $(v^2-v_1^2)(v^2-v_2^2)(v^2-v_3^2)$ を乗ずれば，v^2 に関する 2 次方程式が得られるから，与えられた s に対して 2 つの v^2 が存在する．$v>0$ であるから 2 つの速さの異なる波があることになる．

式(5.15)は屈折率（refractive index）を用いて次のように書き換えることができる．屈折率 n は光速度 c と波の速さ v との比 $n=c/v$ で定義される．また，主屈折率 $n_\alpha=\sqrt{\varepsilon_\alpha}=c/v_\alpha(\alpha=1,2,3)$ を定義すれば，式(5.15)から

$$\frac{s_1^2}{\frac{1}{n^2}-\frac{1}{n_1^2}}+\frac{s_2^2}{\frac{1}{n^2}-\frac{1}{n_2^2}}+\frac{s_3^2}{\frac{1}{n^2}-\frac{1}{n_3^2}}=0 \tag{5.16}$$

を得る．式(5.15)と同様に，上式は n に関して 2 つの解を持つ．1 つの進行方向 s を決めると速さの異なる 2 つの波が存在し，これらに対応して 2 つの屈折率があるわけである．これら 2 つの屈折率の差を複屈折（birefringence）という．なお，式(5.15)を解いて得られた v に対する D の方向は，式(5.14)の両辺に $\varepsilon_0\varepsilon_\alpha$ を掛ければ得られる．

$$D_1:D_2:D_3=\frac{s_1}{v_1^2-v^2}:\frac{s_2}{v_2^2-v^2}:\frac{s_3}{v_3^2-v^2} \tag{5.17}$$

2 つの異なる速さ $v^{(1)}$ および $v^{(2)}$ に対する電束密度 $D^{(1)}$ および $D^{(2)}$ が直交することも示すことができる．

[**演習問題 5.2**：これを示せ]

以上の結果をまとめると，一様な（場所によらない）光学的に異方性のある物質に対しては，光の進行方向 s（これは式(5.5)の波数ベクトル k に平行な波面法線方向であり，エネルギーの流れ密度を表すポインティングベクトル $S=E\times H$ の方向とは一般に異なるので注意が必要）と ω を与えると，2 つの固有モードが存在する．それらの速さ，屈折率および電束密度の方向はそれぞれ式(5.15)，(5.16)および(5.17)で与えられる．これらの量は以下に述べる屈折率楕円体（index ellipsoid）によって幾何学的に求めることもできる．ここでは作図法のみを説明することとし，証明は参考文献[7]に譲る．x_1-x_2-x_3 空

間に主屈折率 $n_a=\sqrt{\varepsilon_a}$ ($a=1,2,3$) から作られる楕円体

$$\frac{x_1^2}{n_1^2}+\frac{x_2^2}{n_2^2}+\frac{x_3^2}{n_3^2}=1 \tag{5.18}$$

を考える．図5.2に示すように，この屈折率楕円体の中心をとおり光の進行方向を表すベクトル s に垂直な平面と楕円体の交線は一般に楕円になる．この楕円の2本の主軸の方向と2つの固有モードの D の方向が一致する．さらに，主軸の長さが対応する固有モードの屈折率を与える．

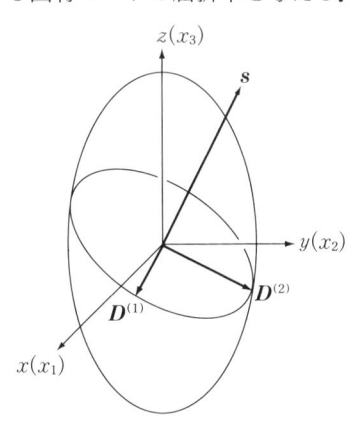

図 5.2 屈折率楕円体．

　主屈折率の大小関係により光学的異方性を分類することができる．いうまでもなく，$n_1=n_2=n_3$ の場合は光学的な等方体である．このとき，屈折率楕円体は球となり，すべての進行方向 s に対して，交線は円となり2つの固有モードは縮退する．つまり，どの方向に偏光していても固有モードとなる．これは対称性を考えれば明らかな結果である．次に，1軸性と呼ばれる主屈折率のうち1つだけ異なる場合がある．この場合はさらに正（$n_1=n_2<n_3$）と負（$n_1=n_2>n_3$）に分類される．最後，すべての主屈折率が異なる場合は2軸性と呼ばれる．ネマチック液晶は対称性からわかるように光学的に1軸性である．屈折率楕円体はこの場合，配向ベクトル方向（z軸）を軸とする回転楕円体となる．z軸は特別な軸でこの方向に進行する場合光学的等方体と同じように交線は円となり，固有モードは等方的な場合と同様縮退する．この方向を光

軸 (optical axis) と呼ぶ。これ以外の方向では s と垂直な平面と屈折率楕円体の交線は楕円となり，2つの異なる固有モードに分裂するが，光軸方向（z軸）と同じ屈折率（速さ）を持つモードを常光線 (ordinary ray)，もう一方を異常光線 (extraordinary ray) と呼んでいる．前者は屈折に関するスネルの法則を満たすが，後者は満たさない[7]．2軸性の場合固有モードの縮退した（交線が円となる）光軸は2本あり，それ以外の方向では固有モードは2つとも異常光線となる．

固有モードは偏光の方向を変えることなく物質中を伝播する．したがって，任意の偏光方向を持った光の物質中の伝播は，この光を2つの固有モードに分解してやれば論ずることができる．簡単な例として，図5.3(a)に示すように，液晶を2枚の偏光板で挟んだ場合を考える．これは3-5節で述べた偏光顕微鏡と同じである．液晶は一様に配向しており，配向ベクトルは x-y 面内にあるとする．厚さ d のネマチック液晶に垂直に光が入射した場合を考えてみる．入射光は偏光板（ポーラライザー）を通過し x 方向に偏光しているとし，液晶を抜けた光は今度は y 方向に偏光した光のみを通す偏光板（アナライザー）を透過するとする．液晶は x-y 面内で回転できるとし，配向ベクトルと x 軸のなす角を α とする（図5.3(b)）．以下ではこのときの透過光の強度を計算してみる．最初の偏光板で x 方向に偏光した電場の x 成分は

$$E_x(z,t) = E_0 e^{i(kz-\omega t)} \tag{5.19}$$

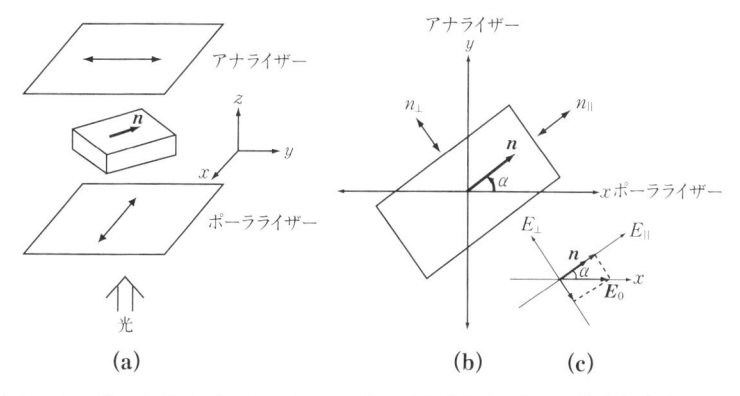

図 5.3 ポーラライザーとアナライザーが直交した下での透過光強度．

と表され，他の成分はゼロである．ここで，上式の k は液晶に入射する前の通常液晶を挟んでいるガラスを伝播する波数（$=2\pi n/\lambda$, n：ガラスの屈折率，λ：真空（空気）中の光の波長）であるが，k の値は結果に影響しない．また，一般的には式(5.19)の指数関数に位相 ϕ が付くがこれも結果には影響しないので落とした．液晶の中に入るとこの光は2つの固有モードに分かれて進行する．この場合，前の議論から2つの固有モードは配向ベクトルに平行に偏光した異常光とそれに垂直に偏光した常光であることがわかる．常光および異常光の屈折率をそれぞれ $n_\perp$ および $n_\parallel$ とすれば，ω は液晶中でも同じであることを考慮して，波数はそれぞれ $k_\perp = \omega/v_\perp = n_\perp \omega/c = 2\pi n_\perp/\lambda$（$c, \lambda$ はそれぞれ真空中の光速，波長）および $k_\parallel = 2\pi n_\parallel/\lambda$ と書かれる．したがって，常光および異常光はそれぞれ

$$E_\parallel(z, t) = E_{\parallel 0} e^{i(2\pi n_\parallel/\lambda \cdot z - \omega t)}$$
$$E_\perp(z, t) = E_{\perp 0} e^{i(2\pi n_\perp/\lambda \cdot z - \omega t)} \tag{5.20}$$

と表される．ただし，$E_\perp$ および $E_\parallel$ はそれぞれ配向ベクトルに平行および垂直方向の電場成分である（図5.3(c)）．液晶界面（$z=0$）での反射が無視できるとすれば，式(5.19)より界面上での配向ベクトルに平行および垂直な電場の成分はそれぞれ $E_0 e^{-i\omega t} \cos\alpha$ および $-E_0 e^{-i\omega t} \sin\alpha$ となり（図5.3(c)），これが式(5.20)より $E_{\parallel 0} e^{-i\omega t}$ および $E_{\perp 0} e^{-i\omega t}$ に等しいはずだから，

$$E_{\parallel 0} = E_0 \cos\alpha$$
$$E_{\perp 0} = -E_0 \sin\alpha \tag{5.21}$$

となる．

距離 d だけ進んで他方のガラス界面上に到達すると，常光と異常光は式(5.20)と式(5.21)を考慮すると，それぞれ

$$E_\parallel(d, t) = E_0 \cos\alpha \, e^{i(2\pi n_\parallel d/\lambda - \omega t)}$$
$$E_\perp(d, t) = -E_0 \sin\alpha \, e^{i(2\pi n_\perp d/\lambda - \omega t)} \tag{5.22}$$

となる．両者の位相がずれていることから液晶を透過後の光は楕円偏光になることがわかる（次節参照）．液晶を透過後の電場は上式を考慮して

$$E_\parallel(z, t) = E_0 \cos\alpha \, e^{i(2\pi n_\parallel d/\lambda - \omega t)} e^{ik(z-d)}$$
$$E_\perp(z, t) = -E_0 \sin\alpha \, e^{i(2\pi n_\perp d/\lambda - \omega t)} e^{ik(z-d)} \tag{5.23}$$

と書くことができる．x-y 座標系の成分で書き換えれば

$$E_x(z,t) = E_\parallel(z,t)\cos\alpha - E_\perp(z,t)\sin\alpha$$
$$= E_0(\cos^2\alpha\, e^{i2\pi n_\parallel d/\lambda} + \sin^2\alpha\, e^{i2\pi n_\perp d/\lambda})e^{i\{k(z-d)-\omega t\}} \quad (5.24\,\text{a})$$

$$E_y(z,t) = E_\parallel(z,t)\sin\alpha + E_\perp(z,t)\cos\alpha$$
$$= \frac{1}{2}E_0\sin 2\alpha(e^{i2\pi n_\parallel d/\lambda} - e^{i2\pi n_\perp d/\lambda})e^{i\{k(z-d)-\omega t\}} \quad (5.24\,\text{b})$$

となる．ここで，光の強度 I を

$$I = |E_x(z,t)|^2 + |E_y(z,t)|^2 \quad (5.25)$$

と定義する．通常の光の検出器で測定される強度はこれに比例する．

[**演習問題 5.3**：単位時間に単位面積を通過するエネルギーを表すポインティングベクトル $S = E \times H$（ただし，ここでの E と H は実数の量である．積を計算するときには一度実数に戻して計算する必要あり）の時間平均が式(5.25)に比例することを示せ]

第2の偏光板（アナライザー）は y 成分のみを通すから，偏光板を通過した後の強度は式(5.24 b)と関係式 $e^{ix} - e^{iy} = (e^{i(x-y)/2} - e^{-i(x-y)/2})e^{i(x+y)/2}$ を用いれば

$$I = |E_y|^2 = I_0 \sin^2 2\alpha \sin^2 \frac{\pi n_a d}{\lambda} \quad (5.26)$$

と与えられる．ただし，$I_0 = E_0^2$ は入射光強度であり，$n_a = n_\parallel - n_\perp$ は屈折率異方性である．上式は z には依存しないから，強度はアナライザーの位置には無関係である．最後の結果は $n_a d$ に依存するが，これは結晶中の常光と異常光の行路差である．

5-2 偏光と旋光性

光は横波であるために電場の方向に偏りがあり，興味深い現象が生じる．ここでは，コレステリック液晶（図1.3）における光の伝播を調べるために必要となる光の偏りについて簡単に説明しておく．

等方的な物体中を z 軸の正の方向に進行する光を考える．2つの固有モードとして

$$E_x(z,t) = \cos(kz - \omega t + \delta_1),\ E_y(z,t) = E_z(z,t) = 0 \quad (5.27\,\text{a})$$

$$E_y(z,t) = \cos(kz - \omega t + \delta_2),\ E_x(z,t) = E_z(z,t) = 0 \quad (5.27\,\text{b})$$

をとることにする．ただし，$k, \omega > 0$．角振動数 ω を持ち z 方向に進行する一般の光はこれらの線形結合（式(5.27 a)および式(5.27 b)の表す電場ベクトルをそれぞれ $\boldsymbol{E}_1$ および $\boldsymbol{E}_2$ とすれば $a_1\boldsymbol{E}_1 + a_2\boldsymbol{E}_2$）として

$$\begin{aligned}
E_x(z,t) &= a_1 \cos(kz - \omega t + \delta_1), \\
E_y(z,t) &= a_2 \cos(kz - \omega t + \delta_2), \\
E_z(z,t) &= 0
\end{aligned} \quad (5.28)$$

と表される．ただし，位相 δ_1, δ_2 があるので，一般性を失うことなく $a_1 > 0$, $a_2 > 0$ とすることができる．これがどのような波になっているか調べてみよう．まず，$\delta = \delta_2 - \delta_1 = m\pi\ (m = 0, \pm 1, \pm 2, \cdots)$ であれば，

$$\begin{aligned}
E_x(z,t) &= a_1 \cos(kz - \omega t + \delta_1) \\
E_y(z,t) &= (-1)^m a_2 \cos(kz - \omega t + \delta_1)
\end{aligned} \quad (5.29)$$

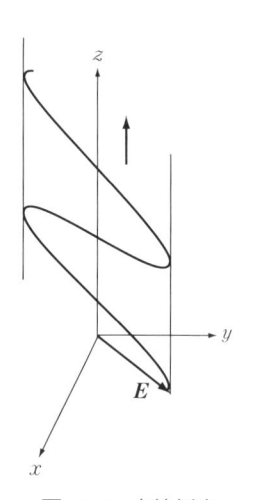

図 5.4　直線偏光．

となる．この場合，図 5.4 に示すように，電場ベクトルの先端はある瞬間には z 軸を含む平面内で正弦波を描き，時間の経過に伴ってこれが z 方向へ伝播する．ある z 一定の面で時間変化を見れば線分上を往復する．このような偏光状態を直線偏光（linearly polarized light）と呼ぶ．次に，$a_1 = a_2 = a$ かつ

$\delta = \delta_2 - \delta_1 = -\pi/2 + 2m\pi (=0, \pm1, \pm2, \cdots)$ とすると

$$E_x(z, t) = a\cos(kz - \omega t + \delta_1)$$
$$E_y(z, t) = a\sin(kz - \omega t + \delta_1)$$
(5.30)

となる．ある z 一定の面での時間発展を**光の進行方向に正対して**（今の場合には z 軸の正の側から）見ると，電場ベクトルの先端は半径 a の円上を時計回りに回転することがわかる．また，ある瞬間における z が変化したときの電場ベクトルの軌跡は右ネジと同じ右巻きらせんを描くことがわかる（図 5.5(a)）．このような偏光状態を右円偏光（right-handed circularly polarized light）と呼ぶ．これに対し，$a_1 = a_2 = a$ かつ $\delta = \delta_2 - \delta_1 = \pi/2 + 2m\pi (m = 0, \pm1, \pm2, \cdots)$ のときには

$$E_x(z, t) = a\cos(kz - \omega t + \delta_1)$$
$$E_y(z, t) = -a\sin(kz - \omega t + \delta_1)$$
(5.31)

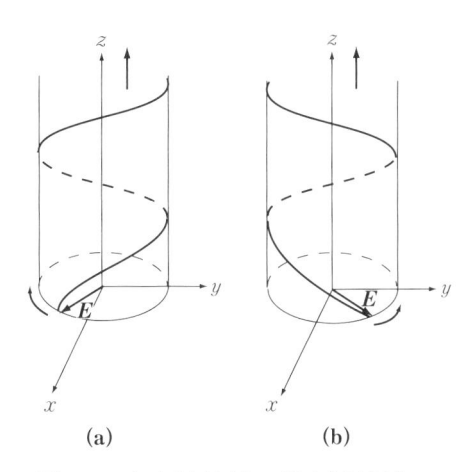

図 5.5 （a）右円偏光と（b）左円偏光．

となり，時間経過に対しては反時計回り，z 変化に対しては左巻きらせんとなる左円偏光（left-handed circularly polarized light）を与える（図 5.5(b)）．光の進行方向に垂直な面での時間経過に対する電場ベクトルの回転方向から円偏光の掌性を決めるときには，見る向きによって回転方向が逆になるので注意が必要である．先に定義したように，進行方向に正対して見なければならな

い．これに対して，時間を止めて電場ベクトルの先端の軌跡を見るときには，進行方向にはよらず，右(左)巻きらせんならば右(左)円偏光となる．

[**演習問題 5.4**：式(5.30)および式(5.31)で $k \to -k (k>0)$ として光の進行方向を逆転すると，これらはそれぞれ左および右円偏光へと掌性が反転することを示し，その理由を直感的に説明せよ．また，円偏光の掌性は変えずに，進行方向だけ逆転するにはどうすればよいか]

上記以外の一般の場合には楕円偏光（elliptically polarized light）となる．このときの偏光状態を詳しく調べるために，電場を複素平面上（$\tilde{E} = E_x + iE_y$）に表してみる．まず，図5.6(a)に示す x 軸と y 軸を主軸とする楕円偏光は

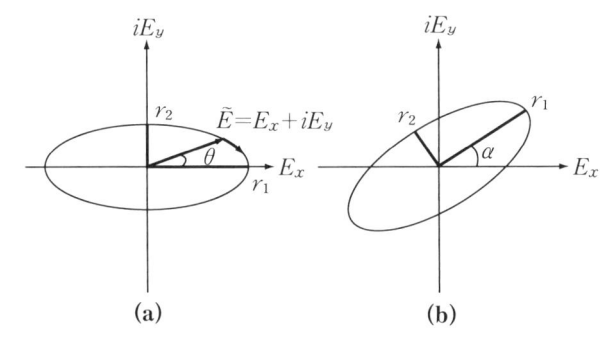

図 5.6 複素平面上の楕円偏光．(a)横軸と縦軸に主軸を持つ楕円偏光，(b)(a)を反時計回りに角度 α 回転させた一般の楕円偏光．

$$E_x = r_1 \cos\theta \\ E_y = r_2 \sin\theta \tag{5.32}$$

と書かれる．ただし，θ は一般に z と t の関数であり，例えば $\theta = kz - \omega t$ とすれば，z 軸の正の方向に伝播する進行波となる．このとき，式(5.30)および(5.31)からわかるように，時間経過に対して r_1 と r_2 が同符号ならば z 軸の正の側から見て時計回り，異符号ならば反時計回りとなる．複素数 $\tilde{E} = E_x + iE_y$ で表せば

$$\tilde{E} = \frac{r_1 + r_2}{2} e^{i\theta} + \frac{r_1 - r_2}{2} e^{-i\theta} \tag{5.33}$$

となる．この楕円を角度 α だけ反時計回りに回転すると（複素平面上では $e^{i\alpha}$ をかければよい）

$$\tilde{E} = \frac{r_1 + r_2}{2} e^{i(\alpha+\theta)} + \frac{r_1 - r_2}{2} e^{i(\alpha-\theta)} \tag{5.34}$$

を得る（図5.6(b)）．これが楕円の一般的表式であるので，式(5.28)を複素数で表し，上式の形に書き直せば楕円の長軸，短軸の長さおよび楕円の主軸と横軸のなす角が求められる．式(5.28)の cos を指数関数で表し，多少の計算を行うと

$$\begin{aligned}\tilde{E} &= a_1 \cos(kz - \omega t + \delta_1) + ia_2 \cos(kz - \omega t + \delta_2) \\ &= \frac{(|a_+| + |a_-|)/2 + (|a_+| - |a_-|)/2}{2} \exp\left[i\left\{\left(\frac{\delta_+ + \delta_-}{2}\right) + \left(kz - \omega t + \frac{\delta_+ - \delta_-}{2}\right)\right\}\right] \\ &+ \frac{(|a_+| + |a_-|)/2 - (|a_+| - |a_-|)/2}{2} \exp\left[i\left\{\left(\frac{\delta_+ + \delta_-}{2}\right) - \left(kz - \omega t + \frac{\delta_+ - \delta_-}{2}\right)\right\}\right]\end{aligned}$$

(5.35)

が得られる．ただし，$|a_\pm| e^{i\delta_\pm} = a_1 e^{\pm i\delta_1} + ia_2 e^{\pm i\delta_2}$ である．

[**演習問題 5.5**：式(5.35)を導出せよ]

　以上のように等方的な物質においては，2つの振幅および位相が異なる互いに直交する直線偏光を重ね合わせることにより，円偏光および一般的には楕円偏光が得られることがわかった．前節で述べたように異方性がある媒質中では1つの進行方向に対して一般に速さが異なる2つの固有モードが存在し，直線偏光がこのような媒質に入射すると透過後2つの固有モードに位相差を生じるため，一般にこれらを合成すると楕円偏光となる．この時の媒質中の偏光状態は複雑である．なぜなら，等方媒質中では2つの固有モードは縮退していてそれらの速さおよび波数も同じであるが，異方的媒質中では一般に固有モードの波数は異なり，式(5.28)における k を異なる k_1 と k_2 で置き換えることになるからである．

　次に，円偏光と関係する旋光性（optical activity）について述べておく．例えばショ糖の溶液に見られる旋光性はよく知られている．コレステリック液晶も"等方相"では同じ性質を示す．1-2節で述べたようにコレステリック液晶

分子は不斉炭素を持つので，分子を鏡に映すと違う分子へと変わってしまう．このような鏡映対称（または反転対称）がない分子からなる液体では鏡映対称のある等方的液体とは異なる偏光特性が現れる．今，等方的な媒質中を右円偏光の光が伝播しているとする．光の進行方向に平行な面で鏡映操作を行うと光の進行方向は変わらず，左円偏光となる．このとき媒質は鏡映操作により変化しないから，左円偏光と右円偏光の性質は左右の違いを除いて同じはずである．特に速さは同じであろう．これに対して，鏡映対称のない媒質ではこのような関係はない．もし，鏡映操作を施したとしても右円偏光は左円偏光に変わるが，媒質も変わってしまう．しかし，このことから鏡像の関係にある物質において，一方を伝播する右（左）円偏光の速さは他方を伝播する左（右）円偏光の速さに等しいことがわかる．

鏡映対称のない液体（光学活性な液体）における光の伝播の理論によれば，固有モードは右円偏光と左円偏光であり，それらの速さは異なることが知られている．この結果から，この液体に入射した直線偏光が液体を透過後偏光方向をある角度回転すること（旋光性）を示すことができる．図 5.7 に示すように，$z=0$ から $z=d$ の間を光学活性な液体で満たし，z 軸の負の側から x 軸方向に偏光した直線偏光

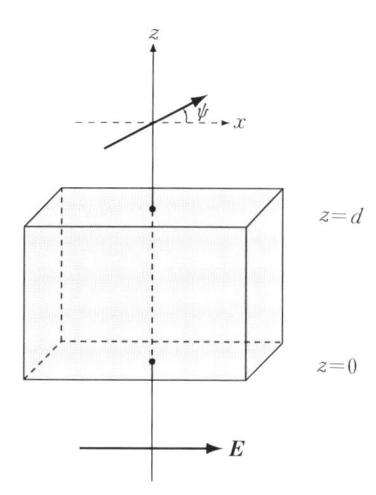

図 5.7 厚さ d の光学活性な液体を通過すると偏光方向が Ψ 回転する．

5-2 偏光と旋光性

$$(E_x, E_y) = (E_0 \cos(kz - \omega t), 0) \tag{5.36}$$

を入射させるとする．今，液体中の固有モードは円偏光であるので，この直線偏光を次のように右と左の円偏光に分解する．

$$\begin{aligned}(E_x, E_y) &= \frac{E_0}{2}(\cos(kz-\omega t), \sin(kz-\omega t)) \\ &\quad + \frac{E_0}{2}(\cos(kz-\omega t), -\sin(kz-\omega t))\end{aligned} \tag{5.37}$$

これらの円偏光は液体中では速度を変える．右および左円偏光の速さをそれぞれ v_R および v_L とすれば，これらの波数は $k_a = \omega/v_a (a=R, L)$ と表される．なお，円偏光の屈折率は直線偏光と同じように真空中の光速度 c との比 $n_a = c/v_a (a=R, L)$ によって定義される．液体表面での反射を無視すれば，液体中の電場は

$$\begin{aligned}(E_x, E_y) &= \frac{E_0}{2}(\cos(k_R z-\omega t), \sin(k_R z-\omega t)) \\ &\quad + \frac{E_0}{2}(\cos(k_L z-\omega t), -\sin(k_L z-\omega t)) \\ &= E_0\left(\cos\left(\frac{k_R-k_L}{2}z\right), \sin\left(\frac{k_R-k_L}{2}z\right)\right)\cos\left(\frac{k_R+k_L}{2}z - \omega t\right)\end{aligned} \tag{5.38}$$

となる．この結果より，ある場所 z で電場を観測すれば $(\cos((k_R-k_L)/2 \cdot z), \sin((k_R-k_L)/2 \cdot z))$ 方向に周波数 ω で振動する直線偏光であることがわかる．しかし，通常の等方的液体中の直線偏光とは異なり，z が変化すると偏光面が波数 $(k_R-k_L)/2$ で回転することがわかる．長さ d の液体中をとおり抜けると偏光の回転角 Ψ は，光の進行方向から見て時計回りを正と定義すると

$$\Psi = -(k_R - k_L)/2 \cdot d = (v_L^{-1} - v_R^{-1})\omega d/2 = \pi(n_L - n_R)d/\lambda \tag{5.39}$$

となる．ただし，λ は真空中の光の波長である．単位長さ当たりの回転角

$$(k_L - k_R)/2 = \pi(n_L - n_R)/\lambda \tag{5.40}$$

は旋光能（rotatory power）と呼ばれる．液体中では式(5.39)により与えられる偏光面の回転をし，透過後は偏光面を変えない直線偏光となる．なお，ここでは入射光は x 方向に偏光しているとしたが，物質中での回転角はもちろん入射光の偏光方向にはよらない．

上述したのは光学活性な液体についての旋光性であったが，コレステリック

相においても次節で述べるように起源を異にする桁違いに強い旋光性が観測される．

5-3　コレステリック液晶の光学1

コレステリック液晶の旋光性も方程式(5.1)から式(5.4)を基に考察することができる．コレステリック液晶のらせん軸を z 軸にとると，配向ベクトル $\bm{n}$ は

$$\bm{n}(z)=(\cos q_0 z, \sin q_0 z, 0) \tag{5.41}$$

と表される．ただし，本章ではらせんは右巻き，つまり $q_0>0$ とする．コレステリック液晶においても $\bm{n}$ と $-\bm{n}$ の状態は同等であるので，実際の周期は上式の波数 q_0 に対する $P=2\pi/q_0$ ではなく，$P/2$ となることに注意せよ．実際の周期に対応する波数は $2q_0$ である．なお，P をフルピッチ，$P/2$ をハーフピッチと呼ぶ．光の周波数に対しても式(3.2)は成立するから，式(5.3)の誘電率 ε は上式を式(3.2)に代入して

$$\varepsilon(z)=\begin{pmatrix} (\varepsilon_\parallel+\varepsilon_\perp)/2 & 0 & 0 \\ 0 & (\varepsilon_\parallel+\varepsilon_\perp)/2 & 0 \\ 0 & 0 & \varepsilon_\perp \end{pmatrix}+\frac{\varepsilon_a}{2}\begin{pmatrix} \cos 2q_0 z & \sin 2q_0 z & 0 \\ \sin 2q_0 z & -\cos 2q_0 z & 0 \\ 0 & 0 & 0 \end{pmatrix} \tag{5.42}$$

となる[*4]．式(5.1)に $\mu_0\partial/\partial t$ をかけ，ε が時間に依存しないことを考慮すると（ここでは配向ベクトルのゆらぎは無視する），

$$\frac{\varepsilon}{c^2}\frac{\partial^2 \bm{E}}{\partial t^2}=\nabla\times\frac{\partial \bm{B}}{\partial t} \tag{5.43}$$

を得るが，これに式(5.2)を代入すると

$$\frac{\varepsilon}{c^2}\frac{\partial^2 \bm{E}}{\partial t^2}=-\nabla\times(\nabla\times \bm{E}) \tag{5.44}$$

となる．上式の右辺に公式 $\nabla\times(\nabla\times \bm{E})=-\Delta \bm{E}+\nabla(\nabla\cdot \bm{E})$ を適用してみる．この式の右辺第2項は一般にはゼロではないが，誘電率が等方的かつ場所に依存しない場合には，ガウスの法則 $\nabla\cdot \bm{D}=0$ を用いて，$\nabla\cdot \bm{D}=\varepsilon_0\varepsilon\nabla\cdot \bm{E}=0$ よ

[*4]　式(3.2)では誘電率異方性を表すのに $\Delta\varepsilon$ を用いたが，本書では光に対して ε_a を使い，これらを区別する．

り，$\nabla \cdot \boldsymbol{E} = 0$ を示せる．

今考察しているコレステリック液晶は等方的ではないが，光の進行方向がコレステリック液晶のらせん軸と平行な場合にはこの項はゼロとなる．この場合，電場の z 成分はゼロであり，x と y 成分は z 座標のみに依存するであろう．つまり，$\boldsymbol{E}(z,t) = (E_x(z,t), E_y(z,t), 0)$ とおける．このとき，$\nabla \cdot \boldsymbol{E} = 0$ となることは容易にわかる．以下ではこのように光の進行方向がコレステリック液晶のらせん軸と平行な場合を考察する．式(5.44)はこのとき

$$\frac{\varepsilon}{c^2} \frac{\partial^2 \boldsymbol{E}}{\partial t^2} = \frac{\partial^2 \boldsymbol{E}}{\partial z^2} \tag{5.45}$$

となる．角振動数 ω の単色波のみを考えれば，実数（実際）の電場 $\boldsymbol{E}(z,t)$ は一般に

$$\begin{aligned} \boldsymbol{E}(z,t) &= \frac{1}{2}\boldsymbol{E}(z)e^{-i\omega t} + \frac{1}{2}\boldsymbol{E}(z)^* e^{i\omega t} \\ &= \mathrm{Re}[\boldsymbol{E}(z)e^{-i\omega t}] \end{aligned} \tag{5.46}$$

と置くことができる．ここで，$\boldsymbol{E}(z)$ は z のみに依存する複素電場である．z 方向に進む平面波は $e^{i(kz-\omega t)} = e^{ikz}e^{-i\omega t}$ と表されるので，これに対応し $e^{-i\omega t}$ の係数を一般的に $\boldsymbol{E}(z)$ とした．式(5.46)を式(5.45)に代入して，任意の t に対して式(5.45)が成り立つ（$e^{-i\omega t}$ および $e^{i\omega t}$ の係数がゼロとなる）ことを用いれば，$\boldsymbol{E}(z)$ に対して

$$-\frac{d^2}{dz^2}\boldsymbol{E}(z) = \left(\frac{\omega}{c}\right)^2 \varepsilon(z) \boldsymbol{E}(z) \tag{5.47}$$

を得る．ただし，電場の z 成分はゼロであるので，上式においては E_x と E_y のみを考慮すればよく，これに対応し，誘電率テンソル(5.42)においても添字に x と y のみを含む2行2列の行列を考慮すればよい．以下では $\boldsymbol{E}(z)$ は E_x と E_y からなる2成分のベクトル，$\varepsilon(z)$ はこれに対応する2行2列の行列とする．

まず，式(5.47)を摂動論を用いて解いてみる．式(5.42)において誘電異方性 ε_a が小さいときには第2項を摂動と見なすことができる．誘電率を平均値（非摂動項）$\bar{\varepsilon} = (\varepsilon_\parallel + \varepsilon_\perp)/2$ と摂動項 $\delta\varepsilon$

$$\delta\varepsilon(z) = \frac{\varepsilon_\mathrm{a}}{2}\begin{pmatrix} \cos 2q_0 z & \sin 2q_0 z \\ \sin 2q_0 z & -\cos 2q_0 z \end{pmatrix} \tag{5.48}$$

に分ける．これに対応して，電場 $\boldsymbol{E}(z)$ を

$$\boldsymbol{E}(z) = \boldsymbol{E}^{(0)}(z) + \boldsymbol{E}^{(1)}(z) + \boldsymbol{E}^{(2)}(z) + \cdots \tag{5.49}$$

と展開する．$\boldsymbol{E}^{(n)}(z)$ は $\varepsilon_\mathrm{a}{}^n$ に比例する項である．式(5.47)に $\varepsilon(z) = \bar{\varepsilon} + \delta\varepsilon(z)$ (ここでは，$\bar{\varepsilon}$ を 2 行 2 列の行列と見なす) および式(5.49)を代入すると，0 次と 1 次に対して

$$-\frac{\mathrm{d}^2}{\mathrm{d}z^2}\boldsymbol{E}^{(0)}(z) = \left(\frac{\omega}{c}\right)^2 \bar{\varepsilon}\boldsymbol{E}^{(0)}(z) \tag{5.50}$$

$$-\frac{\mathrm{d}^2}{\mathrm{d}z^2}\boldsymbol{E}^{(1)}(z) = \left(\frac{\omega}{c}\right)^2 \bar{\varepsilon}\boldsymbol{E}^{(1)}(z) + \left(\frac{\omega}{c}\right)^2 \delta\varepsilon(z)\boldsymbol{E}^{(0)}(z) \tag{5.51}$$

を得る．

式(5.50)の解はコレステリック液晶のらせん軸に平行に伝播する直線偏光

$$\boldsymbol{E}^{(0)}(z) = \boldsymbol{E}_0 e^{ikz} \tag{5.52}$$

となることは容易にわかる．ただし，$k = \sqrt{\bar{\varepsilon}}\,\omega/c$ であり，$\boldsymbol{E}_0$ は任意の定数である．式(5.50)の解としては z 軸の負の方向に伝播するものもあるが，ここでは正の方向に伝播するもののみを考えることにする．つまり，式(5.52)で表される平面波が z 軸の負の方向から液晶中に入射し，そのときの散乱波が $\boldsymbol{E}^{(1)}(z)$ となると解釈するわけである．方程式(5.51)を見ると右辺第 2 項が入射波 $\boldsymbol{E}^{(0)}(z)$ と誘電率の空間変化によってできる散乱波 $\boldsymbol{E}^{(1)}(z)$ の源となっていることがわかる．式(5.48)は

$$\delta\varepsilon(z) = \frac{\varepsilon_\mathrm{a}}{4}\begin{pmatrix} 1 & -i \\ -i & -1 \end{pmatrix} e^{i2q_0 z} + \frac{\varepsilon_\mathrm{a}}{4}\begin{pmatrix} 1 & i \\ i & -1 \end{pmatrix} e^{-i2q_0 z} \tag{5.53}$$

と書き換えることができるので，方程式(5.51)の右辺第 2 項は波数 $k \pm 2q_0$ で振動する．したがって，

$$\boldsymbol{E}^{(1)}(z) = \boldsymbol{A} e^{i(k+2q_0)z} + \boldsymbol{B} e^{i(k-2q_0)z} \tag{5.54}$$

とおけるであろう．ただし，$\boldsymbol{A}$ と $\boldsymbol{B}$ は定数ベクトルである．式(5.52)，(5.53)，(5.54)を方程式(5.51)に代入すると，

$$\boldsymbol{A} = \frac{\varepsilon_\mathrm{a}}{4\bar{\varepsilon}} \frac{k^2}{(k+2q_0)^2 - k^2}\begin{pmatrix} 1 & -i \\ -i & -1 \end{pmatrix} \boldsymbol{E}_0 \tag{5.55}$$

$$B = \frac{\varepsilon_a}{4\bar{\varepsilon}} \frac{k^2}{(k-2q_0)^2 - k^2} \begin{pmatrix} 1 & i \\ i & -1 \end{pmatrix} E_0 \quad (5.56)$$

を得る．$k, q_0 > 0$ を考慮すると，$k = q_0$ のときに B が無限大となることがわかる．これに対し A は有限にとどまる．B の発散に関しては，摂動計算なので，実際の波の振幅が無限大となることはない．しかし，$k = q_0$ のときに，式(5.54)の波数 $k - 2q_0 = -q_0$ を持った波の振幅が大きくなるであろうことは予想がつく．実際，波数 $k = q_0$ の光が波数 $-2q_0$ を持つらせん構造（周期 $P/2$）により反射され波数 $-q_0$ の波となる過程はブラッグ反射の条件を満たしている．以下ではこの場合の入射光と反射光の偏光の関係を詳しく調べてみる．

ブラックの条件を満たすときでも式(5.56)のベクトルとしての方向は意味があるとする．まず，入射光は x 方向に偏光した直線偏光であるとする．つまり，$E_0 = (1, 0)$（本来なら列ベクトルで書くべきであるが，紙面の節約のため行ベクトルを用いた）．これと式(5.56)の行列との積は $(1, i)$ となる．$(1, i)$ に対する実数の電場は式(5.46)，式(5.54)より $(\cos(q_0 z + \omega t), \sin(q_0 z + \omega t))$ と表され，z 軸の負の方向に伝播する右円偏光であることがわかる．さらに，入射光を右円偏光にしてみる．z 軸の正の方向に進行する右円偏光は実数では $(\cos(q_0 z - \omega t), \sin(q_0 z - \omega t))$ と表されるが，複素数では $E_0 = (1, -i)$ となる．式(5.56)の行列との積は $(1, i)$（正確にはこれの 2 倍である）となり，直線偏光の結果と同じになる．つまり，右円偏光を入射すると右円偏光が反射される．では，左円偏光を入射するとどうなるであろうか？ 左円偏光 $(\cos(q_0 z - \omega t), -\sin(q_0 z - \omega t))$ に対応する E_0 は $E_0 = (1, i)$ である．これと式(5.56)の行列との積は $(0, 0)$ となり，全く反射されない（透過する）ことになる．最初に調べた直線偏光の結果は，右および左円偏光の結果と次のように関連づけることができる．直線偏光は右と左円偏光に分解できるが，左円偏光は上の結果から反射されず，右円偏光のみが反射される．

以上の結果をまとめると，右巻きらせんを巻いたコレステリック液晶のらせん軸に平行に 1) 右円偏光が入射すると右円偏光が反射され（図5.8(a)），2) 左円偏光が入射すると波数がブラッグ反射の条件を満足していても反射は起こらず，透過する（図5.8(b)）．反射される場合の反射波の偏光の掌性（右か

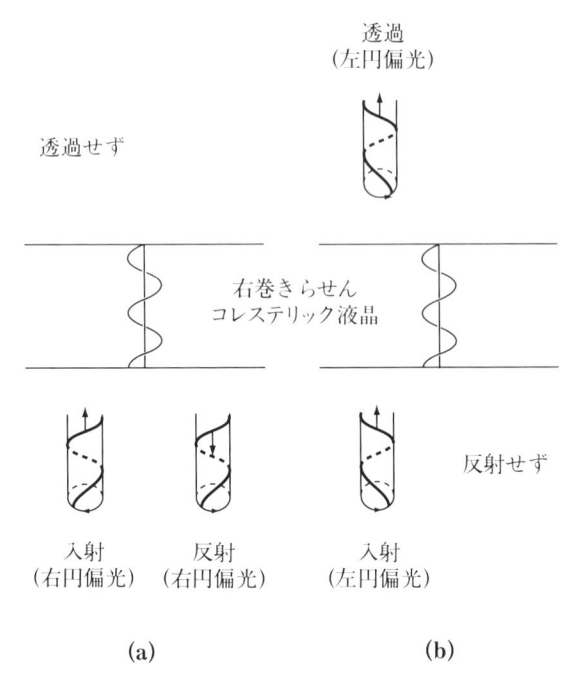

図 5.8 右巻きコレステリック液晶に右円偏光（a）および左円偏光（b）の光を入射させた場合，前者は反射され右円偏光となるが後者は反射されず透過する．

左か）を通常の鏡の場合と比べると逆になっていることに注意せよ．なお，本節の摂動論では説明できないが，次節の厳密な取り扱いによって入射光が右円偏光に対してはある条件の場合完全に反射が起こる，つまり光が透過できなくなることを示すことができる（図5.8(a)）．以上，コレステリック液晶が右巻きの場合を述べたが，左巻きの場合は上記の文章における「右」と「左」を入れ替えればよい．

5-4　コレステリック液晶の光学 2

前節では摂動論によりブラッグ条件に近い場合を調べたが，本節では方程式(5.47)を厳密に解いてみる．前節の結果は，コレステリック液晶中では直線偏

光よりも円偏光の方がより基本的であることを示唆しているから，新しい変数として

$$E^{\pm}(z) = E_x(z) \pm iE_y(z) \tag{5.57}$$

を導入する．z軸の正の方向に伝播する波を考えると，$E^+(z)$と$E^-(z)$はそれぞれ右および左円偏光を表すことがわかる．なぜなら，$(E^+(z), E^-(z)) = (e^{ikz}, 0)$ $(k>0)$と置けば，式(5.57)より$(E_x(z), E_y(z)) = (e^{ikz}/2, -ie^{ikz}/2)$であり，さらに式(5.46)から$(E_x(z,t), E_y(z,t)) = (\cos(kz-\omega t)/2, \sin(kz-\omega t)/2)$となるからである．これは式(5.30)の特別な場合である．同様に，$(E^+(z), E^-(z)) = (0, e^{ikz})$とおけば，$(E_x(z,t), E_y(z,t)) = (\cos(kz-\omega t)/2, -\sin(kz-\omega t)/2)$となるが，これは式(5.31)の特別な場合である．同様に，z軸の負の方向に伝播する波を考えると，$E^+(z)$と$E^-(z)$はそれぞれ左および右円偏光となる（演習問題5.4参照）．式(5.57)を用いて式(5.47)を書き換えると

$$-\frac{d^2}{dz^2}\begin{pmatrix} E^+(z) \\ E^-(z) \end{pmatrix} = \begin{pmatrix} k_0^2 & k_1^2 e^{i2q_0 z} \\ k_1^2 e^{-i2q_0 z} & k_0^2 \end{pmatrix} \begin{pmatrix} E^+(z) \\ E^-(z) \end{pmatrix} \tag{5.58}$$

ここで，

$$k_0^2 = \left(\frac{\omega}{c}\right)^2 \bar{\varepsilon} \tag{5.59 a}$$

$$k_1^2 = \left(\frac{\omega}{c}\right)^2 \frac{\varepsilon_a}{2} \tag{5.59 b}$$

である．ただし，$\bar{\varepsilon} = (\varepsilon_\parallel + \varepsilon_\perp)/2$, $\varepsilon_a = \varepsilon_\parallel - \varepsilon_\perp$であり，一般的にそうであるように$\varepsilon_a > 0$とした．

[**演習問題 5.6**：式(5.58)を導け]

aとbを定数として

$$E^+(z) = a e^{i(l+q_0)z} \tag{5.60 a}$$

$$E^-(z) = b e^{i(l-q_0)z} \tag{5.60 b}$$

ととれば，容易に方程式(5.58)が閉じることがわかる．つまり，式(5.58)の行列の成分には$e^{\pm i2q_0 z}$が含まれていて，式(5.60)で与えられた$E^{\pm}(z)$はこれらと掛け算すると波数を変えるが，変化した波数は再び式(5.60)の波数になるようになっている．上式から固有モードは波数が$2q_0$だけ異なる2つの円偏光の重ね合わせとなることがわかる．2つの波が存在するのはブラッグ反射のため

である．この式を方程式(5.58)に代入すると，関係式

$$\begin{pmatrix} (l+q_0)^2 - k_0^2 & -k_1^2 \\ -k_1^2 & (l-q_0)^2 - k_0^2 \end{pmatrix} \begin{pmatrix} a \\ b \end{pmatrix} = 0 \tag{5.61}$$

を得る．上式の a と b が同時にゼロ以外の解を持つためには行列式がゼロとならなくてはならない．

$$(k_0^2 - l^2 - q_0^2)^2 - 4q_0^2 l^2 - k_1^4 = 0 \tag{5.62}$$

ω を決めれば，定義式(5.59)より k_0 と k_1 も決まるから，式(5.62)より l が求められる．逆に l を決めれば ω が求められる．さらに，l が決まればこれを式(5.61)に代入して，a と b の比を求めることができる．本書では，a と b がほぼ等しい場合およびこれらの比が極端に異なる場合を後に詳しく考察する．

まず，ω を l の関数として表してみよう．式(5.62)に式(5.59)を代入すれば，ω^2 の 2 次方程式となるから，容易に解けて

$$\omega_\pm^2(l) = \frac{c^2}{\bar{\varepsilon}} \frac{(l^2+q_0^2) \pm \sqrt{4q_0^2 l^2 + (\varepsilon_a/2\bar{\varepsilon})^2 (l^2-q_0^2)^2}}{1-(\varepsilon_a/2\bar{\varepsilon})^2} \tag{5.63}$$

を得る．$\varepsilon_\parallel > 1$, $\varepsilon_\perp > 1$ に注意すれば $(\varepsilon_a/2\bar{\varepsilon})^2 < 1$ であることがわかるから，上式の分母は正である．さらに，根号の部分は $\sqrt{(l^2+q_0^2)^2 - (1-(\varepsilon_a/2\bar{\varepsilon})^2)(l^2-q_0^2)^2}$ と変形できるから，式(5.63)における複号のマイナスに対しても右辺は常に正となる．したがって，すべての実数 l に対して 2 つの実数の $\omega(>0)$ が存在する（図5.9）．$l=0$ で上 $(\omega_+(l))$ と下 $(\omega_-(l))$ の 2 つのブランチは繋がらず，ギャップができる．後述するようにこの間の周波数 $\omega_-(0) < \omega < \omega_+(0)$ では，方程式(5.62)を l について解くと図5.9からわかる 2 つの実数解に加えて 2 つの純虚数解が得られ，この周波数領域で完全反射が起こる．

まず，$l=0$ の特別な場合を考えてみる．式(5.63)より

$$\omega_+(0) = \frac{cq_0}{n_\perp} \tag{5.64 a}$$

$$\omega_-(0) = \frac{cq_0}{n_\parallel} \tag{5.64 b}$$

となる．ただし，$n_\perp = \sqrt{\varepsilon_\perp}$ および $n_\parallel = \sqrt{\varepsilon_\parallel}$ である．コレステリックのらせんがない場合にはこれらはそれぞれ常光および異常光の屈折率である．$l=0$ および $\omega = \omega_-(0)$ を式(5.61)に代入すると，$b=a$ となる．さらに，$b=a$ と式

5-4 コレステリック液晶の光学2

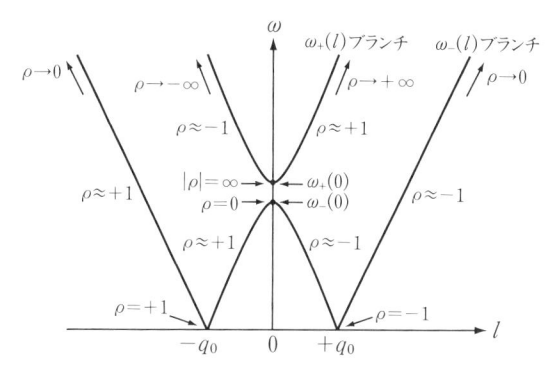

図 5.9 コレステリック液晶における分散関係．2本のブランチとその間にギャップが存在する．

(5.60), (5.57), (5.46)より

$$\boldsymbol{E}(z, t) = a \begin{pmatrix} \cos(q_0 z) \\ \sin(q_0 z) \end{pmatrix} \cos \omega t \tag{5.65}$$

が得られる．ブラッグ反射が強いため進行波が存在できず，このような定常波 (standing wave) となる．また，すべての場所 z で電場は時間に対して x-y 面内で直線的に振動するから，直線偏光であることもわかる．式(5.65)と式(5.41)とを比べると，電場と配向ベクトルの方向が一致し，局所的な異常光となっていることがわかる（図5.10の点線の矢印）．同様に，$\omega = \omega_+(0)$ に対しては，$b = -a$ となり，電場は

$$\boldsymbol{E}(z, t) = a \begin{pmatrix} \cos(q_0 z + \pi/2) \\ \sin(q_0 z + \pi/2) \end{pmatrix} \cos \omega t \tag{5.66}$$

で与えられる．これは配向ベクトルと直交しており，局所的な常光となっている（図5.10の実線の矢印）．このように $l=0$ の場合には，局所的な2つの光学軸（配向ベクトル方向とそれと直交する方向）に沿って偏光する2つの定常波が固有モードとして存在する．

次に，一般の l に対する光の偏光状態を調べてみよう．そのために電場を5-2節でやったように複素平面上で表してみる．式(5.57)を $E_x(z)$ と $E_y(z)$ に

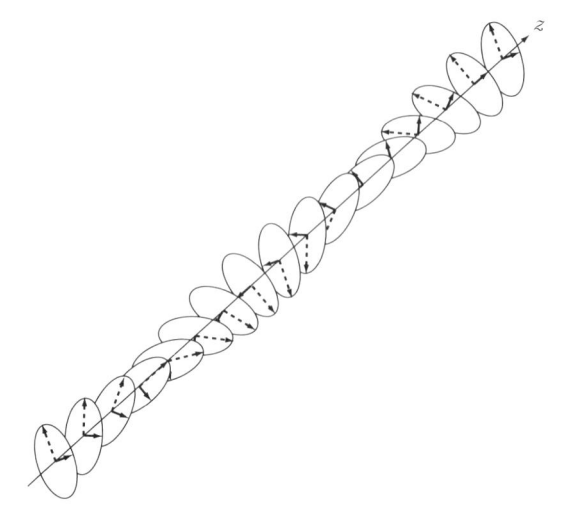

図 5.10 $l=0$ の場合の 2 つの固有モード．楕円および矢印はそれぞれ屈折率楕円体および電場の振動方向を表す．屈折楕円体の長軸は配向ベクトルの方向と一致している．2 つの固有モードはいずれも直線偏光であるが，実線の矢印は常光，点線の矢印は異常光となっている．

ついて解き，式(5.46)に代入すると

$$\tilde{E}(z,t) = E_x(z,t) + iE_y(z,t) = \frac{1}{2}E^+(z)e^{-i\omega t} + \frac{1}{2}E^-(z)^* e^{i\omega t} \quad (5.67)$$

を得る．l は実数であるから式(5.61)から，a, b も実数であることを考慮して，式(5.60)を上式に代入し，式(5.34)と比較できるように表すと

$$\tilde{E}(z,t) = \frac{(a+b)/2 + (a-b)/2}{2} e^{i\{q_0 z + (lz - \omega t)\}} \\ + \frac{(a+b)/2 - (a-b)/2}{2} e^{i\{q_0 z - (lz - \omega t)\}} \quad (5.68)$$

となり，$r_1 = (a+b)/2$, $r_2 = (a-b)/2$, $\alpha = q_0 z$, $\theta = lz - \omega t$ であることがわかる．これより，一般的に式(5.60)で表される波は局所的には楕円偏光をしており，その楕円の主軸は配向ベクトルと一緒に回転することがわかる（図5.11）．ここで，電場ベクトルの回転方向および楕円の形状を表す以下のパラメーター ρ を導入する．

5-4 コレステリック液晶の光学2

図 5.11 楕円は電場ベクトルの先端の時間経過に対する軌跡であるが,この楕円の主軸の一方が配光ベクトルと平行になっている.楕円上の矢印は電場ベクトルの回転方向を示し,その始点はある時刻での電場ベクトルの先端を示している.この始点の位置がzに依存していることに注意せよ.

$$\rho = r_2/r_1 = \frac{a-b}{a+b} \tag{5.69}$$

時間に対する電場ベクトルの回転方向および楕円の形状を調べるだけなら,一般性を失うことなく式(5.34)のαをゼロと置くことができるので,以下では式(5.32)を基に考える.式(5.32)と$\theta = lz - \omega t$から$\rho > 0$ ($r_1 > 0, r_2 > 0$ または $r_1 < 0, r_2 < 0$) であればz軸の正の側から見て電場ベクトルの先端は時間とともに時計回りに回転することがわかる.これに対して,$\rho < 0$ ($r_1 > 0, r_2 < 0$ または $r_1 < 0, r_2 > 0$) では反時計回りとなる.特に,$\rho = 0 (r_2 = 0)$ および $|\rho| = \infty (r_1 = 0)$ では直線偏光(前述の$l = 0$の場合),$\rho = +1 (b = 0)$ および $\rho = -1 (a = 0)$ では円偏光となる.その掌性は光の進行方向に依存する.以下に示すように,このρは簡単な量を用いて表すことができる.

式(5.61)から

$$\frac{a}{b} = \frac{k_1^2}{2lq_0 - (k_0^2 - l^2 - q_0^2)} \tag{5.70}$$

となる.一方,式(5.62)より

$$(k_0^2 - l^2 - q_0^2) = \pm\sqrt{4q_0^2 l^2 + k_1^4} \tag{5.71}$$

が得られる.図5.9の$\omega_+(l)$および$\omega_-(l)$ブランチがそれぞれ上式における複号のプラスおよびマイナスの場合に対応していることを示すことができる.

[**演習問題 5.7**：これを示せ]

式(5.71)を式(5.70)に代入すると

$$\frac{a}{b} = \frac{1}{x \mp \sqrt{x^2+1}} \tag{5.72}$$

となる．ただし，

$$\begin{aligned}
x &\equiv \frac{2lq_0}{k_1^2} \\
&= 2\left(\frac{\varepsilon_\mathrm{a}}{2\bar{\varepsilon}}\right)^{-1} \frac{1-(\varepsilon_\mathrm{a}/2\bar{\varepsilon})^2}{(l/q_0)+(l/q_0)^{-1} \pm \sqrt{4+(\varepsilon_\mathrm{a}/2\bar{\varepsilon})^2\{(l/q_0)-(l/q_0)^{-1}\}^2}}
\end{aligned} \tag{5.73}$$

であり，最後の式への書き換えには式(5.59 b)および式(5.63)を用いた．式(5.72)を式(5.69)に代入して整理すると

$$\rho = \frac{x}{\pm\sqrt{x^2+1}-1} \tag{5.74}$$

を得る．ρ は x だけによって表されることがわかった．例えば，$x \to \pm 0$ に対して $\omega_+(l)$ ブランチでは $\rho \to \pm\infty$，$\omega_-(l)$ ブランチでは $\rho \to 0$ となり，両方とも直線偏光になることがわかる．

[**演習問題 5.8**：上記の極限を実際に計算せよ]

また，$x \to \pm\infty$ に対しては $\omega_+(l)$ ブランチでは $\rho \to \pm 1$，$\omega_-(l)$ ブランチでは $\rho \to \mp 1$ となり，両方とも円偏光になる．式(5.73)から x の l 依存性の概略がわかる．$\varepsilon_\mathrm{a} \neq 0$ であれば複号のプラス，マイナスの両方に対して $l=0$ および ∞ において $x=0$ となる．また，$l=q_0$ で，プラスの符号に対して極大，マイナスの符号に対しては無限大となることと，一般的には誘電率異方性（屈折率異方性）は小さいから，式(5.73)の最後の式における最初の因子 $(\varepsilon_\mathrm{a}/2\bar{\varepsilon})^{-1}$ が大きいことを考慮すると，x は l の（絶対値の）小さなところと大きなところでのみ $|x| \ll 1$ であり，その間では大きな値（$|x| \gg 1$）をとることがわかる．

まず，$|x| \ll 1$ の場合を考えてみよう．$l=0$ では定義式(5.73)より $x=0$ であるが，前述したようにこの場合は厳密に直線偏光である．l が小さい場合，すなわち図5.9の $\omega_-(0)$ および $\omega_+(0)$ の近傍でもこの条件が満たされており，近似的に直線偏光となっているであろう．しかし，誘電率異方性 ε_a が小さいときには $|x|$ は大きくなるから，$|x| \ll 1$ となる厳密な条件式には ε_a が入ってくるはずである．以下，誘電率異方性を考慮して条件式を導く．ただし，簡単

のため，$\varepsilon_a>0$（通常の液晶で成り立つ）および $l>0$ の場合のみ考える（$l<0$ の場合は絶対値が付くだけである）．$(\varepsilon_a/2\bar{\varepsilon})\ll 1$ および $l/q_0\ll 1$ の場合，式(5.73)は $x\approx 2(\varepsilon_a/2\bar{\varepsilon})^{-1}(l/q_0)$ と近似できるから，$x\ll 1$ の条件は $l\ll(\varepsilon_a/\bar{\varepsilon})q_0$ となる．

一方，先に示したように，$l\gg q_0$ の場合にも $x\ll 1$ となる．今度の前提条件は，$(\varepsilon_a/2\bar{\varepsilon})\ll 1$ および $l/q_0\gg 1$ であるが，この場合，式(5.73)は $x\approx 2(\varepsilon_a/2\bar{\varepsilon})^{-1}(l/q_0)^{-1}$ と近似できる．したがって，$x\ll 1$ は $l\gg(\varepsilon_a/\bar{\varepsilon})^{-1}q_0$ となるが，今度は以下に見るように l を含まない表式を得ることができる．式(5.59)から $(\varepsilon_a/2\bar{\varepsilon})\ll 1$ の場合には $k_1^2\ll k_0^2$ であることおよび $l/q_0\gg 1$ を考慮すると，式(5.62)から近似式 $l\approx k_0$ を得る．この式に式(5.59a)と近似式

$$\sqrt{\bar{\varepsilon}}\approx \bar{n} \quad (\bar{n}\equiv (n_\parallel+n_\perp)/2)$$

[演習問題 5.9：上記の近似式を導出せよ]

を用いて得られる近似式

$$l\approx \frac{2\pi}{\lambda}\bar{n} \quad (\lambda:\text{真空中の光の波長}) \tag{5.75a}$$

と近似式

$$\frac{\varepsilon_a}{2\bar{\varepsilon}}\approx \frac{n_\parallel-n_\perp}{\bar{n}} \tag{5.75b}$$

を用いる．先に導出した近似式 $x\approx 2(\varepsilon_a/2\bar{\varepsilon})^{-1}(l/q_0)^{-1}$ と式(5.75)から

$$\begin{aligned}x&\approx \frac{2q_0}{(\varepsilon_a/2\bar{\varepsilon})l}\approx \frac{2(2\pi/P)}{(n_\parallel-n_\perp)/\bar{n}\cdot(2\pi/\lambda\cdot\bar{n})}\\ &=\frac{2\lambda}{(n_\parallel-n_\perp)P}\end{aligned} \tag{5.76}$$

を得る．ただし，$P=2\pi/q_0$ はらせんの周期（フルピッチ）である．こうして，直線偏光の得られる2つ目の条件

$$\lambda\ll(n_\parallel-n_\perp)P \tag{5.77}$$

に到達した．これはモーガン極限（Mauguin limit）と呼ばれている．らせんの周期に屈折率異方性 $n_a=n_\parallel-n_\perp$ を掛けた値より光の波長が短いとき成立する．

次に，モーガン条件(5.77)が成立するときの ω に対する式(5.62)を満たす4つの l を求めてみる．上では $l\approx k_0$ と近似したが，ここでは式(5.71)で l，k_0

および k_1 が q_0 に比べて十分大きいから，q_0 を落として

$$l \approx \pm \frac{\omega}{c} n_\perp \quad (\omega_+(l) \text{ブランチ}) \tag{5.78a}$$

$$l \approx \pm \frac{\omega}{c} n_\parallel \quad (\omega_-(l) \text{ブランチ}) \tag{5.78b}$$

と近似する．$\omega_+(l)$ ブランチの $l \approx +(\omega/c)n_\perp$ に対しては，式(5.73)より $x \to +0$ となるから，先に示したように $\rho \to +\infty (r_1 \to 0)$ となり，直線偏光であることがわかる．図5.6(b)では電場は r_2 の方向に向くので，x 軸と $\alpha = q_0 z$ の角をなす配向ベクトルとは直交しており，局所的な常光線となっていることがわかる．モーガン条件(5.77)かららせんの周期は光の波長より遥かに長いので式(5.68)の $q_0 z$ は lz に比べ無視でき，局所的には波数 $l > 0$ を持った波が z 軸の正の方向に伝播していることになる．$q_0 z$ はこの直線偏光を z 軸の回りにゆっくりとねじる役割をする．モーガン条件において式(5.77)を満たす程度には屈折率異方性が大きくなくてはいけないのは局所的な異方性がはっきりしている必要があるからである．$l \approx +(\omega/c)n_\perp$ の常光線に加えてもう1つの z 軸の正の方向に伝播する波が $l \approx +(\omega/c)n_\parallel$ に対応する異常光線である．この波に対しては $\rho \to 0 (r_2 \to 0)$，つまり配向ベクトルに平行な異常光線となる．同様に，$l \approx -(\omega/c)n_\perp$ および $l = -(\omega/c)n_\parallel$ はそれぞれ z 軸の負の方向に伝播する常光線および異常光線となる．前出の $l = 0$ の場合にも式(5.65)および式(5.66)で与えられる直線偏光が得られたが，これらは定常波であることに注意せよ．

以上のように常光線および異常光線の偏光方向が配向ベクトルに沿って回転する現象は導波効果と呼ばれる．この結果から，2枚のガラス面で挟まれたコレステリック液晶に垂直に直線偏光が入射したときの光の伝播の様子を知ることができる．ただし，らせん軸はガラス面に垂直であり，液晶の厚さを d とする．入射光の偏光方向がガラス界面での配向ベクトルに平行または垂直ならば，偏光方向は配向ベクトルと同じように回転し，液晶を透過後も直線偏光である．ただし，偏光方向は液晶中で $q_0 d$ だけ回転することになる．これは一見すると5-2節で説明した旋光性と同じ現象であるように思えるが，次の点において異なっている．入射光の偏光方向が屈折率楕円体の主軸と一致しない場合，ネマチック液晶を扱ったのと同じように電場を2つの主軸方向の成分に分

5-4 コレステリック液晶の光学2

解し，液晶を透過後に合成すればよい．局所的な常光と異常光の速さが違うからネマチック液晶と同じように液晶を透過後それらに位相差を生じ，楕円偏光となる．ねじれのないネマチック液晶と異なる点は楕円の主軸が $q_0 d$ だけ回転することである．

次に，x が大きい場合を考察する．先に述べたように実際のコレステリック液晶においては屈折率異方性は小さいので，極端に小さいか大きい l を除いて $|x| \gg 1$ としてよい．このとき式(5.74)から $x \to \pm\infty$ に対して $\omega_+(l)$ ブランチでは $\rho \to \pm 1$，$\omega_-(l)$ ブランチでは $\rho \to \mp 1$ となり，両方とも円偏光になる．この場合の l を求めてみよう．式(5.62)を l^2 について解くと，

$$l^2 = k_0^2 + q_0^2 \pm \sqrt{4k_0^2 q_0^2 + k_1^4} \tag{5.79}$$

となる．さらに，上式の平方根をとると，l についての4つの解が得られるが，これらの解を図5.12(a)に示すように分類する．図中の l_1, l_2 は次のように与えられる．

$$l_1 = \begin{cases} \sqrt{k_0^2 + q_0^2 - \sqrt{4k_0^2 q_0^2 + k_1^4}} & (\omega \geq \omega_+(0)) \\ -\sqrt{k_0^2 + q_0^2 - \sqrt{4k_0^2 q_0^2 + k_1^4}} & (\omega \leq \omega_-(0)) \end{cases} \tag{5.80 a}$$

$$l_2 = \sqrt{k_0^2 + q_0^2 + \sqrt{4k_0^2 q_0^2 + k_1^4}} \tag{5.80 b}$$

今，屈折率異方性のない場合，$k_1 = 0$ （式(5.59 b)参照）を考えてみる．この場合，$n_\parallel = n_\perp$ であるから，式(5.64)から $\omega_+(0) = \omega_-(0)$ となり，ギャップはなくなる．さらに，$n_\perp = \sqrt{\bar{\varepsilon}}$ であるから，式(5.59 a)と(5.64)を用いると

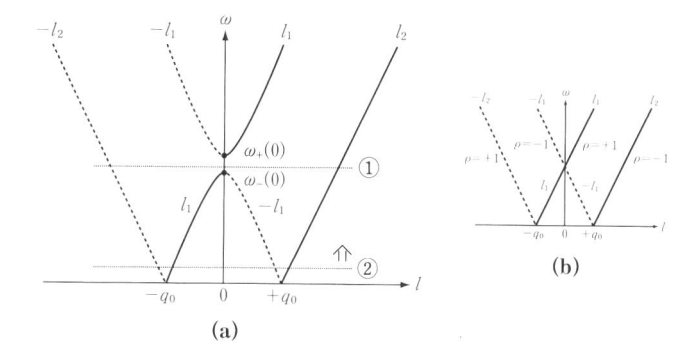

図 5.12 （a）式(5.79)の図示，（b）$k_1 = 0$ の場合．

$\omega/\omega_+(0)=k_0/q_0$ を得る．したがって，屈折率異方性のない場合には，式(5.80 a)の不等式 $\omega \geq \omega_+(0)$ および $\omega \leq \omega_-(0)$ はそれぞれ $k_0 \geq q_0$ および $k_0 \leq q_0$ と等価である．このことに注意して，式(5.80)において $k_1=0$ とおけば

$$l_1 = k_0 - q_0 \tag{5.81 a}$$

$$l_2 = k_0 + q_0 \tag{5.81 b}$$

となる．式(5.73)より $k_1 \to 0$ では $|x| \to \infty$，さらに式(5.74)から $|\rho| \to 1$ となる．図5.12(b)では $k_1=0$ の場合を示したが，直線 l_1 上では $\rho=+1$，直線 l_2 上では $\rho=-1$ となっている．式(5.81 a)の l_1 を式(5.68)に代入すると，$b=0$ に注意して，$\tilde{E}(z,t) \propto e^{i(k_0 z - \omega t)}$ を得る．この式は z 軸の正の方向に伝播する右円偏光を表している．式(5.81 b)の l_2 に対しても，$a=0$ に注意すれば，$\tilde{E}(z,t) \propto e^{-i(k_0 z - \omega t)}$ となり，z 軸の正の方向に伝播する左円偏光を得る．他の2つの解 $l=-l_1$ と $-l_2$ はそれぞれ z 軸の負の方向に伝播する右と左円偏光となっていることが同様に確かめられる．ただし，例えば，解 $l=-l_1$ に対しては $\rho=-1$（z 軸の正の側から見て電場ベクトルは時間とともに反時計回りに回転する）であるが，進行方向が z 軸の負の方向であるので，右円偏光となることに注意せよ．つまり，円偏光の掌性は ρ の符号と進行方向の両方によって決まる．図5.12では z 軸の正の方向に伝播するものは実線で，負の方向に伝播するものは破線で区別した．ここでは，屈折率異方性がないとしているので，当然のことながら右と左円偏光の速さ（屈折率）は等しく旋光性は現れない．

$k_1 \neq 0$ とすると以下述べるように右と左円偏光の速さに差が現れる．式(5.80 a)と式(5.80 b)から近似的に

$$l_1 \cong k_0 - q_0 + \frac{k_1^4}{8 k_0 q_0 (q_0 - k_0)} \tag{5.82 a}$$

$$l_2 \cong k_0 + q_0 + \frac{k_1^4}{8 k_0 q_0 (q_0 + k_0)} \tag{5.82 b}$$

を得る．

[演習問題 5.10：式(5.82 a)を導出せよ]

l_1 に対しては近似的に $b=0$，l_2 に対しては近似的に $a=0$ となっていることに注意して，上式を式(5.68)の l に代入すれば，右および左円偏光の波数 k_R

5-4 コレステリック液晶の光学 2

および k_L がそれぞれ

$$k_R \cong k_0 + \frac{k_1^4}{8k_0 q_0(q_0 - k_0)} \tag{5.83 a}$$

$$k_L \cong k_0 + \frac{k_1^4}{8k_0 q_0(q_0 + k_0)} \tag{5.83 b}$$

となることがわかる．上式と式(5.40)から，以下の旋光能の表式を得る．

$$\begin{aligned}(k_L - k_R)/2 &= \frac{k_1^4}{8q_0(k_0^2 - q_0^2)} \\ &= \frac{q_0}{32}\left(\frac{n_\parallel^2 - n_\perp^2}{n_\parallel^2 + n_\perp^2}\right)^2 \frac{1}{\lambda'^2(1-\lambda'^2)}\end{aligned} \tag{5.84}$$

ただし，$\lambda' = \bar{\lambda}/P = q_0/k_0$ （$\bar{\lambda} \equiv \lambda/\sqrt{\varepsilon}$：液晶中の平均の光の波長，ただし，$\lambda$ は真空中の光の波長）である．ギャップの近く（$\bar{\lambda} \approx P$ or $\lambda' \approx 1$）では旋光能が大きくなり，かつ光の波長とらせんの周期（フルピッチ）の大小関係に旋光能の符号が依存することがわかる．ただし，ギャップ内およびその近傍では上式は使えないことに注意せよ．

最後に，光の角振動数がギャップの内部にある場合，つまり式(5.64)で与えられる角振動数 $\omega_-(0)$ と $\omega_+(0)$ の間にある場合を考察してみる（図5.12(a)の①）．このとき式(5.79)の右辺は複号のマイナスに対して負となり，式(5.80a)の l_1 に対応する解は純虚数 $\pm i\kappa$ （κ は正の実数）となる．式(5.60)から純虚数の l に対して波は指数関数的に変化することがわかる．このような波は有限の液晶を考えた場合の界面の近傍のみで存在し，減衰距離 $1/\kappa$ より深い液晶内部では減衰してしまい存在できない．ただし，減衰するといっても液晶に光が吸収されてしまうわけではなく（式(5.45)に吸収の機構は入っていない），反射されるのである．したがって，減衰距離より十分厚い液晶の場合には実数の $\pm l_2$（図5.12）に対する波だけを考えればよい．前述の結果から，$+l_2$（$\rho \approx -1$）に対する光は z 軸の正の方向に伝播する左円偏光に，$-l_2$（$\rho \approx +1$）に対する光は z 軸の負の方向に伝播する左円偏光になっている．これから，右巻きらせんのコレステリック液晶中ではブラック反射のため，左円偏光の光しか存在できないこと，言い換えれば右円偏光をこの液晶に入射すると完全反射され透過できないことがわかった．この結果は前節の摂動論の結果と一致する．

以上の結果のまとめとし,右巻きのコレステリック液晶に z 軸の負の側から正の方向に伝播する光を入射し,その周波数を徐々に高くしていった(波長を短くしていった)場合にどのようなことが起こるかを考えてみる.前述したように,z 軸の正の方向に伝播する波の分散関係は図 5.12 の実線で表される.周波数が低いときには $\rho \approx \pm 1$ であるから(図 5.12 の②および図 5.9 参照),固有モードは近似的に右および左円偏光である.直線偏光を入射したときの旋光能は式 (5.84) で与えられるが,周波数が低い(波長が長い)場合はその符号は負である.つまり,らせんと同じ向きに旋光する.周波数が高くなると,旋光能が大きくなる.しかし,ギャップの下端に近づくと,右円偏光の固有モード(図 5.12(a) の l_1)は $\rho = 0$ の直線偏光に近づいてゆき(図 5.9 参照),ギャップの下端で完全な直線偏光(配向ベクトル方向に偏光した定常波)となる.先に述べたように,ギャップの中ではブラッグ反射が強くなるため,右円偏光は減衰し,左円偏光(図 5.12(a) の l_2)のみが透過できる.ギャップの上端に近づくと右円偏光の減衰が小さくなり,ちょうど上端では再び完全な直線偏光(ただし,配向ベクトルに垂直に偏光した定常波)が現れる.このギャップの内部でも $\rho \approx -1$ の左円偏光はあまり変わらない.ギャップから離れると,固有モードは定常波であった直線偏光から再び近似的に右円偏光となり,もう 1 つの固有モードである左円偏光と一緒になって旋光性を再び引き起こす.このときの旋光能の符号は正であり(らせんとは逆向きに旋光),ギャップをまたいで旋光能の逆転が起こっている.周波数が高くなると旋光性が小さくなると同時に,固有モードは円偏光からはずれ,さらに周波数が高くなりモーガン極限に達すると配向ベクトルに平行および垂直な方向に偏光した z 軸の正の方向に進行する直線偏光が固有モードとなり,導波効果が現れる.

5-5 TN 型液晶ディスプレイ

ネマチック液晶の連続体理論およびコレステリック液晶中の光の伝播について学んだところで,現在最も広く実用に供されている TN (Twisted Nematic) 型液晶ディスプレイの物理を説明しよう.このディスプレイは 3-3 節で述べた TN セルにおいて電場を壁に対して垂直に印加したときに起こる

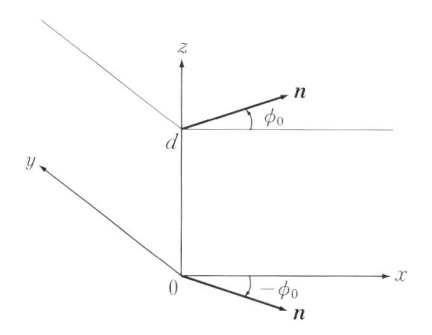

図 5.13 TN セルにおける表面配向.

フレデリクス転移を利用したものである.

まず,この場合のフレデリクス転移について考察してみよう.このネマチック液晶の誘電率異方性を正とし,図 5.13 に示すように下のガラス面上（$z=0$）および上のガラス面上（$z=d$）では配向ベクトル $\bm{n}$ と x 軸の成す角度 ϕ がそれぞれ $\phi(0)=-\phi_0$ および $\phi(d)=\phi_0$（ϕ_0：定数）に固定されているとする.TN セルでは通常 $\phi_0=\pi/4$ であるが,90°ねじれでない場合も理論的取扱いは同じであるので,ここでは一般的な場合を扱う.無電場下では配向ベクトル $\bm{n}$ は z のみに依存し,$\bm{n}=(\cos(\phi_0(2z/d-1)), \sin(\phi_0(2z/d-1)), 0)$ となっている.電場を z 軸方向に印加すると（ディスプレイではガラスの表面に透明電極を着ける）,誘電率異方性が正であるためにあるしきい値電圧以上で配向ベクトルは z 方向を向き始め,十分大きな電圧になると配向ベクトルはほぼ z 軸に平行に配向するであろう.一般的には $\bm{n}=(\sin\theta\cos\phi, \sin\theta\sin\phi, \cos\theta)$ と表されるので,θ と ϕ が z だけの関数であることに注意して,これをフランクの弾性自由エネルギー密度(2.22)（ただし,$K_2'=0$ とおく）へ代入すると,多少の計算の後

$$f_\mathrm{d}=\frac{1}{2}g(\theta)\left(\frac{\partial\theta}{\partial z}\right)^2+\frac{1}{2}h(\theta)\left(\frac{\partial\phi}{\partial z}\right)^2, \tag{5.85 a}$$

$$\begin{aligned}g(\theta)&=K_1\sin^2\theta+K_3\cos^2\theta,\\ h(\theta)&=(K_2\sin^2\theta+K_3\cos^2\theta)\sin^2\theta\end{aligned} \tag{5.85 b}$$

を得る.

[**演習問題 5.11**：上記の式を導出せよ]

しきい値近傍では $\theta = \pi/2 - \psi$ (ψ は微小量) と書けるから，これを式(5.85)へ代入すると，ψ の2次までの近似で

$$f_\mathrm{d} = \frac{1}{2} K_1 \left(\frac{\partial \psi}{\partial z}\right)^2 + \frac{1}{2}\{K_2 + (K_3 - 2K_2)\psi^2\}\left(\frac{\partial \phi}{\partial z}\right)^2 \tag{5.86}$$

を得る．しきい値を求めるだけならこれで十分である．これに式(3.3)を書き換えて得られる電場との相互作用エネルギーを加えれば自由エネルギー密度は

$$f = \frac{1}{2} K_1 \left(\frac{\partial \psi}{\partial z}\right)^2 + \frac{1}{2}\{K_2 + (K_3 - 2K_2)\psi^2\}\left(\frac{\partial \phi}{\partial z}\right)^2 - \frac{1}{2}\varepsilon_0 \Delta\varepsilon \psi^2 E^2 \tag{5.87}$$

となる．ただし，配向ベクトルに依存しない部分は落した．

さて，フレデリクス転移点直上ではセルの中心 ($z = d/2$) で配向ベクトルの変位が極大となるから，近似的に

$$\psi = \psi_\mathrm{m} \sin(\pi z/d) \tag{5.88}$$

とおけるであろう．さらに，ϕ については電場に関する高次の影響があるのみであろうから，無電場下の $\phi = \phi_0(2z/d - 1)$ を近似式として使ってよいであろう．これらを式(5.87)へ代入し，$z = 0$ から d まで積分すると

$$F/d = \frac{1}{4}\left[K_1\left(\frac{\pi}{d}\right)^2 + (K_3 - 2K_2)\left(\frac{2\phi_0}{d}\right)^2 - \varepsilon_0 \Delta\varepsilon E^2\right]\psi_\mathrm{m}^2 + \frac{1}{2}K_2\left(\frac{2\phi_0}{d}\right)^2 \tag{5.89}$$

を得る．3-3節でフレデリクス転移を考察したときのことを思い出そう．自由エネルギーの表式(3.24)においてフレデリクス転移の転移点は秩序パラメーター θ_m の2次の係数がゼロになるところであったことに対応して，今の場合も4次項までは計算しなかったが，転移点は式(5.89)の ψ_m の2次の係数がゼロとなる電場であろう．こうして，しきい値電圧 V_c が

$$V_\mathrm{c} = \frac{2}{(\varepsilon_0 \Delta\varepsilon)^{1/2}}\left[K_1\left(\frac{\pi}{2}\right)^2 + (K_3 - 2K_2)\phi_0^2\right]^{1/2} \tag{5.90}$$

と求められる．電場誘起フレデリクス転移の一般的特徴としてしきい値電圧が厚さに依存していないことに注意せよ．

TN型ディスプレイでは $\phi_0 = \pi/4$ とし，上下のガラス板の上にガラス面上の配向ベクトルに平行に偏光方向を持つ偏光板を貼ってある（図5.14）．しきい値電圧以下では90°の純粋なねじれとなっている．この場合，下から光を照射したときの光の伝播を考えてみよう．今の場合，TNセルを1/4周期の長さを

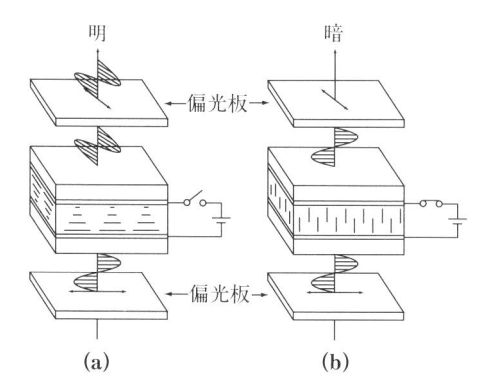

図 5.14 偏光板をつけることによって，電場オフ時に明(a)，オン時に暗(b)を表示することができる．

持つコレステリック液晶と見なせばよい．ただし，これが使えるのは光の波長がらせんの波長に比べて非常に短いとき，厳密にいえば式(5.77)のモーガン条件（ただし，$P=4d$ とおく）が成立している場合である[*5]．このとき，配向ベクトル方向に偏光した光はセル中で配向ベクトルに沿って偏光方向を 90°回転するから，上のガラスの偏光板を通過できる（図5.14(a)）．一方，十分高い電圧を印加したときには配向ベクトルはガラス面にほぼ垂直となるので，偏光方向の回転は起こらず光は上の偏光板を通過できない（図5.14(b)）．このようにして，電圧オフのときには光が通過し明るく，オンに対しては暗く見える仕掛けができる．

[*5] 現在使われているディスプレイでは厚さ d に制約があるためモーガン条件は十分には満足されていない．

第6章
スメクチック液晶の弾性理論と相転移

　ネマチック液晶やコレステリック液晶がどの方向にも液体的であるのに対し，スメクチック液晶では層法線方向へは結晶的である．したがって，この方向には，結晶と同じような弾性（配向ベクトルの弾性と呼ばれるものとは異なる）が現れる．本章では，まずこのSmA相におけるこの弾性とその特徴を述べる．次に，層法線に対する液晶分子の傾きに起因する相転移についてランダウ理論に基づいて説明する．

6-1　スメクチック A 相の弾性理論

　スメクチック液晶は層構造を持ち，層法線方向には結晶的である．したがって，1次元の結晶と考えることができ，層法線方向の圧縮または伸長変形に対して層間隔を一定に保とうと復元力が働く．これに対して，ネマチック液晶では流動によりこのような変形は時間が経てば緩和され復元力は生じない．以下ではスメクチック液晶の中で最も対称性の高いスメクチック A 相の弾性的性質を考察してみる．

　変形のないスメクチック A 相では配向ベクトル n は層に垂直である．層が変形すればこの層と配向ベクトルの直交関係は一般に成立しなくなるが，層に対する配向ベクトルの傾きはエネルギーを著しく高くするので，変形が起こっても層と配向ベクトルは垂直であるとしてよい．この場合，配向ベクトル n は以下に見るように層変形を用いて表すことができる．図6.1に示すように変形のないスメクチック A 相（点線は層を表す）の層法線方向に z 軸をとる．微小変形を考えると，図6.1からわかるように層の変形は場所 r における z 方向への変位 $u(r)$ のみによって記述できることがわかる．ここでいう微小変形とは，$u(r)$ 自身ではなくその空間微分が小さいことを意味することに注意しよう．

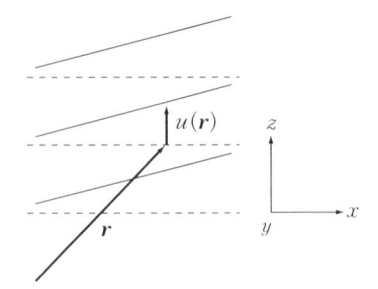

図 6.1 層の変形は変数 $u(\boldsymbol{r})$ によって表すことができる．点線および実線はそれぞれ変形前および後の層．

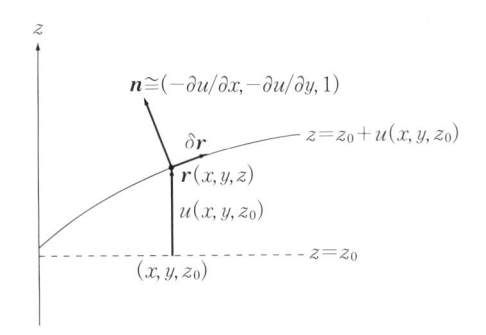

図 6.2 配向ベクトル $\boldsymbol{n}$ は u の微分を使って表すことができる．

図 6.2 に示すように，変形前に $z=z_0$ にある層は変形後方程式 $z=z_0+u(x,y,z_0)$ で表される層面に変化する．この変形した層面上の点 $\boldsymbol{r}(x,y,z)$ から微小距離 $\delta\boldsymbol{r}$ 離れた層面上の点 $\boldsymbol{r}+\delta\boldsymbol{r}=(x+\delta x, y+\delta y, z+\delta z)$ を考えると，この点も上の方程式を満たすから $z+\delta z=z_0+u(x+\delta x, y+\delta y, z_0)$ が成立する．この式における $u(x+\delta x, y+\delta y, z_0)$ を，$\delta x, \delta y$ が小さいとして展開すると，関係式 $(-\partial u/\partial x, -\partial u/\partial y, 1)\cdot\delta\boldsymbol{r}=0$ を得る．ただし，この式に現れる偏微分 $\partial u/\partial x, \partial u/\partial y$ は点 (x,y,z_0) での値であること，つまり，$\partial u/\partial x|_{x,y,z_0}$, $\partial u/\partial y|_{x,y,z_0}$ であることに注意せよ．面上の任意の $\delta\boldsymbol{r}$ に対してこの関係が成り立つから $(-\partial u/\partial x, -\partial u/\partial y, 1)$ は層面と直交することがわかる．したがって，$\boldsymbol{n}$ は $(-\partial u/\partial x, -\partial u/\partial y, 1)$ に平行となるが，$\partial u/\partial x, \partial u/\partial y$ が微小であることを

考慮すると$(-\partial u/\partial x, -\partial u/\partial y, 1)$は近似的に大きさ1であることがわかるから，結局

$$\bm{n}(x, y, z) \cong (-\partial u/\partial x, -\partial u/\partial y, 1) \tag{6.1}$$

となり，uの微分により$\bm{n}$が表された．ただし，前述したように右辺の偏微分は変位後の点(x, y, z)での値ではなく変位前の点(x, y, z_0)でのものであることに注意せよ．しかし，微小変位の場合にはこれらの偏微分を点(x, y, z)でのもので近似できる．

[演習問題 6.1：これを示せ]

以後，このような近似が成り立つとして，変位uの空間座標に関する偏微分が出てきたら変位後の場所でのものとする．

まず，層の曲がりがなく層間隔のみが変化する場合（$u(\bm{r})$がz方向のみに依存するとき）の自由エネルギーを考察しよう．液晶をz方向に一様に平行移動しても自由エネルギーは変化しないので，自由エネルギーはu自身には依存せず，z方向への圧縮または伸長を表す$\partial u/\partial z$に関係する．自由エネルギー密度は$\partial u/\partial z$で展開できるとする．uは変位のz成分であるから対称操作に関してzと同じように変換される．さらに，対称操作に対して$\partial/\partial z$もzと同じ対称性を持つので，$\partial u/\partial z$の対称性はz^2と同じである（**付録A**参照）．スメクチックA相のすべての対称操作（$D_{\infty h}$またはD_∞）（第1章参照）に対してz^2は不変であるから，$\partial u/\partial z$も不変であり，自由エネルギー密度に$\partial u/\partial z$の1次項があってもよい．しかし，今考えている温度，圧力における平衡状態からの変位をとれば（つまり，平衡状態では$\partial u/\partial z=0$）このような項は存在しない．なぜなら，$\partial u/\partial z$の1次項があれば$\partial u/\partial z$がゼロでない方が必ずエネルギーは低くなるからである．つまり，自由エネルギーにおいて$\partial u/\partial z$の1次項が存在し，その係数が正ならば自由エネルギーを低くするために$\partial u/\partial z$は負に，負ならば正になり，平衡状態では$\partial u/\partial z=0$の前提に反する[*1]．このようにして，層の圧縮のみがあるときの最低次のみを考慮した自由エネルギー密度は

$$\frac{1}{2}\bar{B}\left(\frac{\partial u}{\partial z}\right)^2 \tag{6.2}$$

となる．ただし，$\bar{B}$は弾性定数である[*2]．

[*1], [*2] 次頁．

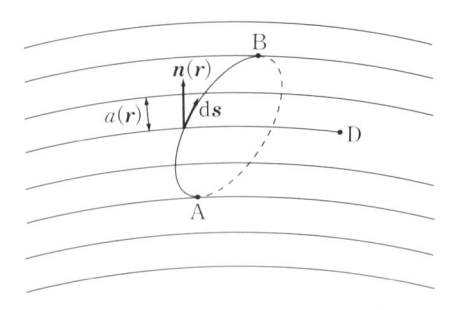

図 6.3 欠陥を含まない領域にわたっての周回積分(6.4)はゼロとなる．

次に，層の波打ち変形を考察する．スメクチック液晶では層構造を持つため層の変形に制約が課せられる．図6.3に示すような変形した層構造中の点AからBまで実線に沿って移動するときに横切った層の数を考えてみよう．これは，図6.3からわかるように，場所 r における層間隔を $a(r)$，配向ベクトルを $n(r)$，線素を ds とすると

$$\int_A^B \frac{n(r) \cdot ds}{a(r)} \tag{6.3}$$

で与えられる．次に積分経路を実線に沿った点BからAにしてみる．このとき，ds の符号が反転するので積分の値は大きさが式(6.3)と等しく，符号が反転する．また，BからAへ点線に沿って積分してもこの値は変わらないから，実線に沿って点AからBまで行き，点線に沿ってAまで戻る周回積分はゼロとなる．内部に図中のDのような欠陥（次節参照）がないならばこの結果は任意の周回積分に対して成り立つ．特別な場合として，層間隔 $a(r)$ をどこで

[*1] このようにして1次項をゼロにするのと，秩序パラメーターによる展開において1次項がゼロになることは本質的に異なる．前者は単に平衡状態からの変化分について展開したのでゼロになるのに対し，後者は対称性からゼロになる．前者ではある温度で1次項がゼロになるように定義した変化分で異なる温度における自由エネルギーを展開すると1次項が現れるが，後者では温度によらず常にゼロである．

[*2] 層の圧縮が起これば密度も変わるので，密度変化まで考える必要がある．これを考慮すると，層圧縮の弾性定数が変化することを示すことができる．ここでは，式(6.2)の $\bar{B}$ はこのような密度変化まで考慮した弾性定数であるとする．

6-1 スメクチック A 相の弾性理論

も一定に保ちつつ層の変形が起こると,つまり $a(\mathbf{r})=a_0$ とすると,

$$\oint \mathbf{n}(\mathbf{r})\cdot \mathrm{d}\mathbf{s}=\int(\nabla \times \mathbf{n}(\mathbf{r}))\cdot \mathrm{d}\mathbf{S}=0 \tag{6.4}$$

が成立する.ただし,ストークスの定理を使い,第 2 式は第 1 式の線積分の積分経路に囲まれた領域にわたる面積分である.上式が任意の積分領域に対して成立するから,$\nabla \times \mathbf{n}(\mathbf{r})=0$ を得る.2-4 節のフランクの弾性理論では配向ベクトルはスプレイ,ツイスト,ベンドの 3 つに分類されたが,このうち,ツイスト変形とベンド変形は $\nabla \times \mathbf{n}$ に関係するので,層間隔一定の条件では起こらず,スプレイ変形のみが許されることがわかる.この事情は図 6.4 から明らかであろう.スメクチック A 液晶に対してもフランクの弾性自由エネルギーが適用できるとすれば,スプレイ変形に対する自由エネルギー密度 $1/2 \cdot K_1(\nabla \cdot \mathbf{n})^2$ に式 (6.1) を代入して

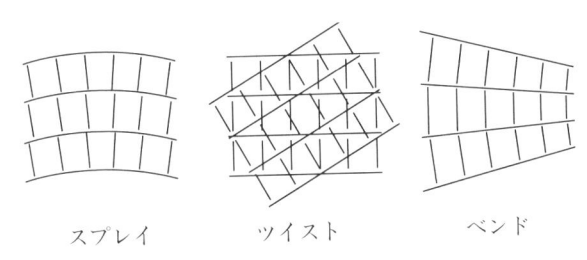

図 6.4 層間隔を一定に保つ条件の下ではスプレイ変形のみが可能である.

$$\frac{1}{2}K_1\left(\frac{\partial^2 u}{\partial x^2}+\frac{\partial^2 u}{\partial y^2}\right)^2 \tag{6.5}$$

を得る.弾性自由エネルギーには他の不変項も存在するが,基本的なものは式 (6.2) と式 (6.5) である.外場が存在するときにはこれに外場との相互作用エネルギーが加わる.例えば,磁場に対しては式 (3.4) に式 (6.1) を代入すれば

$$-\frac{1}{2}\mu_0^{-1}\Delta\chi\left(\frac{\partial u}{\partial x}B_x+\frac{\partial u}{\partial y}B_y\right)^2 \tag{6.6}$$

となる.したがって,SmA 相の弾性自由エネルギー密度 f は以下のように与えられる.

$$f=\frac{1}{2}\bar{B}\left(\frac{\partial u}{\partial z}\right)^2+\frac{1}{2}K_1\left(\frac{\partial^2 u}{\partial x^2}+\frac{\partial^2 u}{\partial y^2}\right)^2-\frac{1}{2}\mu_0^{-1}\Delta\chi\left(\frac{\partial u}{\partial x}B_x+\frac{\partial u}{\partial y}B_y\right)^2 \tag{6.7}$$

この式を基にスメクチック A 相の弾性に関係したいくつかの現象を考察してみよう．

6-2 ヘルフリッヒ変形

図 6.5 に示すような垂直配向（ガラス面に配向ベクトルが垂直）したスメクチック A 液晶（a）に磁場を x 方向に印加すると配向ベクトルは磁場方向に向こう（一般に磁化率の異方性は正であるから）とするが，配向ベクトルと層の直交関係があるので配向ベクトルは一方に一様に傾くわけにはいかず，面内に層の周期的変形（b）を作ることによってある程度磁場方向へ向こうとする．この変形はネマチック液晶のフレデリクス転移と同様に磁場の強さがあるしきい値を超えると起こるもので，ヘルフリッヒ変形（Helfrich effect）と呼ばれている．小さな変形に対しては，図 6.5(b) に対応する $u(x,z)$ は

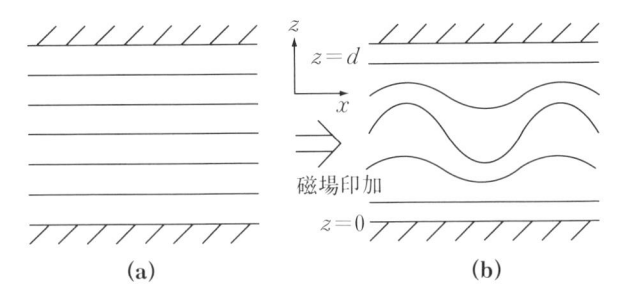

図 6.5 スメクチック A 相において層に平行な方向に磁場を印加すると波打ち変形が誘起される．

$$u(x,z) = u_0 \cos k_x x \sin k_z z \tag{6.8}$$

と表されるであろう．ただし，壁面（$z=0, d$）では層の変形はない，つまり $u=0$ と考えられるから

$$k_z = \pi/d \tag{6.9}$$

となる．もちろん，一般には $k_z = n\pi/d$（n：正の整数）であるが，エネルギーが一番小さいのは式 (6.9) で与えられる波長が最も長いものであろう．x 方向に関しては一般的には $\cos k_x x$ だけでなく $\sin k_x x$ との線形結合となるが，

適当に原点を x 軸方向に平行移動すれば $\cos k_x x$ だけで表すことができる．k_x は自由エネルギーを極小にするように決められる．式(6.8)を自由エネルギー密度(6.7)に代入すれば

$$f = \frac{1}{2} u_0^2 \{\bar{B} k_z^2 \cos^2 k_x x \cos^2 k_z z + K_1 k_x^4 \cos^2 k_x x \sin^2 k_z z \\ - \mu_0^{-1} \Delta\chi B_x^2 k_x^2 \sin^2 k_x x \sin^2 k_z z\} \tag{6.10}$$

を得る．これを z に関して 0 から d まで，x に関しては 1 周期，0 から $2\pi/k_x$ まで積分し，$d \cdot 2\pi/k_x$ で割算すると，平均の自由エネルギー密度 $\bar{f}$ が求められる．

$$\bar{f} = \frac{1}{8} u_0^2 \{\bar{B} k_z^2 + K_1 k_x^4 - \mu_0^{-1} \Delta\chi B_x^2 k_x^2\} \tag{6.11}$$

k_x に関する極小条件 $\partial \bar{f}/\partial k_x = 0$ から

$$k_x = \sqrt{\frac{\mu_0^{-1} \Delta\chi}{2K_1}} B_x \tag{6.12}$$

を得る．この k_x を式(6.11)に代入すると

$$\bar{f} = \frac{1}{8} u_0^2 \left(\bar{B} k_z^2 - \frac{\mu_0^{-1} \Delta\chi^2}{4K_1} B_x^4 \right) \tag{6.13}$$

が得られる．上式の括弧内が正であれば，式(6.9)と式(6.12)で表される波数を持つ自由エネルギー極小の変形（モード）は熱ゆらぎによって生じたとしても（$u_0 \neq 0$），それにより自由エネルギーは増加するから安定である．ところが，括弧内が負になると，この変形に対して自由エネルギーは減少するから不安定となる．このとき u_0 はゼロでなくなるが，u_0 の大きさを求めるためには自由エネルギーにおいて u_0 の 4 次項が必要となる．以上の話はフレデリクス転移と同じである．式(6.8)で表される変形が起こり始めるしきい値 B_c は，式(6.13)の括弧内をゼロとおいて得られる．

$$B_c = \sqrt{\frac{2\pi(\bar{B}K_1)^{1/2}}{d\mu_0^{-1}\Delta\chi}} \tag{6.14}$$

上式での B_c は一般に大きく，実験的に実現するのが難しい．しかし，ヘルフリッヒ変形が起こると，図 6.5 において z 方向への伸びが予想できる．逆に言えば，z 方向に引っ張れば磁場と同じ効果が現れヘルフリッヒ変形が起こると期待できる．

機械的な張力によって引き起こされるヘルフリッヒ変形を扱うためには自由エネルギー密度(6.2)を以下のように修正する必要がある．磁場，応力等の外場のない状態にある液晶を，例えば y 軸の回りに少し回転してみよう．すると，z 軸に沿って見た層間隔は一様に増大し，式(6.2)中の $\partial u/\partial z$ もゼロでなくなり（u の x と y に関する 2 階微分はゼロ），結果として式(6.2)で与えられる自由エネルギーは増加することになる．しかし，このような一様回転は自由エネルギーを変えないはずである．このことは，式(6.2)中の $\partial u/\partial z$ が正しくは層法線方向に沿ったひずみ（伸び率）でなくてはならないことを示している．図 6.6 において，層法線方向へのひずみは，$\partial u/\partial z = (a - a_0)/a_0$ ではなく，$(b - a_0)/a_0$ である．$b = a\cos\theta$ であるが，回転の角度 θ が小さいとし，簡単のため層変形は x-z 面内で起こるとすると，

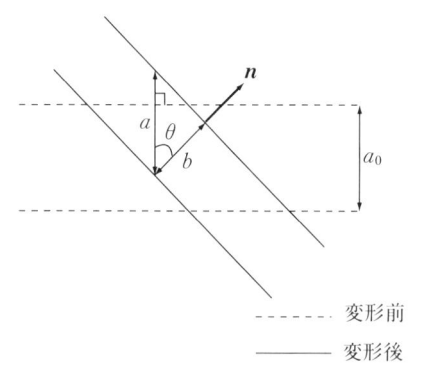

図 6.6 正しく層間隔 b を求めるためには層の回転を考慮する必要がある．

$$\cos\theta = n_z = \sqrt{1 - n_x^2} \cong 1 - \frac{1}{2}n_x^2 \cong 1 - \frac{1}{2}\left(\frac{\partial u}{\partial x}\right)^2 \tag{6.15}$$

と近似できる．ただし，式(6.1)を用いた．この式と前出の式から得られる関係式 $a = (1 + \partial u/\partial z)a_0$ を用いて，層法線方向へのひずみ $(b - a_0)/a_0$ は

$$\frac{\partial u}{\partial z} - \frac{1}{2}\left(\frac{\partial u}{\partial x}\right)^2 \tag{6.16}$$

となる．ただし，上式の導出において $(\partial u/\partial z)(\partial u/\partial x)^2$ は落とした．この式で自由エネルギー密度(6.7)の $\partial u/\partial z$ を置き換えれば

6-2 ヘルフリッヒ変形

$$f=\frac{1}{2}\bar{B}\left\{\frac{\partial u}{\partial z}-\frac{1}{2}\left(\frac{\partial u}{\partial x}\right)^2\right\}^2+\frac{1}{2}K_1\left(\frac{\partial^2 u}{\partial x^2}\right)^2 \tag{6.17}$$

を得る．ただし，磁場の項を落とした．上式において補正項 $-(\partial u/\partial z)^2/2$ は自由エネルギーに u に関する高次項をもたらすことになるが，以下に見るようにこれが張力によって引き起こされるヘルフリッヒ変形において重要な役割を果たす．今の場合，ヘルフリッヒ変形が起こらなくても張力により $\partial u/\partial z = s \neq 0$ であるので，変形は

$$u(x,z)=sz+u_0\cos k_x x \sin k_z z \tag{6.18}$$

と書けるであろう．$s=(d-d_0)/d_0$（d_0：張力を印加する前の液晶の厚さ）を徐々に大きくするとあるところでヘルフリッヒ変形が起こり，$u_0 \neq 0$ となるはずである．上式を式(6.17)に代入して，u_0 に関して2次までの項を残して，式(6.11)を求めたときと同じように空間平均をとると

$$\bar{f}=\frac{1}{2}\bar{B}s^2+\frac{1}{8}u_0{}^2\{\bar{B}k_z{}^2+K_1k_x{}^4-\bar{B}sk_x{}^2\} \tag{6.19}$$

を得る．

　磁場によるヘルフリッヒ変形に対してはしきい値を求めるために自由エネルギーにおいて u の微分に関する2次までの項を残せばよかったが，張力による場合には式(6.18)において u_0 に関する0次項があり，u_0 について2次の項まで求めるためには u に関する高次項を考慮する必要があったのである．この議論からわかるように，磁場の場合にはヘルフリッヒ変形が起こるまでは $s=0$ なので補正項 $-(\partial u/\partial z)^2/2$ を入れても結果は変わらなかった（式(6.19)で $s=0$ とし，式(6.11)と比べてみよ）．さて，式(6.19)と式(6.11)を比べると，$u_0{}^2$ の係数において式(6.19)は式(6.11)の $\mu_0{}^{-1}\Delta\chi B_x{}^2$ を $\bar{B}s$ で置き換えたものになっていることがわかる．したがって，この置き換えをすれば磁場の場合の結果がそのまま使え，式(6.14)からしきい値 s_c は

$$s_c=\frac{2\pi}{d_0}\sqrt{\frac{K_1}{\bar{B}}} \tag{6.20}$$

となる．ただし，厳密には上式の d_0 はしきい値での液晶の厚さ d_c でなくてはならない．しかし，実際には s_c が小さいため，s_c の定義 $s_c=(d_c-d_0)/d_0$ より，$d_c \approx d_0$ としてよいことがわかる．このように張力によるヘルフリッヒ変形は

微小なひずみで引き起こすことができるため，実験により観測されている．

6-3　ランダウ-パイエルス不安定性

スメクチック液晶の層構造の安定性を自由エネルギー密度(6.7)を基に考察してみよう．そのために以下変位 $u(\boldsymbol{r})$ の自乗平均 $\langle u^2(\boldsymbol{r})\rangle$ を計算する．$u(\boldsymbol{r})$ をフーリエ級数展開し（式(3.69)と定義が違うことに注意．$1/V$ を付けても付けなくても最後の結果(6.25)は変わらない）

$$u(\boldsymbol{r})=\sum_{\boldsymbol{q}}u(\boldsymbol{q})e^{i\boldsymbol{q}\cdot\boldsymbol{r}} \tag{6.21}$$

自由エネルギー密度(6.7)に代入し，液晶全体にわたって積分し，演習問題3.5と同様な計算を行うと

$$F=\frac{V}{2}\sum_{\boldsymbol{q}}\{\bar{B}q_z^2+K_1(q_x^2+q_y^2)^2\}|u(\boldsymbol{q})|^2 \tag{6.22}$$

を得る．ただし，磁場の項を落とした．3-8節で式(3.80)を導出したときと同じようにエネルギー等分配則を使えば，フーリエ係数の自乗平均は

$$\langle|u(\boldsymbol{q})|^2\rangle=\frac{k_BT}{V\{\bar{B}q_z^2+K_1(q_x^2+q_y^2)^2\}} \tag{6.23}$$

となる．式(6.21)より $\langle u^2(\boldsymbol{r})\rangle$ は

$$\langle u^2(\boldsymbol{r})\rangle=\Big\langle\sum_{\boldsymbol{q}_1}u(\boldsymbol{q}_1)e^{i\boldsymbol{q}_1\cdot\boldsymbol{r}}\cdot\sum_{\boldsymbol{q}_2}u(\boldsymbol{q}_2)e^{i\boldsymbol{q}_2\cdot\boldsymbol{r}}\Big\rangle \tag{6.24}$$

$$=\sum_{\boldsymbol{q}_1,\boldsymbol{q}_2}\langle u(\boldsymbol{q}_1)u(\boldsymbol{q}_2)\rangle e^{i(\boldsymbol{q}_1+\boldsymbol{q}_2)\cdot\boldsymbol{r}}$$

と表されるが，式(6.22)から異なる波数を持つフーリエ係数は独立であることがわかる，つまり $\langle u(\boldsymbol{q}_1)u(\boldsymbol{q}_2)\rangle=\langle|u(\boldsymbol{q}_1)|^2\rangle\delta_{\boldsymbol{q}_1+\boldsymbol{q}_2,0}$ であるから

$$\langle u^2(\boldsymbol{r})\rangle=\sum_{\boldsymbol{q}}\langle|u(\boldsymbol{q})|^2\rangle=\sum_{\boldsymbol{q}}\frac{k_BT}{V\{\bar{B}q_z^2+K_1(q_x^2+q_y^2)^2\}} \tag{6.25}$$

を得る．

液晶が一辺の長さ L の立方体の容器に入っているとし，$u(\boldsymbol{r})$ に周期的境界条件 $u(x+L,y,z)=u(x,y+L,z)=u(x,y,z+L)=u(x,y,z)$ を課せば，式(6.21)における $\boldsymbol{q}$ のとりうる値は

$$q_\alpha=2\pi m_\alpha/L \quad (\alpha=x,y,z) \tag{6.26}$$

となる．ただし，m_α は同時にゼロになる場合 $m_x=m_y=m_z=0$ を除く整数で

ある．$m_x = m_y = m_z = 0$ に対する変位は z 方向への液晶全体の一様な平行移動であるので，今考察している層の不安定性とは関係しない．より現実的な容器の壁面で分子が固定されるという境界条件ではこのような並進は許されない．式(6.26)より，式(6.25)の最後の式における和は，q 空間で $2\pi/L$ おきに存在するすべての点にわたって行われることになるが，L が大きいからこの間隔は小さく，したがって，この式に各点の占める微小体積 $(2\pi/L)^3 = (2\pi)^3/V$ を掛ければ，q 空間にわたる積分で置き換えることができる．すなわち，$(2\pi)^3/V \sum_q \cdots = \int \cdots d\boldsymbol{q}$．こうして，ゆらぎの自乗平均 $\langle u^2(\boldsymbol{r}) \rangle$ は

$$\langle u^2(\boldsymbol{r}) \rangle = \frac{k_B T}{(2\pi)^3} \int \frac{d\boldsymbol{q}}{\bar{B}q_z^2 + K_1(q_x^2 + q_y^2)^2} \tag{6.27}$$

と表される．この積分は以下で見るように $V \to \infty$ で発散する．$\langle u^2(\boldsymbol{r}) \rangle$ が無限大になるということは初めに仮定した層構造がゆらぎによって塗りつぶされて一様になること，すなわち層構造は存在できないことを意味する．しかし，$\langle u^2(\boldsymbol{r}) \rangle$ は V に対して対数的にゆっくりと増大するだけなので，通常の大きさを持った液晶では，現実に観察されているように層構造は存在する．1次元結晶のこのような構造不安定性はランダウ-パイエルス不安定性（Landau-Peierls instability）と呼ばれている．前述したように $m_x = m_y = m_z = 0$ は除外されるから，積分(6.27)の下限 $q_{\min}$ は式(6.26)における最も小さな波数 $2\pi/L$ となる，つまり L の逆数程度である．また，上限 $q_{\max}$ は連続体理論が破綻する分子の長さの逆数程度となる．まず，q_x と q_y を極座標で表し（$q_x = q_\perp \cos\phi$, $q_y = q_\perp \sin\phi$），ϕ について 0 から 2π まで積分する．

$$\langle u^2(\boldsymbol{r}) \rangle = \frac{K_B T}{4\pi^2} \int \frac{q_\perp dq_z dq_\perp}{\bar{B}q_z^2 + K_1(q_\perp^2)^2} = \frac{k_B T}{8\pi^2 \bar{B}} \int \frac{dq_z dq_\perp^2}{q_z^2 + (\lambda q_\perp^2)^2} \tag{6.28}$$

ただし，$\lambda = \sqrt{K_1/\bar{B}}$ を定義した．上式をまず q_z について $-\infty$ から $+\infty$ まで積分する．この積分は収束するので，先の積分の上限と下限は考慮する必要はない．なぜなら，今問題としているのは，波数がゼロと無限大に近づくときの積分の発散であるからである．次に，上限と下限を考慮して $q_\perp^2$ についての積分を行うと

$$\langle u^2(\boldsymbol{r}) \rangle = \frac{k_B T}{8\pi^2 \bar{B}} \int \frac{dq_z dq_\perp^2}{q_z^2 + (\lambda q_\perp^2)^2} = \frac{k_B T}{8\pi^2 \bar{B}} \int_{q_{\min}^2}^{q_{\max}^2} \left\{ \int_{-\infty}^{+\infty} \frac{1}{q_z^2 + (\lambda q_\perp^2)^2} dq_z \right\} dq_\perp^2$$

$$= \frac{k_B T}{8\pi^2 \bar{B}} \int_{q_{\min}^2}^{q_{\max}^2} \left\{ \frac{\pi}{\lambda q_\perp^2} \right\} dq_\perp^2 = \frac{k_B T}{4\pi\lambda \bar{B}} \log(q_{\max}/q_{\min})$$

(6.29)

を得る．$q_{\min}$ は L に反比例するから，$\langle u^2(\boldsymbol{r}) \rangle$ は $\log L$ または $\log V$ で発散する．

6-4　スメクチック A 相の欠陥

　3-5 節でネマチック液晶における欠陥，転傾について述べたが，スメクチック液晶においても欠陥が存在する．スメクチック液晶では層構造を持つ上に，液晶分子が層法線に対して傾いたり，ボンド配向秩序（1-3 節参照）を持ったりと多数の異なる相が存在するので，欠陥も多種多様である．ここでは，スメクチック A 相の代表的な欠陥に限って紹介することにする．

　SmA 相の基底状態（自由エネルギー最小の状態）は層が平面に平行に等間隔に並んだ状態であるが，容器表面の束縛や層の形成過程によって必ずしもこのような一様状態は実現せず，欠陥が現れる．図 6.7 にほとんどの領域では理想的な層構造（平面に平行に等間隔に並んだ構造）をしているが，一部に欠陥を持つ典型的な例を示す．（a）は結晶の刃状転位（edge dislocation）と類似した欠陥であり，図では左側に層が 1 枚余分に挿入されている．(b)も結晶でよく知られているらせん転位（screw dislocation）である．転位に沿ってらせんが存在するのがわかる．これらの欠陥は SmA 相が層構造を持つために現れたものであり，層構造を持たないネマチック液晶では存在できない．

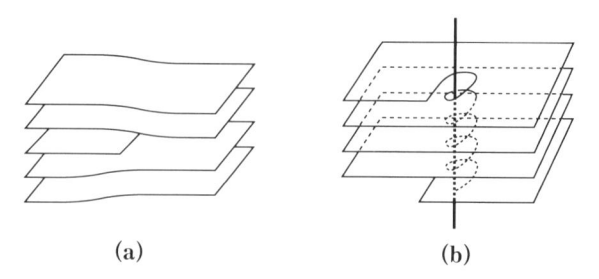

図 6.7　スメクチック液晶の欠陥．（a）刃状転位，（b）らせん転位．

次に，層が広い領域にわたって湾曲する例を示そう．このとき，層間隔は一定に保たれると仮定する．このような構造で最も対称性が高く簡単なものはある点を中心に層間隔の整数倍の半径を持つ球（同芯球）を描いたものであろう．次に，図6.8(a)に示すように，ある直線軸（L_1）を中心として層間隔の整数倍の半径を持つ円柱からなる構造が考えられる．分子の配向に注目すれば，これは$+2\pi$の転傾である．次に，(a)における直線L_1を円にすると，(b)に示すようなドーナツ状の構造が得られる．もちろん，完全なドーナツは細い場合だけであり，太くなると直線L_2上で層面は衝突し（図中の矢印），この点で層法線（分子の方向）は不連続となる．さらに，(c)のように，例えばドーナツの左側に余分に層を詰め込むことができる．この場合L_1は円から

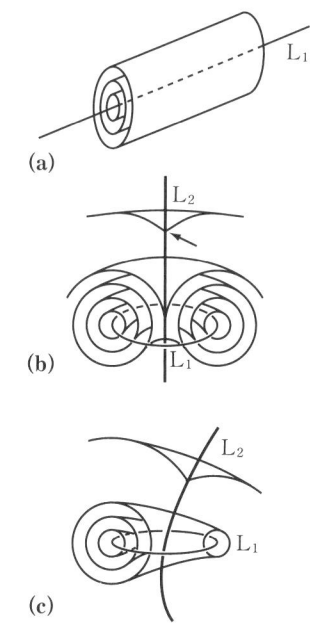

図 6.8　層が湾曲した場合に現れる欠陥．(a)シリンダー．直線L_1が欠陥であり，分子の配向に着目すると2πの転傾になっている．(b)ドーナツ．欠陥線は直線L_2と円L_1である．(c)変形したドーナツ（デュパンのサイクライド）．L_1は楕円に，L_2は双曲線となる．
(C. E. Williams & M. Kleman, *J. Physique Colloq.* **36**, C 1-315 (1975))

楕円に，L_2 は直線から双曲線へと変わることがわかっている．この構造の双曲線 L_2 および楕円 L_1 を含む断面図をそれぞれ図 6.9(a) および (b) に示す．図では曲面に番号が付けられているが，8 から 6 までの曲面ではそれらの先端 V, V′, U, U′, T, T′ が点 B に達することができず，クロワッサンのような形になることがわかる．5 でちょうど 2 つの先端が点 B で接している．4 から 2 では半径が場所によって変化する歪んだドーナツを形成することがわかる．1 ではドーナツの穴がちょうどなくなり，9 以上では双曲線 L_2 上で曲面が接し，層法線が不連続となる．図 6.10 に図 6.9 の断面を立体的に描いた．楕円と双曲線の回りの層の湾曲が見てとれる．

上で述べた 1 つ 1 つの曲面は微分幾何学においてデュパンのサイクライド (Dupin's cyclide) と呼ばれるものである．さらに，上で見たようにこのサイ

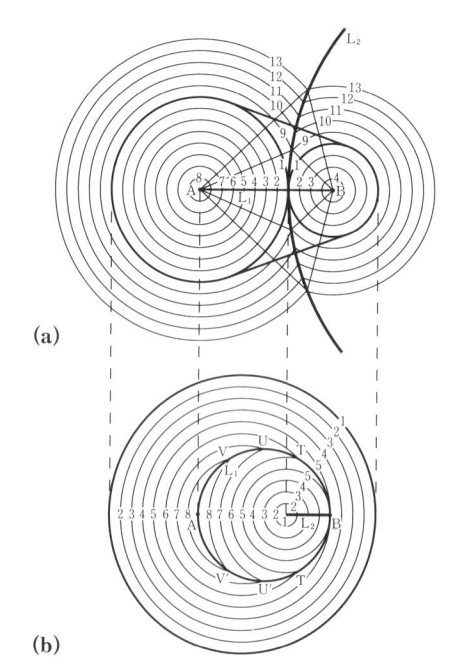

図 6.9 デュパンのサイクライドにおける層の配置．(a) は図 6.8(c) の双曲線を含む面での断面であり，(b) は楕円を含む面での断面である．
(Y. Bouligand, *J. Physique* **33**, 525 (1972))

6-4 スメクチックA相の欠陥

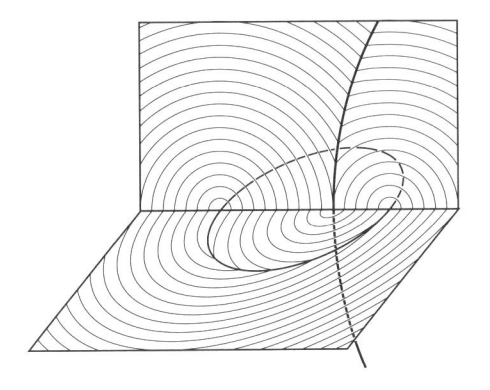

図 6.10 図6.8(c)における双曲線と楕円を含む面での断面図.
(N. H. Hartshorne & A. Stuart, *"Crystal and the Polarizing Microscope"* 4th ed., Arnold, London (1970))

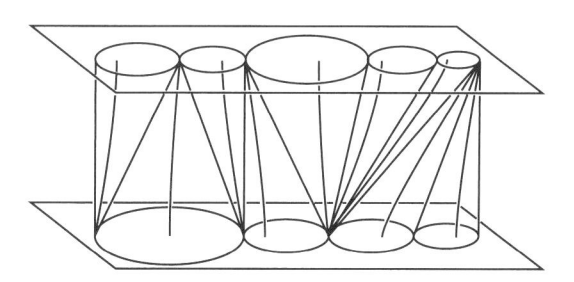

図 6.11 多数のフォーカルコニック欠陥.
(Y. Bouligand, *J. Physique* **33**, 525 (1972))

クライドは楕円と双曲線によって特徴づけられるが,これらの曲線は焦円錐曲線(focal conics)と呼ばれるので,このような構造に由来する欠陥はフォーカルコニック欠陥と呼ばれる.実際の液晶では多数のフォーカルコニック欠陥が観測される.それらの空間配置の一例を図6.11に示す.各円錐の底面が楕円であり,底面から出て円錐の頂点で終っている曲線が双曲線である.双曲線のいくつかは頂点を共有している.このような構造の詳しい説明は参考文献[2,3,8,9]に譲り,ここではフォーカルコニック欠陥の典型例を図6.12に示すに

図 6.12 フォーカルコニック欠陥の顕微鏡写真．大小多くの楕円が見られる．
(D. Demus & L. Richter, "*Textures of Liquid Crystals*", (Verlag Chemie 1978))

止める．大小いくつもの楕円を見ることができる．

6-5 スメクチックC相

　第1章で述べたようにスメクチック液晶相のなかで最も対称性の高いのは配向ベクトルが層面に垂直なSmA相である．ただし，液晶分子が不斉炭素を持つか持たないかで対称性は異なり，持たない場合点群は$D_{\infty h}$，持つ場合は鏡映面および反転中心が失われ点群はD_{∞}となる．相転移を起こしてより対称性が低下したときの相も不斉炭素の有無により異なってくる．基本的な例として，$D_{\infty h}$の対称性を持つSmA相において配向ベクトルがある一方向に一様に傾き，SmC相となる相転移を考えてみよう．

　図6.13に示すように，層法線方向にz軸をとると，SmA相ではz軸の回りで任意の角度回転しても回転前と後の構造は一致するから，z軸方向に∞回軸があることになる．その軸の位置はどこでもよい．図では分子の位置が規則正しく描かれているので，わかりにくいかもしれないが，現実の液晶では層面内で分子の重心はランダムで液体状態であるので，∞回軸はすべての場所

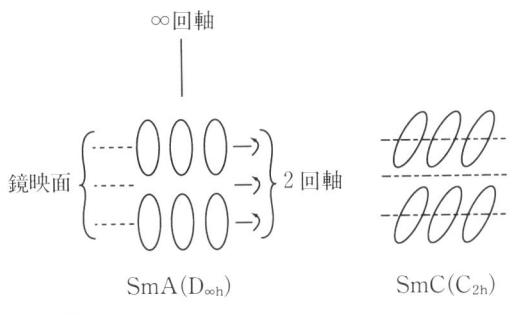

図 6.13 SmA 相と SmC 相の対称性.

に存在する．∞ 回軸と垂直な 2 回軸は z 軸に垂直であれば方向は任意である．しかし，その位置は図に示されたように，分子の重心およびその間のみである．さらに，鏡映面は z 軸に垂直であり，上記の 2 回軸を含むように存在する．この鏡映に続いて z 軸に平行な軸の回りの 180° 回転を行うと，鏡映面とこの軸の交点に関する反転操作となることがわかる（図 1.1 参照）．したがって，自発分極は存在しない，つまり $D_{\infty h}$ の対称性を持つ相は常誘電相である．なぜなら，反転操作によって対称性 $D_{\infty h}$ を持つ構造はなにも変わらないはずであるが，自発分極 P が存在するとすれば，これに反転操作を施すことによって $-P$ に変化してしまうからである．または，反転操作をする前と後の分極が等しくなくてはならない，つまり $P = -P$ が成立しなくてはならないとすれば，当然の結果 $P = 0$ を得る．なお，補足ではあるが，$D_{\infty h}$ は z 軸に平行な鏡映面も含むことに注意せよ．先に述べたように 2 回軸とそれと直交する鏡映面により反転が作られるが，さらに 2 回軸と反転によって 2 回軸に垂直な鏡映面が作られる（図 1.1 参照）．この事実と z 軸に垂直な 2 回軸があることを考慮すれば z 軸に平行な鏡映面があることになる．

次に，SmC 相の対称性を考えてみよう．配向ベクトルが層法線から傾くことによって，z 軸に平行な軸の回りでの回転操作はすべて失われる．残るのは，配向ベクトルと層法線を含む面に関する鏡映とこの面に垂直な 2 回軸であり，対称性は C_{2h} となる．この鏡映面は図 6.13 では紙面に平行ならば，場所はどこでもよい．また，2 回軸は紙面に垂直ならば図中の一点鎖線上のどこに

あってもよい．このように鏡映面や2回軸がいたるところに存在するのは，面内で液体であるからである．C_{2h} に対称性が落ちても反転対称はあるから常誘電相であることに注意せよ．

　SmA 相から SmC 相への相転移を記述する自由エネルギーを導出してみよう．まず，秩序パラメーターを定義する必要がある．ネマチック液晶では液晶分子の配向秩序の程度と配向方向を表すテンソル秩序パラメーター（式(2.2)）を用いた．SmA 相から SmC 相への相転移に伴って層に関する秩序（z 方向の密度波）も変化するであろうが，本質的な変化は配向ベクトルの傾きであり，したがってネマチック液晶のテンソル秩序パラメーターが使えるであろう．SmA 相では配向ベクトルは z 方向に配向しているから，式(2.3)に示されるように対角成分のみがゼロではない．一方，SmC 相では一般に $n_x, n_y \neq 0$ であるから，式(2.4)からすべての非対角成分（$Sn_xn_y, Sn_zn_x, Sn_zn_y$）（ただし，3/2 は落とした）がゼロでなくなる．これらの量は SmA 相ではゼロ，SmC 相ではゼロではなくなるから秩序パラメーターとなりそうであるが，以下に説明するように SmA-SmC 相転移の正しい秩序パラメーターは（Sn_zn_x, Sn_zn_y）であり，Sn_xn_y ではない．ただし，以下では，SmA 相から SmC 相への相転移に伴って液晶分子の配向の度合，スカラー秩序パラメーター S は変化しないとし，配向ベクトルの変化のみを考えることにする．

　配向ベクトルの層法線からの傾き角を θ，x 軸からの方位角を ϕ とすれば（図 6.14），$(n_x, n_y) = (\sin\theta\cos\phi, \sin\theta\sin\phi)$ となるので，転移点の近傍では n_x も n_y もともに θ に比例する．したがって，(n_zn_x, n_zn_y) は θ に比例するのに対して，n_xn_y は θ の自乗に比例する．θ は SmA 相ではゼロ，SmC 相ではゼロでなくなるので秩序パラメーターであるが，配向ベクトルの傾く方向は表していないので，ネマチック液晶の場合のスカラー秩序パラメーター S に対応するものである．ネマチック液晶のテンソル秩序パラメーター $S_{\alpha\beta}$ に対応するのが (n_zn_x, n_zn_y) である．このように，(n_zn_x, n_zn_y) と n_xn_y は θ の次数に関して異なるが，より本質的な違いは対称性である．これを見るために，$D_{\infty h}$ の対称操作によってこれらの量がどのように変換されるかを調べてみよう．

　z 軸回りに角度 α 回転すると，配向ベクトルは

6-5 スメクチックC相

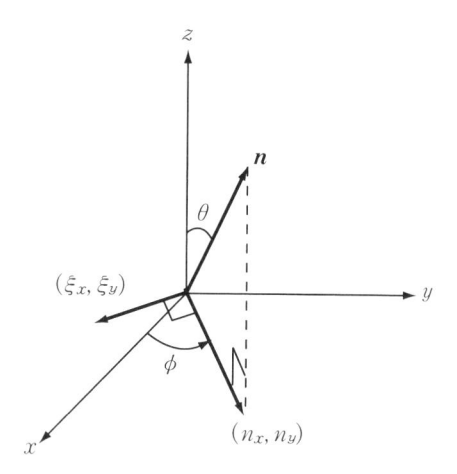

図 6.14 配向ベクトル $\boldsymbol{n}$ と秩序パラメーター (ξ_x, ξ_y) の関係.

$$\begin{pmatrix} n_x{}' \\ n_y{}' \end{pmatrix} = \begin{pmatrix} \cos\alpha & -\sin\alpha \\ \sin\alpha & \cos\alpha \end{pmatrix} \begin{pmatrix} n_x \\ n_y \end{pmatrix} \tag{6.30}$$

と変換される.z 成分に関しては $n_z{}' = n_z$ であるので,z 軸回りの回転に関しては $(n_z n_x, n_z n_y)$ は (n_x, n_y) と全く同じように変換されることがわかる.次に,x 軸回りの 180°回転(2回軸)を考えると,$(n_x{}', n_y{}', n_z{}') = (n_x, -n_y, -n_z)$ となるから,$(n_z n_x, n_z n_y)$ に対しては $(n_z{}' n_x{}', n_z{}' n_y{}') = (-n_z n_x, n_z n_y)$ となる.これより,z 軸に垂直な2回軸に関する回転操作に対しては $(n_z n_x, n_z n_y)$ と (n_x, n_y) は同じようには変換されない.しかし,$(n_z n_y, -n_z n_x)$ とすると,$D_{\infty h}$ のすべての回転操作に対して $(n_z n_y, -n_z n_x)$ は (n_x, n_y) と全く同じように変換されることがわかる.例えば,x 軸回りの 180°回転に対しては $(n_z{}' n_y{}', -n_z{}' n_x{}') = (n_z n_y, -(-n_z n_x))$ を示すことができる.他の z 軸に垂直な2回軸に対しても同様である.z 軸回りの回転に関しては $(n_y, -n_x)$ が (n_x, n_y) と同じように変換されることを示せばよい.式(6.30)から直ちに

$$\begin{pmatrix} n_y{}' \\ -n_x{}' \end{pmatrix} = \begin{pmatrix} \cos\alpha & -\sin\alpha \\ \sin\alpha & \cos\alpha \end{pmatrix} \begin{pmatrix} n_y \\ -n_x \end{pmatrix} \tag{6.31}$$

が得られる.$(n_y, -n_x)$ が常に (n_x, n_y) を時計回りに 90°回転したものになっ

ていることに気がつけば，この結果は自明であろう．つまり，後者が角度 α 回転すれば前者も同じように角度 α 回転するので，前者の回転の行列(6.31)は後者の行列(6.30)と同じにならなければならない．なお，鏡映操作に対して $(n_z n_y, -n_z n_x)$ は不変である．

一方，$n_x n_y$ は SmA-SmC 相転移には直接関係ないが，2 階のテンソル $n_\alpha n_\beta$ が対称性に基づいて分類できることを示す好例であるので少し触れることにする．$n_x n_y$ はこれだけでは $D_{\infty h}$ の対称操作に対して閉じない[*3]．というのは，例えば，z 軸回りの 45° 回転に対しては式(6.30)より $n_x' n_y' = 1/2(n_x^2 - n_y^2)$ となってしまうからである．$(n_x n_y, 1/2(n_x^2 - n_y^2))$ は $D_{\infty h}$ のすべての対称操作に関して閉じており，特に z 軸回りの角度 α の回転に対しては式(6.30)より

$$\begin{pmatrix} n_x' n_y' \\ 1/2(n_x'^2 - n_y'^2) \end{pmatrix} = \begin{pmatrix} \cos 2\alpha & \sin 2\alpha \\ -\sin 2\alpha & \cos 2\alpha \end{pmatrix} \begin{pmatrix} n_x n_y \\ 1/2(n_x^2 - n_y^2) \end{pmatrix} \quad (6.32)$$

となることを容易に示すことができる．このように，$(n_z n_y, -n_z n_x)$ と $(n_x n_y, 1/2(n_x^2 - n_y^2))$ は変換のされ方が異なる．他に，$n_x^2 + n_y^2$ および n_z^2 が両方とも $D_{\infty h}$ のすべての対称操作に関して不変であることがわかる．テンソル $n_\alpha n_\beta$ は対称であるので，独立な成分の数は 6 個であるが，こうして対称性を基に分類された $(n_z n_y, -n_z n_x)$，$(n_x n_y, 1/2(n_x^2 - n_y^2))$，$n_x^2 + n_y^2$，$n_z^2$ も 6 個である．群論を使うことによって組織的にこの分類が可能になることだけを述べて

[*3] $n_x, n_y, n_z, n_x^2, \cdots$ のように対称操作が作用して変換される量からなる集合 V を考える．この集合の要素を $v_i (i=1, 2, \cdots, n)$ とする．つまり，$V = \{v_1, v_2, \cdots, v_n\}$．また，鏡映操作等の対称操作からなる集合（この集合はある特別な性質を満たし，特に「群」と呼ばれる）を G とし（本文中で $D_{\infty h}$ 等と表したものである），その要素を $\hat{g}_j (j=1, 2, \cdots, m)$ とする．つまり，$G = \{\hat{g}_1, \hat{g}_2, \cdots, \hat{g}_m\}$．このとき，群 G の任意の対称操作を集合 V の任意の要素に作用させた結果 $\hat{g}_j v_i$ が V の要素の線形結合 $\sum_{i=1}^{n} a_i v_i$（a_i は定数）と書けるとき「集合 V は（群 G に関して）閉じている」という．または，V は不変部分空間と呼ばれる．今本文中では不変部分空間 $\{n_x^2, n_y^2, n_z^2, n_x n_y, n_y n_z, n_z n_x\}$ をより小さな不変部分空間へと分割する作業（「簡約」と呼ばれる）を行っている．もうそれ以上には小さくできない不変部分空間は既約な不変部分空間と呼ばれ，物理学でも重要である．本文中で最終的に得られるのは既約な不変部分空間である．

6-5 スメクチックC相

次に進もう．

$(n_z n_y, -n_z n_x)$ が SmA-SmC 相転移の秩序パラメーターであることがわかったので，これにより自由エネルギー密度を展開しよう．簡単のため，$(\xi_x, \xi_y) \equiv (n_z n_y, -n_z n_x)$ とする．前述したように (ξ_x, ξ_y) は $D_{\infty h}$ のすべての回転操作に対してベクトルの x, y 成分と同じように変換されるが，このことは図 6.14 に示すように，$\boldsymbol{\xi} = (\xi_x, \xi_y)$ は配向ベクトル $\boldsymbol{n}$ を x-y 面に射影したベクトルと直交していることからもわかる．SmA 相において自由エネルギー密度を ξ_x, ξ_y で展開すると

$$f = \frac{a}{2}(\xi_x^2 + \xi_y^2) + \frac{b}{4}(\xi_x^2 + \xi_y^2)^2 \\ + \frac{\kappa_1}{2}\left\{\left(\frac{\partial \xi_x}{\partial z}\right)^2 + \left(\frac{\partial \xi_y}{\partial z}\right)^2\right\} + \frac{\kappa_2}{2}\left(\frac{\partial \xi_x}{\partial x} + \frac{\partial \xi_y}{\partial y}\right)^2 + \frac{\kappa_3}{2}\left(\frac{\partial \xi_y}{\partial x} - \frac{\partial \xi_x}{\partial y}\right)^2 \tag{6.33}$$

を得る．ここで，$a, b, \kappa_1, \kappa_2, \kappa_3$ は定数である．右辺の各項が $D_{\infty h}$ のすべての対称操作に対して不変となることは容易にわかる．

右辺の第1項は層面内にあるベクトルの大きさの自乗を表すから $D_{\infty h}$ のすべての回転操作に対して不変である．また，鏡映操作に対しては，前述したように鏡映操作を2回軸に関する回転操作と反転操作の合成と考えれば，前者に関しては不変であり後者に関しても不変（ξ_x, ξ_y 自身が不変）であることからわかる．第2項は第1項の自乗であるから当然不変である．さらに高次の不変量も存在するが，2次の SmA-SmC 相転移を議論するにはこれで十分である．この場合，2-3節で述べたように $b > 0$ である．以上の2項は配向ベクトルが空間的に変化せず一様に傾いても，SmA 相では自由エネルギーを増大させる．一方，第3項から5項は空間的な非一様性に起因する．**付録A**に示すように対称操作に対して微分演算子 ∇ はベクトルと同じように変換する．したがって，第3項は $z^2(\xi_x^2 + \xi_y^2)$ と同じように変換される．z^2 は $D_{\infty h}$ のすべての対称操作によって不変であることはすぐにわかるから，第3項は不変量である．第4項は (ξ_x, ξ_y) の div $(\nabla \cdot)$ の自乗であるからこれも不変量である．第5項については rot $(\nabla \times)$ の z 成分の自乗であることに気がつけば，これも不変量であることがわかる．

式 (6.33) の自由エネルギー密度を基に SmA-SmC 相転移を調べてみよう．

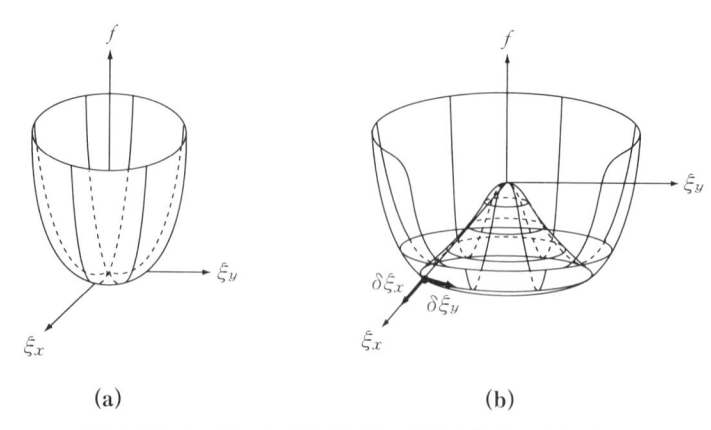

図 6.15 （a）SmA 相と（b）SmC 相の自由エネルギー．

本質的なところは，空間的に一様，すなわち式(6.33)で微分項をゼロとしてもわかるから，右辺の最初の2項のみを考える．$a>0$ である限りは $\xi_x=\xi_y=0$ が極小であり，SmA 相が安定である．その自由エネルギーを図6.15(a)に示す．$a<0$ になると，図6.15(b)に示すように $\xi_x=\xi_y=0$ は極大となり，その回りにエネルギーの低い状態ができ，SmC 相が現れる．したがって，転移点は $a=0$ で与えられる．$(\xi_x, \xi_y)=(\xi\cos\phi, \xi\sin\phi)$ と極座標で表せば，一般に ϕ の変化に対してはエネルギーは変化しないから，このエネルギーの低い状態は縮退している．したがって，SmC 相において配向ベクトルの傾く方向はエネルギー的には決められない．これは SmA 相においては層法線方向に ∞ 回軸があり，面内では等方的であるためである．対称性から SmA 相から SmC 相になるとき配向ベクトルはどの方向にも等しく傾いてよいことがわかる．この結果として SmC 相では無限小の力で傾く方向 ϕ を変えられることになる．これに対して振幅 ξ を変化させるとエネルギーは増大するので，復元力が働く．SmA 相では ϕ の変化は考えられず，ξ の変化のみであるので任意の変化に対していつでも復元力が働く．SmC 相で現れる復元力の働かない変位（モード）は，3-8節のネマチック液晶でも出てきた南部-ゴールドストーンモードである．この特別なモードの起源は上の説明から，SmA 相における ∞ 回軸にあることがわかるであろう．

6-5 スメクチックC相

自由エネルギー密度における2次の係数 a の温度依存性を $a = a_0(T - T_c)$ (a_0 は正の定数)としよう.上の議論から転移点 T_c では $a = 0$ であることを考慮し,a を T_c の回りで展開し1次の項までをとればこの式は自然に出てくる.微分項を無視すれば,自由エネルギー極小の条件(平衡の条件)

$$\frac{\partial f}{\partial \xi_x} = \xi_x \{a + b(\xi_x^2 + \xi_y^2)\} = 0,$$
$$\frac{\partial f}{\partial \xi_y} = \xi_y \{a + b(\xi_x^2 + \xi_y^2)\} = 0 \tag{6.34}$$

より,SmA相($T > T_c$)では図6.15からもわかるように $\xi_x = \xi_y = 0$,一方 SmC相($T < T_c$)では

$$\xi^2 = \xi_x^2 + \xi_y^2 = -\frac{a}{b} \tag{6.35}$$

を得る.すでに述べたように,方位角 ϕ は不定である.

次に,ダイナミクスを調べてみよう.ここでも簡単のため,まず空間的に一様な変形,つまり波数ゼロの変形(モード)のみを考える.さらに,液晶の流れは考えないことにする(考慮しても波数ゼロのモードには影響しない).4-3節のネマチック液晶のエリクセン-レスリー理論で見たように,配向ベクトルが有限な速度で回転すると速度に比例する抵抗を受ける.スメクチック液晶においても同様に秩序パラメーターの時間微分に比例する抵抗力($-\gamma \mathrm{d}\xi_x/\mathrm{d}t$, $-\gamma \mathrm{d}\xi_y/\mathrm{d}t$)($\gamma$ は粘性係数で正)が働くであろう.一方,自由エネルギーを起源とする単位体積当たりの弾性力は($-\partial f/\partial \xi_x$, $-\partial f/\partial \xi_y$)となる.分子の慣性を無視すると運動方程式

$$\gamma \frac{\mathrm{d}\xi_x}{\mathrm{d}t} = -\frac{\partial f}{\partial \xi_x} = -a\xi_x - b\xi_x(\xi_x^2 + \xi_y^2),$$
$$\gamma \frac{\mathrm{d}\xi_y}{\mathrm{d}t} = -\frac{\partial f}{\partial \xi_y} = -a\xi_y - b\xi_y(\xi_x^2 + \xi_y^2) \tag{6.36}$$

を得る.ただし,式(6.33)の右辺にある最初の2項を f として用いた.この方程式を基にSmA相とSmC相における微小ゆらぎのダイナミクスを調べてみよう.

SmA相およびSmC相の平衡状態における値を $(\xi_x^{(0)}, \xi_y^{(0)})$ とする.さらに,平衡状態からの変化分を $(\delta\xi_x, \delta\xi_y)$ とすれば $(\xi_x, \xi_y) = (\xi_x^{(0)} + \delta\xi_x, \xi_y^{(0)}$

$+\delta\xi_y$) と表されるから,これを式(6.36)に代入して $\delta\xi_x, \delta\xi_y$ の 1 次までを残すと,運動方程式

$$\gamma\frac{\mathrm{d}\delta\xi_x}{\mathrm{d}t} = -(a+3b\xi_x^{(0)2}+b\xi_y^{(0)2})\delta\xi_x - 2b\xi_x^{(0)}\xi_y^{(0)}\delta\xi_y,$$
$$\gamma\frac{\mathrm{d}\delta\xi_y}{\mathrm{d}t} = -(a+b\xi_x^{(0)2}+3b\xi_y^{(0)2})\delta\xi_y - 2b\xi_x^{(0)}\xi_y^{(0)}\delta\xi_x \quad (6.37)$$

が得られる.ここで,式(6.35)において ξ_x, ξ_y を ξ_x^0, ξ_y^0 で置き換えた式を用いた.SmA 相では $\xi_x^{(0)}=\xi_y^{(0)}=0$ であるから,上式は

$$\gamma\frac{\mathrm{d}\delta\xi_x}{\mathrm{d}t} = -a\delta\xi_x,$$
$$\gamma\frac{\mathrm{d}\delta\xi_y}{\mathrm{d}t} = -a\delta\xi_y \quad (6.38)$$

となる.上式はともに緩和型の方程式であり,解は $e^{-(a/\gamma)t}$ に比例する.したがって,平衡状態から少しだけ変位させると,$\delta\xi_x$ と $\delta\xi_y$ は独立に同じ緩和時間 $\tau=\gamma/a$ を持って指数関数的に減衰し,平衡状態に達することがわかる.特徴的なことは,転移点 T_c に近づくと,$a=a_0(T-T_c)$ であるから,この緩和時間が転移点からの温度差に反比例して急速に長くなりついには転移点で発散することである.このように緩和時間が転移点で発散するモードはソフトモード(soft mode)と呼ばれる.復元力をバネで例えれば,転移点に近づくとバネ定数が小さくなる,つまり"柔らかく"なることに相当するからである.SmA 相で転移点に近づくにつれ,図6.15(a)の自由エネルギーを表す曲面は原点の回りで平らになる.この結果,復元力が小さくなり,平衡に達するまでの時間が長くなる.

以上,平衡状態から少し離れた状態から平衡状態への緩和を考えたが,次に平衡状態の熱ゆらぎを考えてみよう.まず,平衡状態における秩序パラメーターのゆらぎの自乗平均 $\langle\delta\xi_x^2\rangle, \langle\delta\xi_y^2\rangle$ を求めてみる.自由エネルギーは 2 次までの近似(ガウス近似と呼ばれる)で $f=a/2\cdot(\delta\xi_x^2+\delta\xi_y^2)$ となるから,式(3.79)のエネルギー等分配則を適用すれば $\langle\delta\xi_x^2\rangle=\langle\delta\xi_y^2\rangle=k_BT/a$ を得る.これは転移点に向かってゆらぎは増大し,転移点で発散することを意味する.ゆらぎのダイナミクスを特徴づける時間相関関数は,4-8節で述べた方法を用いれば

$$\langle\delta\xi_x(0)\delta\xi_x(t)\rangle=\langle\delta\xi_y(0)\delta\xi_y(t)\rangle=\frac{k_\mathrm{B}T}{a}e^{-t/\tau} \tag{6.39}$$

と与えられる．ただし，$\tau=\gamma/a$ は運動方程式(6.38)を解いて得られた緩和時間である．転移点に近づくと緩和時間は長くなるので，相関関数の減衰は遅くなり，したがってゆらぎはゆっくりと変化するようになる．これらの話をまとめると，転移点に近づくとゆらぎは大きくなるとともに時間変化は緩慢になる．このような現象は臨界緩和と呼ばれ，一般に2次相転移の著しい特徴である．

SmC相では秩序パラメーターの振幅の大きさのみが式(6.35)で与えられ，傾く方向は不定である．ここでは，配向ベクトルが y 軸方向に傾いたとし，$(\xi_x^{(0)}, \xi_y^{(0)})=(\sqrt{-a/b}, 0)$ とおく（配向ベクトルの x-y 面への射影と秩序パラメーターが直交していることに注意）．これを式(6.37)に代入すると

$$\begin{aligned}\gamma\frac{\mathrm{d}\delta\xi_x}{\mathrm{d}t}&=-(-2a)\delta\xi_x,\\ \gamma\frac{\mathrm{d}\delta\xi_y}{\mathrm{d}t}&=0\end{aligned} \tag{6.40}$$

となる．上式より配向ベクトルの傾いた方向の固有モード $\delta\xi_x$ に関しては緩和時間は $\tau=\gamma/(-2a)$ となる．一方，これと垂直な方向の固有モード $\delta\xi_y$ に対しては無限大となるが，これが南部-ゴールドストーンモードである．この結果の意味は図6.15(b)を見れば明らかであろう．今の場合，(ξ_x, ξ_y) を極座標で表せば南部-ゴールドストーンモードは位相角の変化（図中の $\delta\xi_y$）となるから，位相モード（phase mode）とも呼ばれる．また，もう1つの有限の緩和時間を持つモードは振幅の変化（図中の $\delta\xi_x$）に対応するので，振幅モード（amplitude mode）と呼ばれる．このように，SmA相では2重に縮退していたソフトモードが相転移を起してSmC相になると縮退が解けて緩和時間無限大の位相モードと振幅モードになることがわかった．図6.16に緩和時間 τ の逆数，すなわち緩和レート（relaxation rate）$1/\tau$ の温度依存性を示す．振幅モードの傾きがソフトモードの傾きのちょうど2倍になっていることに注意せよ．平衡状態におけるゆらぎのダイナミクス（時間相関関数）についてはSmA相のソフトモードと同じように議論できる．ただし，位相モードのゆら

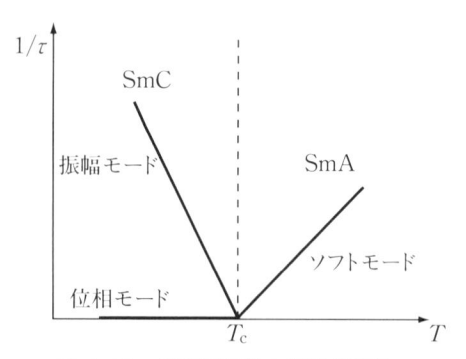

図 6.16 緩和周波数の温度依存性.

ぎの大きさおよび緩和時間は常に無限大である.

上で扱った固有モードは空間的に一様なモード, すなわち波数がゼロであるモードであった. 以下では有限な波数を持つモードの緩和時間を調べてみよう. 4-7節と同様に計算を進めればよい. ただし, 簡単のため流れはないとする. 計算にとりかかる前に, 自由エネルギー密度(6.33)における微分項の係数 $\varkappa_1, \varkappa_2, \varkappa_3$ がすべて正であることを示しておく. 例えば, ξ_y がゼロで ξ_x が z だけに依存する場合を考えると, 微分項では $\varkappa_1$ の項のみがゼロでなくなる. さらに転移点では $a=0$ となるから, 残るのはこの微分項と b を係数として持つ4次項のみであるが, 微分項は2次項であるから, 微小変位を考える限り(安定性を考える限り), 微分項のみを残せばよい. もし $\varkappa_1<0$ であれば, ξ_x は z とともに変化した方が自由エネルギーは小さくなるから, 一様状態は不安定になってしまう. したがって, $\varkappa_1>0$ でなくてはならない. $\varkappa_2, \varkappa_3$ についても同様である.

4-2節と同じように考えれば, 空間的に非一様な場合の運動方程式は式(6.36)の偏微分 $\partial f/\partial \xi_x, \partial f/\partial \xi_y$ を汎関数微分 (**付録 E 参照**) $\delta F/\delta \xi_x, \delta F/\delta \xi_y$ (F は自由エネルギー密度 f を液晶全体にわたって積分した全自由エネルギー) で置き換えればよいことがわかる.

$$\gamma \frac{\partial \xi_x}{\partial t} = -\frac{\delta F}{\delta \xi_x} = -\frac{\partial f}{\partial \xi_x} + \frac{\partial}{\partial x}\left(\frac{\partial f}{\partial(\partial \xi_x/\partial x)}\right) + \frac{\partial}{\partial y}\left(\frac{\partial f}{\partial(\partial \xi_x/\partial y)}\right) + \frac{\partial}{\partial z}\left(\frac{\partial f}{\partial(\partial \xi_x/\partial z)}\right)$$

$$= -a\xi_x - b\xi_x(\xi_x^2+\xi_y^2) + \chi_2\frac{\partial^2 \xi_x}{\partial x^2} + \chi_3\frac{\partial^2 \xi_x}{\partial y^2} + \chi_1\frac{\partial^2 \xi_x}{\partial z^2} + (\chi_2-\chi_3)\frac{\partial^2 \xi_y}{\partial x \partial y},$$

$$\gamma\frac{\partial \xi_y}{\partial t} = -\frac{\delta F}{\delta \xi_y} = -\frac{\partial f}{\partial \xi_y} + \frac{\partial}{\partial x}\left(\frac{\partial f}{\partial(\partial \xi_y/\partial x)}\right) + \frac{\partial}{\partial y}\left(\frac{\partial f}{\partial(\partial \xi_y/\partial y)}\right) + \frac{\partial}{\partial z}\left(\frac{\partial f}{\partial(\partial \xi_y/\partial z)}\right)$$

$$= -a\xi_y - b\xi_y(\xi_x^2+\xi_y^2) + (\chi_2-\chi_3)\frac{\partial^2 \xi_x}{\partial x \partial y} + \chi_3\frac{\partial^2 \xi_y}{\partial x^2} + \chi_2\frac{\partial^2 \xi_y}{\partial y^2} + \chi_1\frac{\partial^2 \xi_y}{\partial z^2}$$

(6.41)

SmA 相での微小変位に対しては $(\xi_x, \xi_y) = (\delta\xi_x, \delta\xi_y)$ と置き,上式を線形化し ($\delta\xi_x$ と $\delta\xi_y$ の 1 次項を残す),さらに場所に依存する秩序パラメーター $\delta\xi_x(\boldsymbol{r})$ と $\delta\xi_y(\boldsymbol{r})$ をフーリエ級数展開して

$$\delta\xi_x(\boldsymbol{r}) = \frac{1}{V}\sum_{\boldsymbol{q}} \delta\xi_x(\boldsymbol{q})e^{i\boldsymbol{q}\cdot\boldsymbol{r}}, \ \delta\xi_y(\boldsymbol{r}) = \frac{1}{V}\sum_{\boldsymbol{q}} \delta\xi_y(\boldsymbol{q})e^{i\boldsymbol{q}\cdot\boldsymbol{r}} \quad (6.42)$$

線形化した運動方程式に代入すると

$$\gamma\frac{\partial \delta\xi_x(\boldsymbol{q})}{\partial t} = -(a+\chi_2 q_x^2+\chi_3 q_y^2+\chi_1 q_z^2)\delta\xi_x(\boldsymbol{q}) - (\chi_2-\chi_3)q_x q_y \delta\xi_y(\boldsymbol{q}),$$

$$\gamma\frac{\partial \delta\xi_y(\boldsymbol{q})}{\partial t} = -(\chi_2-\chi_3)q_x q_y \delta\xi_x(\boldsymbol{q}) - (a+\chi_3 q_x^2+\chi_2 q_y^2+\chi_1 q_z^2)\delta\xi_y(\boldsymbol{q})$$

(6.43)

を得る.さらに,上式に $\delta\xi_x(\boldsymbol{q}) = \delta\xi_{0x}(\boldsymbol{q})e^{-t/\tau}$, $\delta\xi_y(\boldsymbol{q}) = \delta\xi_{0y}(\boldsymbol{q})e^{-t/\tau}$ を代入し,$\delta\xi_{0x}(\boldsymbol{q})$ と $\delta\xi_{0y}(\boldsymbol{q})$ が同時にゼロにならない条件より分散関係

(ⅰ) $\quad \dfrac{1}{\tau} = \{a + \chi_1 q_z^2 + \chi_2(q_x^2+q_y^2)\}/\gamma, \ (\delta\xi_x(\boldsymbol{q}), \delta\xi_y(\boldsymbol{q})) \| (q_x, q_y)$

(ⅱ) $\quad \dfrac{1}{\tau} = \{a + \chi_1 q_z^2 + \chi_3(q_x^2+q_y^2)\}/\gamma, \ (\delta\xi_x(\boldsymbol{q}), \delta\xi_y(\boldsymbol{q})) \perp (q_x, q_y)$

(6.44)

を得る.

[演習問題 6.2:上記の式を導出せよ]

モード(ⅰ)およびモード(ⅱ)では配向ベクトルの傾く方向(配向ベクトルの x-y 面への射影が $\boldsymbol{\xi}$ と直交することに注意)と層面内の波数ベクトル (q_x, q_y) がそれぞれ垂直および平行になっている.ゼロではない有限波数に対する緩和レートは常に波数ゼロの緩和レートより大きくなっており,転移点($a=0$)においてもゼロにはならないことに注意せよ.

SmC 相についても全く同じように分散関係を求めることができるが,複雑

になるので，ここでは $q_x=q_y=0$ の場合の q_z 依存性を示す．

$$\frac{1}{\tau}=(-2a+\chi_1 q_z^2)/\gamma \tag{6.45}$$

$$\frac{1}{\tau}=(\chi_1 q_z^2)/\gamma \tag{6.46}$$

式(6.45)および式(6.46)がそれぞれ振幅モードおよび位相モードの分枝 (branch) となっていることは，$q_z=0$ とおいてみれば容易にわかる．これらを図6.17に示す．SmC相では位相モードの分枝は温度に依存せず，常に $q_x=q_y=q_z=0$ で横軸と接している．これに対して，振幅モードの分枝は温度が下がるにつれ横軸から離れ，緩和レートは高くなる．

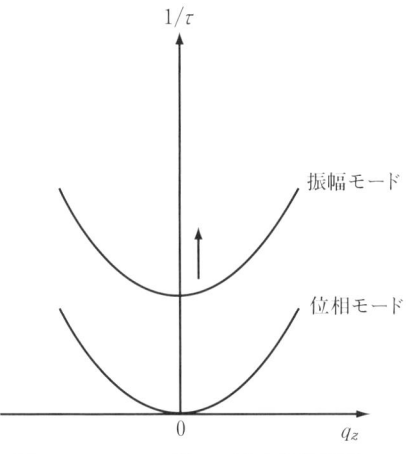

図 6.17 SmC 相における分散関係．

6-6 キラルスメクチック C 相

前節では SmA 相から SmC 相への相転移を調べたが，ここでは SmA 相から SmC* 相への相転移を考えよう．この場合，液晶分子は不斉炭素を持つ．第1章で述べたように，不斉炭素は鏡映操作および反転操作に対しては異なった分子に変換されるので，不斉炭素からなる SmA 相ではこれらの対称操作は存在しない．不斉炭素からなる SmA 相の対称性は，不斉炭素を持たない

SmA 相の対称性 $D_{\infty h}$ から鏡映操作および反転操作を除いた D_{∞} となる．同様に，SmC* 相の対称性は，SmC 相の C_{2h} から鏡映操作および反転操作を除いた C_2 となる．対称性 C_2 では 2 回軸方向に自発分極が現れる．この節ではランダウ理論に基づいて SmC* 相に特徴的な自発分極の発現およびらせん構造を議論するが，その前にマイヤーらが初めて合成した強誘電性液晶 DOBAMBC（図 6.18）を例に分子構造と自発分極発現の関係を考えてみる．

$$C_{10}H_{21}O-\underset{}{\bigcirc}-CH=N-\underset{}{\bigcirc}-CH=CH-\underset{\parallel}{\overset{O}{C}}-O-CH_2-\overset{CH_3}{\underset{}{*CH}}-C_2H_5$$

図 6.18 初めて合成された強誘電性液晶 DOBAMBC の構造．

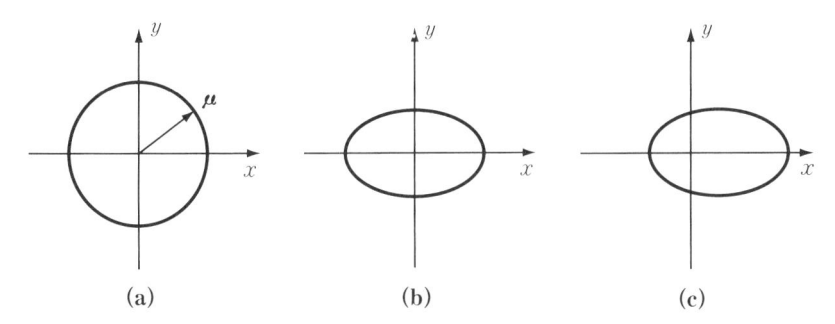

図 6.19 双極子モーメントの分布．(a)SmA 相では分子に垂直な面内では等方的．(b)SmC 相では楕円的になるが，原点に関して対称であり，自発分極は現れない．(c)SmC* 相では x 方向に偏りが生じ，自発分極が発現する．

図 6.18 において *C が不斉炭素であり，この存在により対称性が C_2 となり，必然的に自発分極が現れる．とはいっても，自発分極が現れるためには分子が双極子モーメントを持たなくてはならない．分子長軸方向には双極子モーメントはあるが，通常のネマチック液晶と同じように配向ベクトルの方向に頭尾が逆の分子が同数ずつ存在するので，配向ベクトル方向には自発分極は生じない．DOBAMBC で重要なのは主にカルボニル基（>C=O）が分子長軸と垂直な方向に持つ大きな双極子モーメントである．SmA 相では永久双極子は分子長軸の回りに一様に回転している．この場合の双極子モーメント $\boldsymbol{\mu}$ の層

面内（x-y 面内）における分布は図 6.19（a）に示すように等方的であり，平均すればゼロとなる．SmC 相になると分子が傾く（y 軸方向に傾くとする）ことにより各分子の自由な回転が阻害され，永久双極子モーメントが向く方向に偏りができるが，C_{2h} の反転操作があるために図（b）に示すように双極子の分布は原点に関して反転対称があり，この場合も平均すればゼロとなる．これに対して，液晶分子が不斉炭素を持たなければ，対称性は C_2（2 回軸は x 軸に平行）となるから，双極子の分布は図（c）に示すように x 軸に沿って偏りが生じ，この結果として自発分極が発現する．なお，分子が傾く方向と自発分極の向きは常に直交しているが，分子が y 軸方向に傾いたときに自発分極が x 軸の正の方向か負の方向のどちらに現れるかは分子構造に依存する．特に，対称性から容易にわかるように鏡像関係にある分子に対しては自発分極が現れる向きは逆になる．以上のことから，自発分極は液晶分子が層法線から傾くことによる反転中心の消失から必然的に現れることがわかった．言い換えれば，相転移は主に液晶分子が傾くことによって引き起こされ，これに伴って間接的に自発分極が発現することになる．実際，双極子モーメントが SmA-SmC* 相転移に本質的な寄与をしないことはラセミ体（racemic form）を使った実験で明らかとなっている．鏡像関係にある 2 種類の分子を等量混合した試料（ラセミ体と呼ばれる）では双極子モーメントがキャンセルし自発分極は現れないが，相転移は起こり，転移温度もほとんど変わらない．ラセミ体でも鏡映操作により 2 つの異なる分子が入れ替わるが，それらは等量であるため試料全体では何の変化も起こらない．つまり，ラセミ体では鏡映操作および反転操作を持つため，対称性は C_{2h} となっている．

　まず，自発分極の出現を自由エネルギーを基に考察してみよう．SmA-SmC 相転移のところで述べたように，傾きを表す秩序パラメーターは (ξ_x, ξ_y) = $(n_z n_y, -n_z n_x)$ であったが，SmA-SmC* 相転移においてもこの秩序パラメーターで自由エネルギーを展開できる．このとき，$D_{\infty h}$ から鏡映操作および反転操作を除いた D_∞ のすべての対称操作に対しては (ξ_x, ξ_y) と分極の x と y 成分 (P_x, P_y) が全く同じように変換されることに注目しよう．これから，$\xi_x P_x + \xi_y P_y$（双 1 次の結合）は $x^2 + y^2$ と同じ対称性を持つから不変量であることがわかる．空間的な非一様性（微分項）は後から考えることにして，(ξ_x, ξ_y)

と (P_x, P_y) で自由エネルギー密度を展開する.

$$f = \frac{a}{2}(\xi_x{}^2 + \xi_y{}^2) + \frac{b}{4}(\xi_x{}^2 + \xi_y{}^2)^2 + \lambda(\xi_x P_x + \xi_y P_y) \\ + \frac{1}{2\chi}(P_x{}^2 + P_y{}^2) - (P_x E_x + P_y E_y) \quad (6.47)$$

ただし,(E_x, E_y) は電場であり,λ と χ は定数である.最後の項は分極と電場との相互作用を表す.SmA 相において $P_x = P_y = 0$ が安定であるためには $\chi > 0$ でなくてはならない.平衡状態では (ξ_x, ξ_y) と (P_x, P_y) に関して自由エネルギー密度(6.47)が極小とならなければならない.(P_x, P_y) についての極小条件 $\partial f/\partial P_x = \partial f/\partial P_y = 0$ より,

$$P_x = -\chi\lambda\xi_x + \chi E_x, \\ P_y = -\chi\lambda\xi_y + \chi E_y \quad (6.48)$$

を得る.上式は SmA 相のみならず SmC* 相においても成立することに注意せよ.無電場下では分極と秩序パラメーターが比例し,層法線に対して分子が傾くと,それに伴って自発分極が現れることがわかる.また,電場下では分極の x および y 成分がそれぞれ χE_x および χE_y だけ増大するので,χ は SmA 相では電気感受率になっていることがわかる.式(6.48)を自由エネルギー密度(6.47)に代入して分極を消去すると,

$$f = \frac{a'}{2}(\xi_x{}^2 + \xi_y{}^2) + \frac{b}{4}(\xi_x{}^2 + \xi_y{}^2)^2 + \lambda\chi(\xi_x E_x + \xi_y E_y) - \frac{1}{2}\chi\lambda^2(E_x{}^2 + E_y{}^2) \quad (6.49)$$

が得られる.ただし,2 次の係数は $a' = a - \chi\lambda^2$ で置き換わる.$\chi > 0$ を考慮すると a がゼロになる前に a' がゼロ,つまり相転移が起こることがわかる.一般に秩序パラメーターと他の量が相互作用すると相互作用がないときと比べて転移温度は上がる.$a = a_0(T - T_0)$ と置けば(T_0 は分極との結合がないときの転移温度),a' がゼロとなる転移温度 T_c は $T_c = T_0 + \chi\lambda^2/a_0$ で与えられる.無電場下における SmC* 相における秩序パラメーターの大きさは前節の式(6.35)において a を a' で置き換えれば得られる.

SmA 相における電場の効果を考察してみよう.自由エネルギー密度(6.49)において 4 次の項を無視し,平衡条件 $\partial f/\partial \xi_x = \partial f/\partial \xi_y = 0$ を使うと

$$\xi_x = -\lambda\chi/a' \cdot E_x,$$
$$\xi_y = -\lambda\chi/a' \cdot E_y \tag{6.50}$$

となり，電場により分子の傾きが誘起されることがわかる．この現象は電傾効果（electroclinic effect）（結晶のピエゾ効果に対応する）と呼ばれる．転移点に近づくと a' は小さくなるのでこの効果は大きくなる．分子が傾けば屈折率楕円体が回転するので，電傾効果を用いて電場により光を制御する素子を作成することができる．不斉炭素を持たない SmA 相では鏡映対称性のため秩序パラメーターと分極の双1次の結合がなく，このような電傾効果は存在しない．

次に，自由エネルギー密度に微分項を加えるとらせん構造が現れるのを見てみよう．らせん構造が現れるのは層法線方向（z 軸方向）であるので，簡単のため以下では z 軸方向の秩序パラメーターの変化のみを考える．対称性 D_∞ の下では，$D_{\infty h}$ の自由エネルギー密度(6.33)に新たな不変量

$$\xi_x \frac{\partial \xi_y}{\partial z} - \xi_y \frac{\partial \xi_x}{\partial z} \tag{6.51}$$

が付け加わる．これが不変量となることは容易にわかる．対称性に関しては，この不変量は $z(xy'-yx')$ と同じように変換される．ただし，(x', y') は (x, y) と同じように変換される対称性において同じ量である．$(xy'-yx')$ はベクトル積の z 成分と同じように変換するので，$z(xy'-yx')$ は z^2 と同じ対称性を持ち，したがって D_∞ の対称操作の下で不変量となる．なお，式(6.51)は対称性 $D_{\infty h}$ の下では不変量とならないことに注意せよ．なぜなら，例えば反転操作に対して (ξ_x, ξ_y) は不変であるが，z は符号を変えるからである．一般に，対称性が下がると（対称操作の数が減ると），不変項が増えることは容易にわかるであろう．式(6.51)はリフシッツ不変式（Lifshitz invariant）と呼ばれ，後にわかるように SmC* 相におけるらせん形成の起源となる．直感的には，空間微分の1次項を含むからこれらがゼロでない方が自由エネルギーを下げることができる，つまり一様状態が不安定となると解釈できる．分極と結合する次のような不変項

$$P_x \frac{\partial \xi_y}{\partial z} - P_y \frac{\partial \xi_x}{\partial z} \tag{6.52}$$

も存在する．

この他にも不変項は存在するが，実際の現象を定性的にかつある程度定量的に再現できる最小限の不変項のみを考慮すると，自由エネルギー密度は

$$f = \frac{a}{2}(\xi_x^2 + \xi_y^2) + \frac{b}{4}(\xi_x^2 + \xi_y^2)^2 + \frac{\chi}{2}\left\{\left(\frac{\partial \xi_x}{\partial z}\right)^2 + \left(\frac{\partial \xi_y}{\partial z}\right)^2\right\} - \delta\left(\xi_x \frac{\partial \xi_y}{\partial z} - \xi_y \frac{\partial \xi_x}{\partial z}\right)$$
$$+ \lambda(\xi_x P_x + \xi_y P_y) + \mu\left(P_x \frac{\partial \xi_y}{\partial z} - P_y \frac{\partial \xi_x}{\partial z}\right) + \frac{1}{2\chi}(P_x^2 + P_y^2) - (P_x E_x + P_y E_y)$$

(6.53)

となる．ただし，χ, δ, μ は定数である．上式は空間微分項を含むので，平衡条件は自由エネルギー密度を体積全体にわたって積分した全自由エネルギー F（今の場合 z 依存性のみを考えているので z について積分すればよい）を極小化しなくてはならない．すなわち，F の ξ_x, ξ_y, P_x, P_y に関する汎関数微分をゼロとすればよい．まず，P_x および P_y に関する平衡条件 $\delta F/\delta P_x = \partial f/\partial P_x = 0$, $\delta F/\delta P_y = \partial f/\partial P_y = 0$（$f$ が P_x および P_y の微分項を含まないことに注意）より

$$P_x = -\chi\lambda\xi_x - \chi\mu\frac{\partial \xi_y}{\partial z} + \chi E_x,$$
$$P_y = -\chi\lambda\xi_y + \chi\mu\frac{\partial \xi_x}{\partial z} + \chi E_y$$

(6.54)

を得る．上式の右辺第 1 項と 3 項は式 (6.48) と同じであり，第 2 項が式 (6.52) を起源として新たに現れた項である．この項は ξ_x と ξ_y がゼロでなくても空間変化がない場合にはゼロであることに注意しよう．ξ_x と ξ_y の空間変化によってこのように分極が生じる現象は撓電効果（flexoelectric effect）と呼ばれている．式 (6.54) を自由エネルギー密度 (6.53) へ代入すると

$$f = \frac{a'}{2}(\xi_x^2 + \xi_y^2) + \frac{b}{4}(\xi_x^2 + \xi_y^2)^2 + \frac{\chi'}{2}\left\{\left(\frac{\partial \xi_x}{\partial z}\right)^2 + \left(\frac{\partial \xi_y}{\partial z}\right)^2\right\} - \delta'\left(\xi_x \frac{\partial \xi_y}{\partial z} - \xi_y \frac{\partial \xi_x}{\partial z}\right)$$
$$+ \chi\lambda(\xi_x E_x + \xi_y E_y) + \chi\mu\left(E_x \frac{\partial \xi_y}{\partial z} - E_y \frac{\partial \xi_x}{\partial z}\right) - \frac{\chi}{2}(E_x^2 + E_y^2)$$

(6.55)

と書き換えられる．ただし，

$$a' = a - \chi\lambda^2,$$
$$\delta' = \delta + \chi\mu\lambda, \qquad (6.56)$$
$$\chi' = \chi - \chi\mu^2$$

である．すなわち，秩序パラメーターと分極の相互作用を繰り込むと秩序パラメーターだけで展開した自由エネルギーにおける係数が変化する．前節でやったように SmA 相の安定性を考えると $\chi' > 0$ である．δ' の符号は物質により異なる．

自由エネルギー密度 (6.55) を基に無電場下における平衡状態を考察する．秩序パラメーターに関する平衡条件 $\delta F/\delta \xi_x = \delta F/\delta \xi_y = 0$ より，オイラー-ラグランジュの式（**付録 D** 参照）

$$\begin{aligned}
a'\xi_x - 2\delta'\frac{\partial \xi_y}{\partial z} - \chi'\frac{\partial^2 \xi_x}{\partial z^2} + b(\xi_x{}^2 + \xi_y{}^2)\xi_x &= 0, \\
a'\xi_y + 2\delta'\frac{\partial \xi_x}{\partial z} - \chi'\frac{\partial^2 \xi_y}{\partial z^2} + b(\xi_x{}^2 + \xi_y{}^2)\xi_y &= 0
\end{aligned} \qquad (6.57)$$

を得る．この方程式は $\xi_x = \xi_y = 0$（SmA 相）の他に SmC* 相のらせんを表す

$$\begin{aligned}
\xi_x &= A \cos qz, \\
\xi_y &= A \sin qz
\end{aligned} \qquad (6.58)$$

を解に持つ．これを式 (6.57) に代入すれば

$$\begin{aligned}
A\{(a' - 2\delta'q + \chi'q^2) + bA^2\} \cos qz &= 0, \\
A\{(a' - 2\delta'q + \chi'q^2) + bA^2\} \sin qz &= 0
\end{aligned} \qquad (6.59)$$

となり，

$$A = 0 \quad (\text{SmA 相}) \qquad (6.60\,\text{a})$$
$$A = \sqrt{-(a' - 2\delta'q + \chi'q^2)/b} \quad (\text{SmC* 相}) \qquad (6.60\,\text{b})$$

を得る．

式 (6.58) の q はオイラー-ラグランジュ方程式 (6.57) からは決まらない．q は式 (6.58) に対応する全自由エネルギーを極小にするように決められる．式 (6.58) を自由エネルギー密度 (6.55) に代入すると ($E_x = E_y = 0$)

$$f = \frac{1}{2}(a' - 2\delta'q + \chi'q^2)A^2 + \frac{1}{4}bA^4 \qquad (6.61)$$

となるが，これは場所に依存しないことに注意せよ．したがって，全自由エネ

6-6 キラルスメクチックC相

ルギーを極小にする代わりに，上の自由エネルギー密度を極小にすればよい。q に関する平衡条件

$$\frac{\partial f}{\partial q} = -(\delta' - \chi' q) A^2 = 0 \tag{6.62}$$

から，$A \neq 0$ の SmC* 相では

$$q = \delta'/\chi' \tag{6.63}$$

となる．SmC* 相では式(6.58)のらせん構造が現れることがわかる．$\chi' > 0$ であるから，上式と式(6.58)から $\delta' > 0$ ならば右巻きらせん，$\delta' < 0$ ならば左巻きらせんとなる．$\delta' = 0$ であればらせんの周期は無限大，つまり SmC 相となる．q は物質および温度に依存するが，一般に $\delta' \neq 0$ であるから，必ず SmC* 相ではらせん構造が出現する．例外として，SmC* 相で δ' が温度依存し符号を変える場合に，ある1点の温度で $\delta' = 0$ となり SmC 相となることがある．式(6.63)を式(6.60 b)に代入すれば

$$A = \sqrt{-(a' - \delta'^2/\chi')/b} \tag{6.64}$$

を得る．温度依存性については，$a' = a_0(T - T_0')$ と仮定し，$a' - \delta'^2/\chi' = a_0(T - T_c)$ ($T_c \equiv T_0' + \delta'^2/\chi' a_0$) と書き換えれば，$A = \sqrt{a_0(T_c - T)/b}$ となる．なお，式(6.58)の他にこれを z 軸の回りに $\pi/2$ 回転した独立な解

$$\begin{aligned}\xi_x &= B \cos(qz - \pi/2) = B \sin qz, \\ \xi_y &= B \sin(qz - \pi/2) = -B \cos qz\end{aligned} \tag{6.65}$$

があることに注意せよ．

次に，キラル SmA 相のダイナミクスを考察してみよう．ただし，簡単のためここでも場所依存性は z 方向のみを考える．アキラル SmA 相のダイナミクスを調べたときと同じように，運動方程式

$$\begin{aligned}\gamma \frac{d\xi_x}{dt} &= -\frac{\delta F}{\delta \xi_x} = -\frac{\partial f}{\partial \xi_x} + \frac{\partial}{\partial z}\left(\frac{\partial f}{\partial(\partial \xi_x/\partial z)}\right) \\ &= -a'\xi_x - b\xi_x(\xi_x^2 + \xi_y^2) + 2\delta' \frac{\partial \xi_y}{\partial z} + \chi' \frac{\partial^2 \xi_x}{\partial z^2}, \\ \gamma \frac{d\xi_y}{dt} &= -\frac{\delta F}{\delta \xi_y} = -\frac{\partial f}{\partial \xi_y} + \frac{\partial}{\partial z}\left(\frac{\partial f}{\partial(\partial \xi_y/\partial z)}\right) \\ &= -a'\xi_y - b\xi_y(\xi_x^2 + \xi_y^2) - 2\delta' \frac{\partial \xi_x}{\partial z} + \chi' \frac{\partial^2 \xi_y}{\partial z^2}\end{aligned} \tag{6.66}$$

を解けばよい．SmA 相での微小変位に対しては上式を線形化し，(非線形の項を落とし)，さらに微小変位 $\delta\xi_x(z)$ と $\delta\xi_y(z)$ をフーリエ級数展開して

$$\delta\xi_x(z)=\sum_q \delta\xi_x(q)e^{iqz},\ \delta\xi_y(z)=\sum_q \delta\xi_y(q)e^{iqz} \tag{6.67}$$

線形化した運動方程式に代入すると

$$\gamma\frac{\mathrm{d}\delta\xi_x(q)}{\mathrm{d}t}=-(a'+\chi'q^2)\delta\xi_x(q)+2iq\delta'\delta\xi_y(q),$$
$$\gamma\frac{\mathrm{d}\delta\xi_y(q)}{\mathrm{d}t}=-2iq\delta'\delta\xi_x(q)-(a'+\chi'q^2)\delta\xi_y(q) \tag{6.68}$$

を得る．上式に $\delta\xi_x(q)=\delta\xi_{0x}(q)e^{-t/\tau}$，$\delta\xi_y(q)=\delta\xi_{0y}(q)e^{-t/\tau}$ を代入すると

$$\begin{pmatrix} -\gamma/\tau+a'+\chi'q^2 & -2iq\delta' \\ 2iq\delta' & -\gamma/\tau+a'+\chi'q^2 \end{pmatrix}\begin{pmatrix} \delta\xi_{0x}(q) \\ \delta\xi_{0y}(q) \end{pmatrix}=0 \tag{6.69}$$

となる．$\delta\xi_{0x}(q)$ と $\delta\xi_{0y}(q)$ が同時にゼロでないために

$$\frac{1}{\tau(q)}=\frac{1}{\gamma}(a'+\chi'q^2\pm 2\delta'q) \tag{6.70}$$

を得る．分散関係を図 6.20 に示す．$\delta'>0$ の場合には図中の実線が右巻きらせん，破線が左巻きらせんの分散曲線となっている．

[**演習問題 6.3**：これを示せ]

式(6.67)によってらせんを表すと，式(6.58)とは異なり，q の正，負がらせ

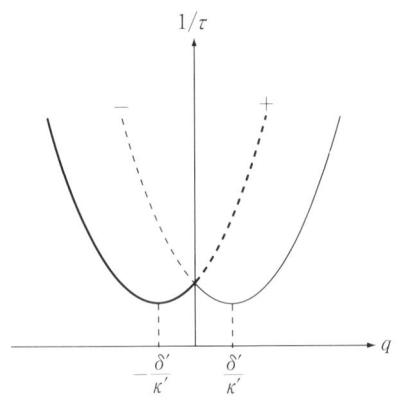

図 6.20 SmC* 相に転移する場合の SmA 相における分散関係．

6-6 キラルスメクチック C 相

んの右,左巻きに対応しないことに注意せよ.$\delta'>0$ ならば緩和周波数の極小は右巻きらせんの $q=\pm\delta'/\chi'$ にある.SmA 相において温度が下がると(a' が小さくなると),分散曲線は一様に下がってきて,ちょうど転移点で $q=\pm\delta'/\chi'$ の極小が横軸と接し,緩和レートがゼロとなり相転移が起こる.SmA 相における分散曲線の極小を与える波数 $q=\pm\delta'/\chi'$ が SmC* 相のらせん構造の波数(6.63)と一致していることに注意しよう.SmC* 相における分散関係も計算でき,SmC 相同様に振幅モードと位相モード分枝が現れることが示される.

付　録

付録A　スカラー，ベクトル，テンソル，縮約，固有値，固有ベクトル，主軸
付録B　フランクの弾性自由エネルギー密度
付録C　電場との相互作用
付録D　オイラー–ラグランジュ方程式と未定乗数法
付録E　汎関数微分
付録F　緩和過程の時間相関関数

付録 A

スカラー，ベクトル，テンソル，縮約，固有値，固有ベクトル，主軸

本書で使われる標題の用語を以下に簡単に説明しておく．空間の点

$$\boldsymbol{r} = \begin{pmatrix} x \\ y \\ z \end{pmatrix} \tag{A.1}$$

を原点を通るある軸の回りにある角度回転したとき，この点が

$$\boldsymbol{r}' = \begin{pmatrix} x' \\ y' \\ z' \end{pmatrix} \tag{A.2}$$

に移されたとすると，この回転は行列 U

$$U = \begin{pmatrix} U_{11} & U_{12} & U_{13} \\ U_{21} & U_{22} & U_{23} \\ U_{31} & U_{32} & U_{33} \end{pmatrix} \tag{A.3}$$

を用いて

$$\boldsymbol{r}' = U\boldsymbol{r} \tag{A.4}$$

と表すことができる．

[演習問題 A.1：式(A.4)を成分を使って表せ]

式(A.4)に従って変換される量をベクトルと呼ぶ．力，電場，分極，磁場，磁化等はベクトル量である．2 つのベクトル $\boldsymbol{r}_1$ と $\boldsymbol{r}_2$ がそれぞれある回転 U によって $\boldsymbol{r}_1'$ と $\boldsymbol{r}_2'$ に移されたとする．回転によって 2 つのベクトルの大きさおよびそれらのなす角は変化しないから，これらのベクトルの内積（スカラー積）(2 つのベクトルのなす角を ϕ とすれば，内積は $\boldsymbol{r}_1 \cdot \boldsymbol{r}_2 = |\boldsymbol{r}_1||\boldsymbol{r}_2|\cos\phi$) は回転前と後で変わらない，つまり不変である．すなわち，$\boldsymbol{r}_1' \cdot \boldsymbol{r}_2' = \boldsymbol{r}_1 \cdot \boldsymbol{r}_2$ である．ベクトルの内積のようにすべての回転操作により不変である量をスカラーと呼ぶ．温度，密度，エネルギー等はスカラーである．

内積を転置を用いて表し，$\boldsymbol{r}_1 \cdot \boldsymbol{r}_2 = {}^t\boldsymbol{r}_1 \boldsymbol{r}_2$ ($\boldsymbol{r}_1$ の左肩の添字 t は行と列を入れ替える操作（転置）を表し，特に，行ベクトルおよび列ベクトルはそれぞれ列

ベクトルおよび行ベクトルへ変換される），転置に関する関係式
$$^t(AB) = {}^tB\,{}^tA$$

[**演習問題 A.2**：上記の式を証明せよ]

を使えば
$$\boldsymbol{r}_1' \cdot \boldsymbol{r}_2' = {}^t(U\boldsymbol{r}_1)(U\boldsymbol{r}_2) = {}^t\boldsymbol{r}_1({}^tUU)\boldsymbol{r}_2 \tag{A.5}$$

が得られるが，これが任意の $\boldsymbol{r}_1$ と $\boldsymbol{r}_2$ に対して $\boldsymbol{r}_1\cdot\boldsymbol{r}_2 = {}^t\boldsymbol{r}_1\boldsymbol{r}_2$ と等しいためには
$$^tUU = 1 \tag{A.6}$$

が成り立つことが必要である．ここで，1 は単位行列である．上式を満たす行列は直交行列と呼ばれる．式(A.6)から直交行列の逆行列は転置行列に等しいこと，$U^{-1} = {}^tU$ がわかる．

2つのベクトル $\boldsymbol{a}$ と $\boldsymbol{b}$ のベクトル積 $\boldsymbol{a}\times\boldsymbol{b}$ も式(A.4)に従って変換される．つまり $\boldsymbol{c} = \boldsymbol{a}\times\boldsymbol{b}$ と $\boldsymbol{c}' = \boldsymbol{a}'\times\boldsymbol{b}' = (U\boldsymbol{a})\times(U\boldsymbol{b})$ が $\boldsymbol{c}' = U\boldsymbol{c}$ を満たすことを，多少めんどうな計算により示すことができる．直感的には $\boldsymbol{a}$ と $\boldsymbol{b}$ に垂直なベクトル $\boldsymbol{c}$ が回転操作により $\boldsymbol{a}$ と $\boldsymbol{b}$ と一緒に方向を変えるところを思い浮かべれば十分であろう．しかし，このベクトル積は反転操作に対する変換性がもともとの $\boldsymbol{a}$ や $\boldsymbol{b}$ と異なる．空間反転により $\boldsymbol{a}\to -\boldsymbol{a}$，$\boldsymbol{b}\to -\boldsymbol{b}$ となるから，$\boldsymbol{c}\to\boldsymbol{c}' = \boldsymbol{c}$ となり，ベクトル積は符号を変えない．このように，回転操作に対してはベクトル的に変換されるが，反転操作に対しては符号を変えない量は擬ベクトルと呼ばれる．これと似た量に擬スカラーがある．例えば，ベクトルと擬ベクトルの内積を考えると，回転操作に対しては擬ベクトルもベクトルと同じように変換されるから内積は不変である．ところが，反転操作に対してはベクトルだけが符号を変えるから内積は符号を変えてしまう．このように，回転に対しては不変であるが，反転に対しては符号を変える量は擬スカラーと呼ばれる．

一般に，電場 $\boldsymbol{E}$ を物質に印加すると分極 $\boldsymbol{P}$ が誘起される．$\boldsymbol{E}$ の大きさが小さいときには
$$\boldsymbol{P} = \chi \boldsymbol{E} \tag{A.7}$$

なる線形関係が成立する．ただし，χ は電気感受率と呼ばれ，
$$\chi = \begin{pmatrix} \chi_{11} & \chi_{12} & \chi_{13} \\ \chi_{21} & \chi_{22} & \chi_{23} \\ \chi_{31} & \chi_{32} & \chi_{33} \end{pmatrix} \tag{A.8}$$

と表される.自由エネルギーを基にした考察からこの行列は対称 ${}^t\chi=\chi$ であることが示される.電気感受率 χ は物質の持つ性質を表す量であるから,物体を回転させれば当然変化するはずの物理量である.E と P はベクトルであるので,これらについての回転操作に対する変換のされ方は式(A.4)で与えられている.これを用いれば,回転操作に対して電気感受率 χ がどのように変換されるかを知ることができる.回転前の電場,分極,電気感受率をそれぞれ E,P,χ とし,回転後のものを E',P',χ' とすれば,

$$E'=UE, \quad P'=UP \tag{A.9}$$

が成り立つから,これらから E と P を E' と P' で表し,式(A.7)に代入して整理すると,

$$P'=U\chi U^{-1}E' \tag{A.10}$$

を得る.回転後には,$P'=\chi'E'$ が成り立つはずだから,上式より χ の回転操作に対する公式が得られる.

$$\chi'=U\chi U^{-1}=U\chi{}^t U \tag{A.11}$$

成分で書けば,

$$\chi_{\alpha\beta}'=U_{\alpha\mu}U_{\beta\nu}\chi_{\mu\nu} \tag{A.12}$$

となる.ただし,同じ添字が2回現れたらそれについて和をとるというアインシュタインの規則を適用する.

一般に,回転操作に対して式(A.12)のように変換される量を2階のテンソルと呼ぶ.χ のように2つのベクトルを結び付ける量は2階のテンソルである.また,2つのベクトル a と b から作られる量 $a_\alpha b_\beta$ が2階のテンソルとなることも容易にわかる.

[**演習問題 A.3**:上記を証明せよ]

同様に3つのベクトル a,b,c から作られる量 $\chi_{\alpha\beta\gamma}=a_\alpha b_\beta c_\gamma$ は回転操作により

$$\chi_{\alpha\beta\gamma}'=U_{\alpha\alpha'}U_{\beta\beta'}U_{\gamma\gamma'}\chi_{\alpha'\beta'\gamma'} \tag{A.13}$$

と変換されるが,このような変換則を満たす量は3階のテンソルと呼ばれる.同様に,4階以上のテンソルも定義される.

次に,微分演算子のナブラ ∇ もベクトル的に変換されることを示しておく.具体的に本文で扱う配向ベクトル n の微分 $\partial n_\beta/\partial \chi_\alpha$ がどのように変換されるか

付録 A

を調べてみる．原点 O の回りで配向ベクトル場 $n(r)$ を回転させたときにできる新しい配向ベクトル場を $n'(r)$ とする．位置ベクトル r が回転により $r' = Ur$ に移るとすると，図 A.1 より

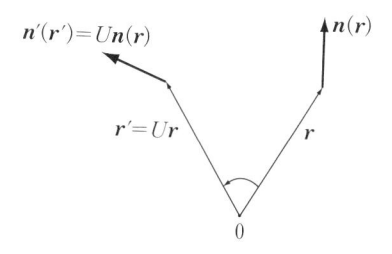

図 A.1 ベクトル場の回転．

$$n'(r') = Un(r) \tag{A.14}$$

が成立するのがわかる．上式の右辺に $r = U^{-1}r'$ を代入した後，r' を r で置き換えると，

$$n'(r) = Un(U^{-1}r) \tag{A.15}$$

を得る．回転によりベクトル場はこのように変換される．この式をもとに $\partial n_\beta / \partial x_\alpha$ の変換式を求めることができる．回転により r は r' に移動するから，回転前と後で比べるべき量は，r における $\partial n_\beta / \partial x_\alpha$ と r' における $\partial n_\beta' / \partial x_\alpha$，すなわち $\partial n_\beta' / \partial x_\alpha'$ であり，これは

$$\begin{aligned}
\frac{\partial}{\partial x_\alpha'} n_\beta'(r') &= \frac{\partial x_\mu}{\partial x_\alpha'} \frac{\partial (U_{\beta\nu} n_\nu(r))}{\partial x_\mu} = \left(U_{\alpha\mu} \frac{\partial}{\partial x_\mu}\right)(U_{\beta\nu} n_\nu(r)) \\
&= U_{\alpha\mu} U_{\beta\nu} \frac{\partial n_\nu(r)}{\partial x_\mu}
\end{aligned} \tag{A.16}$$

と書き直すことができる．

[**演習問題 A.4**：式(A.16)を導け]

式(A.16)より $\partial / \partial x_\alpha$ がベクトル的に変換すること（3 番目の式）および $\partial n_\beta / \partial x_\alpha$ が 2 階のテンソルであること（4 番目の式）が示された．

次に，縮約と呼ばれる方法によってスカラーを作る方法を述べる．例えば，2 つのベクトル a と b からつくられる 2 階のテンソル $a_\alpha b_\beta$ の 2 つの添字 α と β を等しいと置き，1 から 3 まで加え合わせると，$a_\alpha b_\alpha$ は内積となり，前にも

述べたように任意の回転に対して不変，すなわちスカラーとなる．一般に，2つの添字を等しいと置き，加え合わせることを縮約という．以上の結果は，もちろん，ベクトルの成分の積では表されていない一般の2階のテンソルに対しても成立している．2階のテンソル $\chi_{\alpha\beta}$ を縮約した $\chi_{\alpha\alpha}$ に回転操作 U を施すと，

$$\chi_{\alpha\alpha}' = U_{\alpha\beta}U_{\alpha\gamma}\chi_{\beta\gamma} = \delta_{\beta\gamma}\chi_{\beta\gamma} = \chi_{\beta\beta} \tag{A.17}$$

が示される．ここで，式(A.6)を成分で表した関係式 $U_{\alpha\beta}U_{\alpha\gamma}=\delta_{\beta\gamma}$ を用いた．式(A.17)より，偶数階のテンソルの添字を適当に対にし，すべての対について縮約したものは，スカラーとなることも容易にわかる．また，テンソルの積になっているような場合でも添字の総数が偶数であれば縮約によってスカラーを得ることができる．例えば，配向ベクトルで作られる1階の空間微分の2次式からなるスカラーには次のようなものがある．

$$\frac{\partial n_\alpha}{\partial x_\beta}\frac{\partial n_\alpha}{\partial x_\beta},\ \frac{\partial n_\alpha}{\partial x_\beta}\frac{\partial n_\beta}{\partial x_\alpha},\ \frac{\partial n_\alpha}{\partial x_\alpha}\frac{\partial n_\beta}{\partial x_\beta},\ n_\alpha n_\beta\frac{\partial n_\gamma}{\partial x_\alpha}\frac{\partial n_\gamma}{\partial x_\beta} \tag{A.18}$$

最後に2階のテンソルの主軸について説明しておく．2階の対称テンソル χ の固有方程式

$$\chi\boldsymbol{u} = \lambda\boldsymbol{u} \tag{A.19}$$

を考えてみよう．ここで，λ は固有値で，$\boldsymbol{u}$（単位ベクトル）はこれに対応する固有ベクトルである．一般のベクトルに χ を作用させる（左から掛ける）と一般に大きさと方向が変わるが，上式からわかるように固有ベクトル $\boldsymbol{u}$ は方向を変えないベクトルである．このような固有ベクトルは3次元では3つ存在し，それらに平行な軸を主軸という．固有値がすべて正である場合には方程式 $\chi_{\alpha\beta}x_\alpha x_\beta = 1$ は $x(x_1)-y(x_2)-z(x_3)$ 座標系で楕円体を表し，この楕円体の主軸の方向が固有ベクトルの方向と一致し，さらに主軸の長さは固有値 λ の逆数の平方根となる（後述参照）．2階のテンソルが現れたらこれに対応する楕円体を想像すると便利である．テンソル秩序パラメーター(2.2)に対しては2つの固有値が負となってしまうが，$\langle a_\alpha a_\beta\rangle$ に対しては容易にわかるように固有値はすべて正となるから配向ベクトル方向に主軸を持つ回転楕円体が想像できる．

この楕円体の主軸（固有ベクトルの方向）が xyz 軸と一致するように，テ

ンソル（物体）を回転してやれば上の楕円体の式は簡単になる．固有ベクトルを $\boldsymbol{u}_i (i=1,2,3)$ とし対応する固有値を λ_i とする．$\boldsymbol{u}_i$ は $\boldsymbol{u}_i \cdot \boldsymbol{u}_j = \delta_{ij}$ を満たすようにとることができる．また，x，y，z 軸方向の単位ベクトルをそれぞれ $\boldsymbol{e}_1$，$\boldsymbol{e}_2$，$\boldsymbol{e}_3$ とし，$\boldsymbol{u}_i$ を $\boldsymbol{e}_i$ へ変換する直交行列を U とする，すなわち $U\boldsymbol{u}_i = \boldsymbol{e}_i$ とする．$i=1,2,3$ をまとめると

$$U(\boldsymbol{u}_1, \boldsymbol{u}_2, \boldsymbol{u}_3) = (\boldsymbol{e}_1, \boldsymbol{e}_2, \boldsymbol{e}_3) \tag{A.20}$$

と表される．ただし，$\boldsymbol{u}_i$ の j 成分を u_{ij} とすれば，

$$(\boldsymbol{u}_1, \boldsymbol{u}_2, \boldsymbol{u}_3) = \begin{pmatrix} u_{11} & u_{21} & u_{31} \\ u_{12} & u_{22} & u_{32} \\ u_{13} & u_{23} & u_{33} \end{pmatrix}, \quad (\boldsymbol{e}_1, \boldsymbol{e}_2, \boldsymbol{e}_3) = \begin{pmatrix} 1 & 0 & 0 \\ 0 & 1 & 0 \\ 0 & 0 & 1 \end{pmatrix} \tag{A.21}$$

であるから，式(A.20)より $U^{-1} = {}^t U = (\boldsymbol{u}_1, \boldsymbol{u}_2, \boldsymbol{u}_3)$ となることがわかる．式(A.11)を使って，U によって χ を変換すると

$$\begin{aligned}
\chi' &= U \chi {}^t U = U \chi (\boldsymbol{u}_1, \boldsymbol{u}_2, \boldsymbol{u}_3) = U(\chi \boldsymbol{u}_1, \chi \boldsymbol{u}_2, \chi \boldsymbol{u}_3) = U(\lambda_1 \boldsymbol{u}_1, \lambda_2 \boldsymbol{u}_2, \lambda_3 \boldsymbol{u}_3) \\
&= \begin{pmatrix} {}^t\boldsymbol{u}_1 \\ {}^t\boldsymbol{u}_2 \\ {}^t\boldsymbol{u}_3 \end{pmatrix} (\lambda_1 \boldsymbol{u}_1, \lambda_2 \boldsymbol{u}_2, \lambda_3 \boldsymbol{u}_3) = \begin{pmatrix} \lambda_1 {}^t\boldsymbol{u}_1 \boldsymbol{u}_1 & \lambda_2 {}^t\boldsymbol{u}_1 \boldsymbol{u}_2 & \lambda_3 {}^t\boldsymbol{u}_1 \boldsymbol{u}_3 \\ \lambda_1 {}^t\boldsymbol{u}_2 \boldsymbol{u}_1 & \lambda_2 {}^t\boldsymbol{u}_2 \boldsymbol{u}_2 & \lambda_3 {}^t\boldsymbol{u}_2 \boldsymbol{u}_3 \\ \lambda_1 {}^t\boldsymbol{u}_3 \boldsymbol{u}_1 & \lambda_2 {}^t\boldsymbol{u}_3 \boldsymbol{u}_2 & \lambda_3 {}^t\boldsymbol{u}_3 \boldsymbol{u}_3 \end{pmatrix} \\
&= \begin{pmatrix} \lambda_1 & 0 & 0 \\ 0 & \lambda_2 & 0 \\ 0 & 0 & \lambda_3 \end{pmatrix}
\end{aligned} \tag{A.22}$$

を得る．つまり，主軸を xyz 軸に一致するようにテンソルを回転させると，変換後のテンソルは対角化され，対角成分は固有値となる．なお，$\chi'_{\alpha\beta} x_\alpha x_\beta = 1$ に代入すれば $(x/\sqrt{\lambda_1^{-1}})^2 + (y/\sqrt{\lambda_2^{-1}})^2 + (z/\sqrt{\lambda_3^{-1}})^2 = 1$ となる．この場合，楕円体の主軸の長さは固有値の逆数の平方根となる．固有値の平方根と主軸の長さが対応するようにするには，$\chi_{\alpha\beta}$ の逆行列 $\chi^{-1}{}_{\alpha\beta}$ に対する楕円体 $\chi^{-1}{}_{\alpha\beta} x_\alpha x_\beta = 1$ を考えればよい．

　以上の話では，座標系を固定して物理量つまり物体を回転したが，物体を固定して座標系を回転して考える場合もある．物体を固定して座標系を回転させることは，座標系を固定して物体を逆方向に回転することと同じであるから，

上の話は変換行列 U をその逆行列 $U^{-1}={}^tU$ で置き換えればそのまま使える．ただし，U は座標系の回転を表す行列である．つまり，回転前の x, y, z 軸方向の単位ベクトルを $\boldsymbol{e}_1$, $\boldsymbol{e}_2$, $\boldsymbol{e}_3$ とし，回転後の x', y', z' 軸方向の単位ベクトルを $\boldsymbol{e}_1{}'$, $\boldsymbol{e}_2{}'$, $\boldsymbol{e}_3{}'$ とすれば，$\boldsymbol{e}_i{}'=U\boldsymbol{e}_i (i=1,2,3)$ が成立している．例えば，式(A.11)は

$$\chi'=U^{-1}\chi U={}^tU\chi U \tag{A.23}$$

と置き換えられる．

付録 B

フランクの弾性自由エネルギー密度

多くの液晶の教科書[2,3,8]では，フランクの弾性自由エネルギー密度を導出する際に，原点において配向ベクトルが z 方向を向いているとして群 D_∞ に対する不変項を求め，最後にスカラーに一般化している．これに対して，参考文献[10]では最初から群 K に対する不変項，すなわちスカラーを求めている．ここでは，後者の方法をよりわかりやすく示した参考文献[11]に従って導出を行う．

以下では数式を簡単に記述するために，空間微分 $\partial/\partial x_\alpha$ を $,_\alpha$ で表すことにする．例えば，$\partial n_\alpha / \partial x_\beta$ は $n_{\alpha,\beta}$ と略記できる．まず，$n_{\alpha,\beta}$ について1次のスカラーを求めよう．この場合スカラーは一般に2階のテンソル $g_{\alpha\beta}(\boldsymbol{n})$ との縮約（縮約については**付録 A**参照）$g_{\alpha\beta}(\boldsymbol{n})n_{\alpha,\beta}$ によって与えられる．ここで，$g_{\alpha\beta}(\boldsymbol{n})$ はベクトル n_α の他に，次のような定数テンソルから構成される．1つはクロネッカーのデルタとして知られる2階のテンソル $\delta_{\alpha\beta}$（$\alpha=\beta$ のときのみ1で，その他は0）である．クロネッカーのデルタは容易に確かめられるように任意の回転に対して不変である．さらに，もう1つレビ-チビタの3階の完全反対称テンソル $\varepsilon_{\alpha\beta\gamma}$ がある．このテンソルにおいては $\varepsilon_{123}=1$ であり，添字 123 の順序を変えたときそれが偶置換[*1]であれば値は変わらず 1 であり，奇置換であれば符号を変えて -1 とする．その他の添字に対しては 0 である．すなわち，$\varepsilon_{123}=\varepsilon_{312}=\varepsilon_{231}=1$，$\varepsilon_{132}=\varepsilon_{213}=\varepsilon_{321}=-1$，$\varepsilon_{111}=\varepsilon_{112}=\cdots=0$ である．

本文中の条件 2)（$\boldsymbol{n}$ の符号を変えても不変）から $g_{\alpha\beta}(\boldsymbol{n})n_{\alpha,\beta}$ は偶数個の n_α を含んでいなくてはならない．したがって，$g_{\alpha\beta}(\boldsymbol{n})$ は奇数個の n_α を含んでいる必要がある．n_α が1個の場合には $g_{\alpha\beta}(\boldsymbol{n})=\varepsilon_{\alpha\beta\gamma}n_\gamma$ のみが考えられる．n_α が

[*1] 添字の順序を変えることを置換という．特に，添字の中の2つだけを交換することを互換といい，偶数回および奇数回の互換を行うことをそれぞれ偶置換および奇置換という．

3個以上の場合は単位ベクトルの条件 $n_\alpha n_\alpha = 1$ から n_α が1個の場合に帰着されることがわかる．例えば，n_α が3個の場合を考える．$\varepsilon_{\alpha\beta\gamma} n_\rho n_\sigma n_\tau$ を2階のテンソルに縮約するためには，2対の添字をそれぞれ等しいと置き，和をとればよい．$\alpha = \beta$ 等と置くと $\varepsilon_{\alpha\beta\gamma}$ の定義からゼロである．$\gamma = \rho$ とすれば $\sigma = \tau$ となるが，$n_\sigma n_\sigma = 1$ となってしまう．こうして，$n_{\alpha,\beta}$ の1次の不変項は，$\varepsilon_{\alpha\beta\gamma}$ の定義から容易に導くことができる公式

$$\varepsilon_{\alpha\beta\gamma} a_\beta b_\gamma = (\boldsymbol{a} \times \boldsymbol{b})_\alpha$$

[演習問題 B.1：上記の式を確かめよ]

を用いて

$$g_{\alpha\beta}(\boldsymbol{n}) n_{\alpha,\beta} = \varepsilon_{\alpha\beta\gamma} n_\gamma n_{\alpha,\beta} = -n_\gamma \varepsilon_{\gamma\beta\alpha} n_{\alpha,\beta} = -n_\gamma (\nabla \times \boldsymbol{n})_\gamma \\ = -\boldsymbol{n} \cdot (\nabla \times \boldsymbol{n}) \tag{B.1}$$

のみとなることがわかる．こうして得られた不変項はベクトル積 $\nabla \times \boldsymbol{n}$ を含むので擬スカラーとなる（**付録 A** 参照）ことに注意せよ．

次に $n_{\alpha,\beta}$ の2次の不変項を求めよう．このような不変項は4階のテンソル $g_{\alpha\beta\gamma\delta}(\boldsymbol{n})$ との縮約 $g_{\alpha\beta\gamma\delta}(\boldsymbol{n}) n_{\alpha,\beta} n_{\gamma,\delta}$ で表される．$g_{\alpha\beta\gamma\delta}(\boldsymbol{n})$ は n_α を偶数個含んでいなければならないので

(a) $n_\alpha n_\beta n_\gamma n_\delta$, (b) $n_\alpha n_\beta \delta_{\gamma\delta}$, (c) $n_\alpha n_\gamma \delta_{\beta\delta}$, (d) $n_\alpha n_\delta \delta_{\beta\gamma}$, (e) $n_\beta n_\gamma \delta_{\alpha\delta}$,
(f) $n_\gamma n_\delta \delta_{\alpha\beta}$, (g) $n_\beta n_\delta \delta_{\alpha\gamma}$, (h) $\delta_{\alpha\beta} \delta_{\gamma\delta}$, (i) $\delta_{\alpha\gamma} \delta_{\beta\delta}$, (j) $\delta_{\alpha\delta} \delta_{\beta\gamma}$

の10個が考えられる．$\varepsilon_{\alpha\beta\gamma}$ が含まれないことは容易にわかる．これらの中で (a) から (f) までの6個は条件 $n_\alpha n_\alpha = 1$ からゼロとなることがわかる．なぜなら，この条件式 $n_\alpha n_\alpha = 1$ を x_β で微分すると，$(n_\alpha n_\alpha)_{,\beta} = 2 n_\alpha n_{\alpha,\beta} = 0$ が得られるが，(a) から (f) に $n_{\alpha,\beta} n_{\gamma,\delta}$ を掛けると $n_\alpha n_{\alpha,\beta} = 0$ または $n_\gamma n_{\gamma,\delta} = 0$ が必ず現れるからである．

(g) については $n_{\alpha,\beta} n_{\gamma,\delta}$ を掛けると

$$n_\beta n_\delta \delta_{\alpha\gamma} n_{\alpha,\beta} n_{\gamma,\delta} = \{(\boldsymbol{n} \cdot \nabla) \boldsymbol{n}\}^2 \tag{B.2}$$

となる．

[演習問題 B.2：この式を示せ]

さらに，$\delta_{\alpha\beta}$ と $\varepsilon_{\alpha\beta\gamma}$ の定義から容易に確かめることができる公式

$$\varepsilon_{\alpha\beta\gamma} \varepsilon_{\alpha\delta\rho} = \delta_{\beta\delta} \delta_{\gamma\rho} - \delta_{\beta\rho} \delta_{\gamma\delta} \tag{B.3}$$

を用いて得られる関係式

付録 B

$$(\boldsymbol{n}\cdot\nabla)\boldsymbol{n} = -\boldsymbol{n}\times\nabla\times\boldsymbol{n} \tag{B.4}$$

により，式(B.2)は

$$(\boldsymbol{n}\times\nabla\times\boldsymbol{n})^2 \tag{B.5}$$

と書き直すことができる．

[**演習問題 B.3**：式(B.4)を導出せよ]

（h）は簡単に

$$\delta_{\alpha\beta}\delta_{\gamma\delta}n_{\alpha,\beta}n_{\gamma,\delta} = n_{\alpha,\alpha}n_{\gamma,\gamma} = (\nabla\cdot\boldsymbol{n})^2 \tag{B.6}$$

となる．

（i）については

$$\delta_{\alpha\gamma}\delta_{\beta\delta}n_{\alpha,\beta}n_{\gamma,\delta} = n_{\alpha,\beta}n_{\alpha,\beta} \tag{B.7}$$

となるが，公式(B.3)を用いると容易に導くことのできる関係式

$$(\nabla\times\boldsymbol{n})^2 = n_{\alpha,\beta}n_{\alpha,\beta} - n_{\alpha,\beta}n_{\beta,\alpha} \tag{B.8}$$

を用いて

[**演習問題 B.4**：式(B.8)を示せ]

$$\delta_{\alpha\gamma}\delta_{\beta\delta}n_{\alpha,\beta}n_{\gamma,\delta} = (\nabla\times\boldsymbol{n})^2 + (\nabla\cdot\boldsymbol{n})^2 + \nabla\cdot\{(\boldsymbol{n}\cdot\nabla)\boldsymbol{n} - \boldsymbol{n}(\nabla\cdot\boldsymbol{n})\} \tag{B.9}$$

となる．

[**演習問題 B.5**：式(B.9)を示せ]

さらに，公式(B.3)から導かれる関係式

$$(\boldsymbol{a}\times\boldsymbol{b})^2 = a^2b^2 - (\boldsymbol{a}\cdot\boldsymbol{b})^2 \tag{B.10}$$

において $\boldsymbol{a} = \boldsymbol{n}$, $\boldsymbol{b} = \nabla\times\boldsymbol{n}$ とおいて得られる式

$$(\nabla\times\boldsymbol{n})^2 = (\boldsymbol{n}\cdot\nabla\times\boldsymbol{n})^2 + (\boldsymbol{n}\times\nabla\times\boldsymbol{n})^2 \tag{B.11}$$

を式(B.9)に代入して最後に不変項

$$(\nabla\cdot\boldsymbol{n})^2 + (\boldsymbol{n}\cdot\nabla\times\boldsymbol{n})^2 + (\boldsymbol{n}\times\nabla\times\boldsymbol{n})^2 + \nabla\cdot\{(\boldsymbol{n}\cdot\nabla)\boldsymbol{n} - \boldsymbol{n}(\nabla\cdot\boldsymbol{n})\} \tag{B.12}$$

を得る．

（j）については

$$\begin{aligned}\delta_{\alpha\delta}\delta_{\beta\gamma}n_{\alpha,\beta}n_{\gamma,\delta} &= n_{\alpha,\beta}n_{\beta,\alpha} = n_{\alpha,\alpha}n_{\beta,\beta} + n_{\alpha,\beta}n_{\beta,\alpha} - n_{\alpha,\alpha}n_{\beta,\beta} \\ &= (\nabla\cdot\boldsymbol{n})^2 + \nabla\cdot\{(\boldsymbol{n}\cdot\nabla)\boldsymbol{n} - \boldsymbol{n}(\nabla\cdot\boldsymbol{n})\}\end{aligned} \tag{B.13}$$

となる（演習問題 B.5 参照）．

式(B.12)および式(B.13)における $\nabla\cdot\{(\boldsymbol{n}\cdot\nabla)\boldsymbol{n} - \boldsymbol{n}(\nabla\cdot\boldsymbol{n})\}$ は体積積分するとガウスの定理により表面積分に変換されるので，本文中の条件3)より除くこ

とができる．こうして，式(B.5)，(B.6)，(B.12)，(B.13)より $n_{\alpha,\beta}$ についての独立な2次の不変項は

$$(\nabla \cdot \boldsymbol{n})^2, \ (\boldsymbol{n} \cdot \nabla \times \boldsymbol{n})^2, \ (\boldsymbol{n} \times \nabla \times \boldsymbol{n})^2 \tag{B.14}$$

の3つとなる．

　本文3-4節で扱う弱いアンカリングのような場合，一般に $\nabla \cdot \{(\boldsymbol{n} \cdot \nabla)\boldsymbol{n} - \boldsymbol{n}(\nabla \cdot \boldsymbol{n})\}$ は無視することができない．なお，表面積分に変換されるものとして他にも $\nabla \cdot \{\boldsymbol{n}(\nabla \cdot \boldsymbol{n})\}$ が知られている．

付録 C
電場との相互作用

ここでは，電場が存在するときのネマチック液晶の自由エネルギーを導出する．図 C.1 に示すように 2 枚の電極板に挟まれた液晶を考える．電極は電池につながれている．簡単のため，下部電極の電位をゼロにし，上部電極の電位を ϕ とする．多少戻り過ぎのような気がするが，熱力学の基本式より出発する．今，微小電荷 dq が下部電極から上部電極に移動したとする．この電荷の移動は電池によりなされる（電池を電荷のポンプと考えればよい）わけであるが，電池は電荷量 dq を電位ゼロの下部電極から電位 ϕ の上部電極に移すときに $d'W = \phi dq$ [*1] の仕事をする．この仕事は電極間にある液晶の内部エネルギー U を増加させる．これに加えて液晶への熱の出入りもあるから，液晶に流入した熱量を $d'Q$ とすれば，熱力学第 1 法則（エネルギー保存の法則）より，

$$dU = d'Q + d'W = d'Q + \phi dq \tag{C.1}$$

となる．ただし，dU は液晶の内部エネルギーの増分である．

熱力学の第 2 法則によれば，液晶の温度およびエントロピーをそれぞれ T および S としたとき，

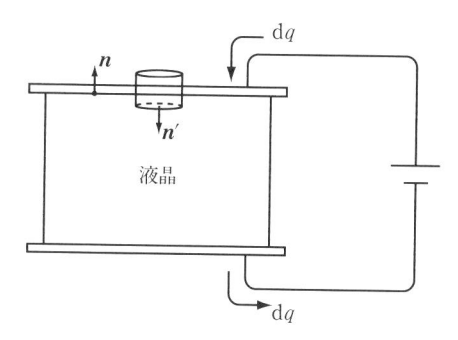

図 C.1 コンデンサーの中にある液晶の電場との相互作用．

[*1] d ではなく d' を使ったのは ϕdq が完全微分ではないからであるが，以下ではあまり気にする必要はない．

$$\mathrm{d}'Q \leq T\mathrm{d}S \tag{C.2}$$

が成立している．ただし，等号は可逆過程に対してのみ成り立つ．式(C.1)と式(C.2)より，

$$\mathrm{d}U \leq T\mathrm{d}S + \psi\mathrm{d}q \tag{C.3}$$

が得られる．ここで，自由エネルギー $U-TS$ を考えるが，これが本文で使われている電場が存在するときの自由エネルギー F とはならないので，区別するために $F' \equiv U - TS$ とする．式(C.3)からこの F' の微分は不等式

$$\mathrm{d}F' \leq -S\mathrm{d}T + \psi\mathrm{d}q \tag{C.4}$$

を満足することがわかる．上式は，温度一定 $(\mathrm{d}T=0)$，電極上の電荷一定 $(\mathrm{d}q=0)$ の条件の下で，不可逆変化が起これば（自然界の実際の変化は不可逆）$\mathrm{d}F'<0$，つまり自由エネルギー F' は常に減少することを意味している．言い換えれば，もうそれ以上変化することのない平衡状態では F' は極小になっていなくてはならない．したがって，温度一定，電極上の電荷一定の下では，F' が極小になるように配向ベクトルが決まることになる．

このように，F' を基にして配向ベクトルの満たす状態方程式を求めることができるが，通常は以下に定義される自由エネルギーが用いられる．

$$F = F' - q\psi = U - TS - q\psi \tag{C.5}$$

上式と式(C.4)より

$$\mathrm{d}F \leq -S\mathrm{d}T - q\mathrm{d}\psi \tag{C.6}$$

を得る．温度一定，電位一定の下では平衡状態は F の極小となっていることがわかる．すなわち，決められた温度，電位差の下での配向ベクトル場は式(C.5)で定義される自由エネルギー F が極小となるように求められる．

次に，F を計算してみる．そのために，準静的な（可逆変化となるような平衡状態を保ちながらのゆっくりとした）変化を考える．このとき式(C.6)で等式が成立する．

$$\mathrm{d}F = -S\mathrm{d}T - q\mathrm{d}\psi \tag{C.7}$$

温度一定 $(\mathrm{d}T=0)$，配向ベクトル一定の条件の下で上式を積分してみる．ここでは，簡単のため，q と ψ の間には比例関係 $q=C\psi$ があるとする．定数 C は電気容量であり，誘電率 ε に依存する．誘電率 ε は式(3.2)からわかるように配向ベクトルだけの関数であるから，配向ベクトルが一定であるなら，C

は定数である．上記の条件の下で式(C.7)を $\psi=0$ から $\psi=\psi$ まで積分すると

$$F(T,\psi)-F(T,0)=-\int_0^\psi q\mathrm{d}\psi=-\int_0^\psi C\psi\mathrm{d}\psi$$
$$=-\frac{1}{2}C\psi^2=-\frac{1}{2}q\psi \qquad (\text{C.8})$$

を得る．左辺の $F(T,0)$ は無電場下の自由エネルギーであるから，フランクの弾性自由エネルギーに等しい．

式(C.8)の右辺の電場との相互作用の自由エネルギー $-q\psi/2$ を以下のように体積積分に書き換える．電極板上の電荷密度（単位面積当たりの電荷量）σ は電極板直下の液晶の電束密度 $\boldsymbol{D}$ を用いて $\sigma=-\boldsymbol{D}\cdot\boldsymbol{n}$ と与えられる．ただし，$\boldsymbol{n}$ は液晶と電極の界面上の液晶側から見た外向き単位法線ベクトルであり，配向ベクトルではないことに注意せよ．

[演習問題 C.1：$\sigma=-\boldsymbol{D}\cdot\boldsymbol{n}$ を導出せよ]

これより，上部電極板上の全電荷 q は液晶の上部界面上の面積分 $q=-\int\boldsymbol{D}\cdot\boldsymbol{n}\mathrm{d}S$ で与えられる．したがって，$q\psi$ は ψ が電極表面上では場所によらないことを考慮すると，

$$-q\psi=\left(\int\boldsymbol{D}\cdot\boldsymbol{n}\mathrm{d}S\right)\psi=\int\psi\boldsymbol{D}\cdot\boldsymbol{n}\mathrm{d}S \qquad (\text{C.9})$$

となる．ここで，上式の積分領域は上部電極界面上だけであるが，下部電極界面上で積分してもそこではゼロ（なぜなら，$\psi=0$）になることを用いれば，積分領域を液晶の全界面（簡単のため，側面の面積は電極面積に比べ小さいとし無視する）に拡張できる．式(C.9)にガウスの定理を使い面積分を体積積分に変換し，さらに公式 $\nabla\cdot(g\boldsymbol{a})=\nabla g\cdot\boldsymbol{a}+g\nabla\cdot\boldsymbol{a}$ を使うと

$$\int\psi\boldsymbol{D}\cdot\boldsymbol{n}\mathrm{d}S=\int\nabla\cdot(\psi\boldsymbol{D})\mathrm{d}V=\int(\nabla\psi)\cdot\boldsymbol{D}\mathrm{d}V+\int\psi\nabla\cdot\boldsymbol{D}\mathrm{d}V \qquad (\text{C.10})$$

を得る．さらに $\boldsymbol{E}=-\nabla\psi$ を使い，第2項に対しては液晶中に電荷のない条件 $\nabla\cdot\boldsymbol{D}=0$ を使えば，

$$-q\psi=-\int\boldsymbol{D}\cdot\boldsymbol{E}\mathrm{d}V \qquad (\text{C.11})$$

となる．上式と式(C.8)より，電場との相互作用による自由エネルギー密度

$$f_{\text{el}} = -\frac{1}{2}\bm{D}\cdot\bm{E} = -\frac{1}{2}\varepsilon \bm{E}\cdot\bm{E} \tag{C.12}$$

を得る．$F(T,\psi)$ に対応する自由エネルギー密度 f を用いれば，式(C.8)は

$$f = f_{\text{d}} + f_{\text{el}} \tag{C.13}$$

と書き換えられる．ただし，f_{d} はフランクの弾性自由エネルギー密度である．

$F(T,\psi)$ は電極での電位を一定にしたときに極小をとる自由エネルギーであるから，実際の計算では自由エネルギー密度(C.13)も静電ポテンシャル ψ を用いて表す必要がある．電場は $\bm{E}=-\nabla\psi$ と書けるので，この場合相互作用エネルギー密度(C.12)を配向ベクトル $\bm{n}$ に依存する ε と電場 $\bm{E}$ を用いて表さなくてはならない．第3章ではフレデリクス転移の起こる前の電場が空間的に一様な場合を扱っているので（フレデリクス転移が起き，配向ベクトルが一様でなくなり，それに伴って誘電率が空間変化するようになると，電場も一様でなくなることに注意せよ），ψ まで考えなくてもよいが，一般には $F(T,\psi)$ を $\bm{n}$ と ψ の汎関数として極小化し，状態方程式を求めることになる．以下実際にこの計算を行ってみる．配向ベクトル $\bm{n}$ が単位ベクトルであることを考慮すると極小化するときに付録Dのラグランジュの未定乗数法を使わなくてはならない．ここでは，これを使わなくてもすむように $\bm{n}$ を，例えば極座標 $\bm{n}=(\sin\theta\cos\phi,\sin\theta\sin\phi,\cos\theta)$ で表す．式(C.12)および(C.13)を用いて，$F(T,\psi)$ の θ に関するオイラー–ラグランジュ方程式（**付録D** 参照）は

$$\frac{\partial f_{\text{d}}}{\partial\theta} - \frac{\partial}{\partial x_\alpha}\frac{\partial f_{\text{d}}}{\partial(\partial\theta/\partial x_\alpha)} - \frac{1}{2}\frac{\partial\varepsilon}{\partial\theta}\bm{E}\cdot\bm{E} = 0 \tag{C.14}$$

となる．ϕ に関しても同様である．一方，ψ に関しては

$$\begin{aligned}
\frac{\partial}{\partial x_\alpha}\frac{\partial}{\partial(\partial\psi/\partial x_\alpha)}\left(-\frac{1}{2}\varepsilon_{\beta\gamma}\frac{\partial\psi}{\partial x_\gamma}\frac{\partial\psi}{\partial x_\beta}\right) &= -\frac{1}{2}\frac{\partial}{\partial x_\alpha}\left(\varepsilon_{\beta\alpha}\frac{\partial\psi}{\partial x_\beta}+\varepsilon_{\alpha\gamma}\frac{\partial\psi}{\partial x_\gamma}\right)\\
&= -\frac{\partial}{\partial x_\alpha}\left(\varepsilon_{\alpha\beta}\frac{\partial\psi}{\partial x_\beta}\right)=\frac{\partial}{\partial x_\alpha}(\varepsilon_{\alpha\beta}E_\beta)=\nabla\cdot\bm{D}=0
\end{aligned} \tag{C.15}$$

となり，マクスウェルの基本方程式の1つを与える．ただし，ε が対称テンソルであることを用いた．実際には，上部電極の電位を与え，この境界条件の下で $\nabla\cdot(\varepsilon\nabla\psi)=0$ を解くことになる．

以上，自由エネルギー $F=U-TS-q\psi$ から状態方程式(C.14)を導出したが，自由エネルギー $F'=U-TS$ からも同じ式を導くことができる．$F'=$

付録C

$F+q\psi$ であるから，式(C.8)および(C.11)より

$$F'(T,q)=F(T,0)+\frac{1}{2}q\psi=F(T,0)+\frac{1}{2}\int \boldsymbol{D}\cdot \boldsymbol{E}\,\mathrm{d}V \tag{C.16}$$

であるが，F'の場合には電極板上の電荷が一定の条件が付いていることに注意しなくてはならない．電極板上の電荷密度は $\sigma=-\boldsymbol{D}\cdot\boldsymbol{n}$ と与えられるから，この条件は電極板上で $\boldsymbol{D}\cdot\boldsymbol{n}$ を与えることになる．これより，式(C.16)の電場との相互作用の自由エネルギーは $\boldsymbol{D}$ を変数とすべきことがわかる．したがって，電場との相互作用の自由エネルギー密度は

$$f_{\mathrm{el}}'=\frac{1}{2}(\varepsilon^{-1}\boldsymbol{D})\cdot\boldsymbol{D} \tag{C.17}$$

と書ける．θ に関して式(C.16)を極小にするオイラー−ラグランジュ方程式は

$$\frac{\partial f_{\mathrm{d}}}{\partial\theta}-\frac{\partial}{\partial x_\alpha}\frac{\partial f_{\mathrm{d}}}{\partial(\partial\theta/\partial x_\alpha)}+\frac{1}{2}\frac{\partial\varepsilon^{-1}}{\partial\theta}\boldsymbol{D}\cdot\boldsymbol{D}=0 \tag{C.18}$$

となる．電極の電位が一定の条件下でも電荷が一定の条件下でも，平衡状態ではどちらも一定となるから，状態方程式は同じである．つまり，式(C.18)と式(C.14)は同等であるはずである．ここで，$\varepsilon^{-1}\varepsilon=1$ を θ で微分して得られる関係式 $(\partial\varepsilon^{-1}/\partial\theta)\varepsilon+\varepsilon^{-1}(\partial\varepsilon/\partial\theta)=0$ と ε が対称テンソルであること，つまり $^{\mathrm{t}}\varepsilon=\varepsilon$ および $^{\mathrm{t}}(\varepsilon^{-1})=\varepsilon^{-1}$ を用いると（^{t} は転置を表す．**付録A**参照），式(C.18)の左辺の最後の項は

$$\begin{aligned}\frac{\partial\varepsilon^{-1}}{\partial\theta}\boldsymbol{D}\cdot\boldsymbol{D}&=\,^{\mathrm{t}}\!\left(\frac{\partial\varepsilon^{-1}}{\partial\theta}\boldsymbol{D}\right)\boldsymbol{D}=\,^{\mathrm{t}}\!\left(\frac{\partial\varepsilon^{-1}}{\partial\theta}\varepsilon\boldsymbol{E}\right)\varepsilon\boldsymbol{E}=-\,^{\mathrm{t}}\!\left(\varepsilon^{-1}\frac{\partial\varepsilon}{\partial\theta}\boldsymbol{E}\right)\varepsilon\boldsymbol{E}\\ &=-\,^{\mathrm{t}}\boldsymbol{E}\frac{\partial^{\mathrm{t}}\varepsilon}{\partial\theta}{}^{\mathrm{t}}(\varepsilon^{-1})\varepsilon\boldsymbol{E}=-\left(\frac{\partial\varepsilon}{\partial\theta}\boldsymbol{E}\right)\boldsymbol{E}=-\frac{\partial\varepsilon}{\partial\theta}\boldsymbol{E}\cdot\boldsymbol{E}\end{aligned} \tag{C.19}$$

となり，式(C.18)と式(C.14)は同じことが示された．

電場に関しては，F を $\boldsymbol{E}=-\nabla\psi$ を用いて ψ について極小化した結果 $\nabla\cdot\boldsymbol{D}=0$ が得られた．今度は F' を $\nabla\cdot\boldsymbol{D}=0$ の条件の下に $\boldsymbol{D}$ について極小化すると以下に見るように $\boldsymbol{E}=-\nabla\psi$ が得られる．ラグランジュの未定乗数（**付録D**参照）を $\lambda(\boldsymbol{r})$ とすると，$f'+\lambda\nabla\cdot\boldsymbol{D}$ の積分を極小化すればよい．このとき，オイラー−ラグランジュ方程式は

$$\frac{\partial}{\partial D_\alpha}\left\{\frac{1}{2}(\varepsilon^{-1})_{\beta\gamma}D_\gamma D_\beta\right\} - \frac{\partial}{\partial x_\beta}\frac{\partial}{\partial(\partial D_\alpha/\partial x_\beta)}\left(\lambda\frac{\partial D_\gamma}{\partial x_\gamma}\right) = (\varepsilon^{-1})_{\alpha\beta}D_\beta - \frac{\partial\lambda}{\partial x_\alpha}$$
$$= E_\alpha - \frac{\partial\lambda}{\partial x_\alpha} = 0 \tag{C.20}$$

となるが，これより $\boldsymbol{E}=\nabla\lambda$ となる．ただし，ε が対称テンソルであることを用いた．したがって，$\lambda=-\psi$ と解釈すればよいことがわかる．

付録 D

オイラー-ラグランジュ方程式と未定乗数法

　ここではまず自由エネルギー密度 f が一般に n 個の場所の関数 $\xi_i(\boldsymbol{r})(i=1, \cdots, n)$ とそれらの導関数 $\partial \xi_i/\partial x_\alpha(\boldsymbol{r}=(x_1, x_2, x_3))$ の関数，すなわち $f=f(\xi_1, \xi_2, \cdots, \xi_n, \partial\xi_1/\partial x_1, \partial\xi_1/\partial x_2, \cdots, \partial\xi_n/\partial x_3)$ である場合のオイラー-ラグランジュ方程式を導出する．f の体積積分 F は $\xi_i(\boldsymbol{r})$ の汎関数 $F[\xi_1(\boldsymbol{r}), \cdots, \xi_n(\boldsymbol{r})]$ である（汎関数の定義については 2-4 節参照）．今，$\xi_i(\boldsymbol{r})$ が微小変化して $\xi_i(\boldsymbol{r})+\delta\xi_i(\boldsymbol{r})$ となったときの自由エネルギーの変化分 δF を計算してみる．

$$\begin{aligned}\delta F &= F[\xi_1(\boldsymbol{r})+\delta\xi_1(\boldsymbol{r}), \cdots, \xi_n(\boldsymbol{r})+\delta\xi_n(\boldsymbol{r})] - F[\xi_1(\boldsymbol{r}), \cdots, \xi_n(\boldsymbol{r})] \\ &= \int \left\{ f\left(\xi_1+\delta\xi_1, \cdots, \xi_n+\delta\xi_n, \frac{\partial\xi_1}{\partial x_1}+\frac{\partial\delta\xi_1}{\partial x_1}, \cdots, \frac{\partial\xi_n}{\partial x_3}+\frac{\partial\delta\xi_n}{\partial x_3}\right) \right. \\ &\quad \left. - f\left(\xi_1, \cdots, \xi_n, \frac{\partial\xi_1}{\partial x_1}, \cdots, \frac{\partial\xi_n}{\partial x_3}\right) \right\} \mathrm{d}V \\ &\simeq \int \sum_{i=1}^n \left\{ \frac{\partial f}{\partial \xi_i}\delta\xi_i + \sum_{\alpha=1}^3 \frac{\partial f}{\partial(\partial\xi_i/\partial x_\alpha)}\frac{\partial\delta\xi_i}{\partial x_\alpha} \right\} \mathrm{d}V \end{aligned} \quad (\mathrm{D}.1)$$

最後の式の括弧内の第 2 項を変形し，ガウスの定理を使えば，

$$\begin{aligned}\delta F &= \int \sum_{i=1}^n \left\{ \frac{\partial f}{\partial \xi_i}\delta\xi_i - \sum_{\alpha=1}^3 \frac{\partial}{\partial x_\alpha}\left(\frac{\partial f}{\partial(\partial\xi_i/\partial x_\alpha)}\right)\delta\xi_i + \sum_{\alpha=1}^3 \frac{\partial}{\partial x_\alpha}\left(\frac{\partial f}{\partial(\partial\xi_i/\partial x_\alpha)}\delta\xi_i\right) \right\} \mathrm{d}V \\ &= \int \sum_{i=1}^n \left\{ \frac{\partial f}{\partial \xi_i} - \sum_{\alpha=1}^3 \frac{\partial}{\partial x_\alpha}\left(\frac{\partial f}{\partial(\partial\xi_i/\partial x_\alpha)}\right) \right\}\delta\xi_i \mathrm{d}V + \int \sum_{i=1}^n \sum_{\alpha=1}^3 \frac{\partial f}{\partial(\partial\xi_i/\partial x_\alpha)}\delta\xi_i n_\alpha \mathrm{d}S \end{aligned}$$
$$(\mathrm{D}.2)$$

を得る．ただし，$\boldsymbol{n}$ は界面における外向き単位法線ベクトル，$\mathrm{d}S$ は面素である．この式自体は $\xi_i(\boldsymbol{r})$ が極値を与える関数でなくても成り立つことに注意せよ．上式からバルクに対する極値の条件として，最後の式の第 1 項が任意の $\delta\xi_i$ に対してゼロとなる必要がある．こうして，一般的なオイラー-ラグランジュ方程式が得られる．

$$\frac{\partial f}{\partial \xi_i} - \sum_{\alpha=1}^3 \frac{\partial}{\partial x_\alpha}\left(\frac{\partial f}{\partial(\partial\xi_i/\partial x_\alpha)}\right) = 0 \ (i=1, \cdots, n) \quad (\mathrm{D}.3)$$

表面に関する項は，ξ_i が固定されている場合（強いアンカリング）には，恒等的にゼロになるので，オイラー-ラグランジュ方程式を固定境界条件の下で

解けばよい．弱いアンカリングの場合には表面自由エネルギーを加えて表面積分まで考慮する必要がある．

次に，変分問題でしばしば使われるラグランジュの未定乗数法について説明する．まず，自由エネルギーが汎関数でなく単なる関数である場合を扱う．F が $\eta_j (j=1,\cdots,m)$ の関数 $F(\eta_1,\cdots,\eta_m)$ であるとする．η_j に条件がなければ F が極値をとる必要条件はもちろん $\partial F/\partial \eta_j=0$ $(j=1,\cdots,m)$ である．しかし，η_j に例えば束縛条件 $G(\eta_1,\cdots,\eta_m)=0$ が付いている場合には，ラグランジュの未定乗数と呼ばれる λ を含む関数 $F+\lambda G$ が極値をとるように η_j は独立として決めればよい．すなわち，

$$\frac{\partial}{\partial \eta_j}(F+\lambda G)=0 \quad (j=1,\cdots,m) \tag{D.4}$$

が必要条件である．変数は λ を含めて $(m+1)$ 個，これを決める方程式の数は，上式に加えてもともとの条件 $G(\eta_1,\cdots,\eta_m)=0$ があるから，これも $(m+1)$ 個となることに注意せよ．上の例では束縛条件は1つであったが，一般に k 個ある場合，$G_1(\eta_1,\cdots,\eta_m)=\cdots=G_k(\eta_1,\cdots,\eta_m)=0$ に対しては

$$\frac{\partial}{\partial \eta_j}\Big(F+\sum_{l=1}^{k}\lambda_l G_l\Big)=0 \tag{D.5}$$

となる．ただし，$\lambda_1,\cdots,\lambda_k$ は未定乗数である．

次に，束縛条件付きの汎関数 $F[\xi_1(\boldsymbol{r}),\cdots,\xi_n(\boldsymbol{r})]$ の極値条件を示そう．束縛条件としては，すべての場所において $g(\xi_1,\cdots,\xi_n,\partial\xi_1/\partial x_1,\cdots,\partial\xi_n/\partial x_3)=0$ が成立しているとする．この場合，$f+\lambda(\boldsymbol{r})g$ の積分が極値をとるように $\xi_i(\boldsymbol{r})$ は独立として決めればよい．汎関数微分（**付録F** 参照）を使って書けば

$$\frac{\delta}{\delta \xi_i}\int(f+\lambda(\boldsymbol{r})g)dV=0 \tag{D.6}$$

と表される．ただし，ラグランジュの未定乗数は場所の関数 $\lambda(\boldsymbol{r})$ となる．具体的には，式(D.6)を計算するか，式(D.3)における f を $f-\lambda(\boldsymbol{r})g$ で置き換えればよい．

付録 E

汎関数微分

$x_{\min} \leq x \leq x_{\max}$ で定義された関数 $\xi(x)$ の汎関数 $F[\xi(x)]$ を考える．付録 D で見たように，$\xi(x)$ が微小量 $\delta\xi(x)$ だけ変化したときの F の変化分 δF は

$$\delta F = F[\xi(x)+\delta\xi(x)]-F[\xi(x)]$$
$$= \int_{x_{\min}}^{x_{\max}} \frac{\delta F}{\delta \xi(x)} \delta\xi(x) \mathrm{d}x + \cdots \quad (\mathrm{E}.1)$$

と表される．これを汎関数微分 $\delta F/\delta\xi(x)$ の定義とすることができるが，あらわな表現を得るために，$\delta\xi(x) = \varepsilon\delta(x-x')$（$\varepsilon$ は小さい定数，$\delta(x)$ はディラック（Dirac）のデルタ関数[*1]，$x_{\min} < x' < x_{\max}$）と置き，式(E.1)に代入すると

$$F[\xi(x)+\varepsilon\delta(x-x')] - F[\xi(x)] = \varepsilon \frac{\delta F}{\delta \xi(x')} + \cdots \quad (\mathrm{E}.2)$$

となるが，右辺の第 1 項以外は ε の 2 次以上の項であることを考慮すると，汎関数微分の定義として

$$\frac{\delta F}{\delta \xi(x)} \equiv \lim_{\varepsilon \to 0} \frac{F[\xi(x')+\varepsilon\delta(x'-x)] - F[\xi(x')]}{\varepsilon} \quad (\mathrm{E}.3)$$

を得る．ただし，x と x' を入れ替えたが，このとき右辺の汎関数 F の引数は x ではなく x' の関数になっていることに注意せよ．F が

$$F = \int_{x_{\min}}^{x_{\max}} f\left(\xi(x'), \frac{\mathrm{d}\xi(x')}{\mathrm{d}x'}\right) \mathrm{d}x' \quad (\mathrm{E}.4)$$

と積分で表されるとき（式(E.3)に対応し，積分変数を x' とした），これを式(E.3)に代入すれば，当然の結果

$$\frac{\delta F}{\delta \xi(x)} = \frac{\partial f}{\partial \xi(x)} - \frac{\mathrm{d}}{\mathrm{d}x}\left(\frac{\partial f}{\partial(\mathrm{d}\xi(x)/\mathrm{d}x)}\right) \quad (x_{\min} < x < x_{\max}) \quad (\mathrm{E}.5)$$

[*1] $\delta(x)$ は $x=0$ 以外でゼロであり，$\int_{-\varepsilon}^{\varepsilon} \delta(x)\mathrm{d}x = 1 (\varepsilon>0)$ となるように，$x=0$ で ∞ になる"関数"である．このような性質のため，関数 $f(x)$ に対して，$\int_{-\infty}^{\infty} f(x')\delta(x-x')\mathrm{d}x' = f(x)$ が成立する．直感的には，$x=0$ にピークを持つ面積 1 のガウス関数において幅をゼロにもっていった極限を考えればよい．

が得られる．

[**演習問題 E.1**：式(E.5)を示せ]

今，$F=\xi(x')$ とおいて式(E.3)に代入すると，便利な公式

$$\frac{\delta\xi(x')}{\delta\xi(x)}=\delta(x'-x) \tag{E.6}$$

を得る．これを直接式(E.4)に適用すると式(E.5)が再び得られる．

[**演習問題 E.2**：上記を示せ]

以上の結果は F が $\boldsymbol{r}$ についての N 個の関数 $(\xi_1(\boldsymbol{r}),\cdots,\xi_N(\boldsymbol{r}))$ の汎関数 $F[\xi_1(\boldsymbol{r}),\cdots,\xi_N(\boldsymbol{r})]$ である場合に容易に一般化できる．式(E.1)には

$$\begin{aligned}\delta F &= F[\xi_1(\boldsymbol{r})+\delta\xi_1(\boldsymbol{r}),\cdots,\xi_N(\boldsymbol{r})+\delta\xi_N(\boldsymbol{r})]-F[\xi_1(\boldsymbol{r}),\cdots,\xi_N(\boldsymbol{r})]\\ &= \int_{x_{\min}}^{x_{\max}}\sum_{n=1}^{N}\frac{\delta F}{\delta\xi_n(\boldsymbol{r})}\delta\xi_n(\boldsymbol{r})\mathrm{d}V+\cdots\end{aligned} \tag{E.7}$$

式(E.3)には

$$\frac{\delta F}{\delta\xi_n(\boldsymbol{r})}=\lim_{\varepsilon\to 0}(F[\xi_1(\boldsymbol{r}'),\cdots,\xi_n(\boldsymbol{r}')+\varepsilon\delta(\boldsymbol{r}'-\boldsymbol{r}),\cdots,\xi_N(\boldsymbol{r}')]\\-F[\xi_1(\boldsymbol{r}'),\cdots,\xi_n(\boldsymbol{r}'),\cdots,\xi_N(\boldsymbol{r}')])/\varepsilon \tag{E.8}$$

式(E.6)には

$$\frac{\delta\xi_{n'}(\boldsymbol{r}')}{\delta\xi_n(\boldsymbol{r})}=\delta(\boldsymbol{r}'-\boldsymbol{r})\delta_{n'n} \tag{E.9}$$

が対応する．ただし，$\delta(\boldsymbol{r}'-\boldsymbol{r})=\delta(x'-x)\delta(y'-y)\delta(z'-z)$ である．

次に，汎関数微分と多変数関数の偏微分との関係を見ておこう．簡単のために F は $\xi(x)$ の汎関数であるとする．今 F が，$x_{\min}\leq x\leq x_{\max}$ を Δx の間隔で M 等分した $(x_{\max}-x_{\min}=M\Delta x)$ 座標 $x_0=x_{\min},x_1,\cdots,x_m(=x_{\min}+m\Delta x),\cdots,x_M=x_{\max}$ における $\xi(x_0),\cdots,\xi(x_m),\cdots,\xi(x_M)$ の関数 $F_M(\xi(x_0),\cdots,\xi(x_M))$ で近似できるとする．$\xi(x_m)\to\xi(x_m)+\delta\xi(x_m)$ の変化に対して F_M の変化は

$$\begin{aligned}\delta F_M &= F_M(\xi(x_0)+\delta\xi(x_0),\cdots,\xi(x_M)+\delta\xi(x_M))-F_M(\xi(x_0),\cdots,\xi(x_M))\\ &= \sum_{m=0}^{M}\frac{\partial F_M}{\partial\xi(x_m)}\delta\xi(x_m)+\cdots\end{aligned}$$

$$\tag{E.10}$$

と与えられる．これと式(E.1)を比較すると，汎関数微分 $\delta F/\delta\xi(x)$ と $\partial F_M/\partial\xi(x_n)$ が対応することがわかる．さらに，式(E.1)の積分を和に書き変えれば

$$\delta F = \sum_{m=0}^{M} \frac{\delta F}{\delta \xi(x_m)} \delta \xi(x_m) \Delta x + \cdots \tag{E.11}$$

となるから,これと式(E.10)を比べれば,極限 $M \to \infty (\Delta x \to 0)$ において $(\partial F_M/\partial \xi(x_n))/\Delta x$ が $\delta F/\delta \xi(x)$ になることがわかる.

付録 F

緩和過程の時間相関関数

式(4.126)で表されるような緩和型の方程式

$$\frac{\mathrm{d}x(t)}{\mathrm{d}t} = -\frac{1}{\tau}x(t) \tag{F.1}$$

は自然界の現象を記述するときにしばしば現れる．この式に従う $x(t)$ は，緩和時間 τ を持って指数関数的に単調減少するだけで，ゆらぎは含んでいない．しかし，オンサーガーによれば，式(F.1)はゆらぎとも密接に関係している．本来，式(F.1)はゆらぎの大きさに比べて大きな x に対して成り立つ運動方程式である．ゆらぎまで考慮すれば，時刻 $t=0$ で $x=x(0)$ の状態にあったときの $x(t)$ は図 F.1 のようになるであろう．図では 2 つの異なる測定結果を細線で描いた．一方，太い実線は式(F.1)を上の初期条件で解いた結果 $x(t)=x(0)e^{-t/\tau}$ である．図を見れば，ゆらぎを考慮したときの $x(t)$ の平均（アンサンブル平均）が式(F.1)に従うであろうことがわかる．実は，図 F.1 はこのようになるように描いたものであるが，これは極めてもっともらしい仮定である．

今，時刻 $t=0$ で $x=x(0)$ であるという条件付きの $x(t)$ の平均値を

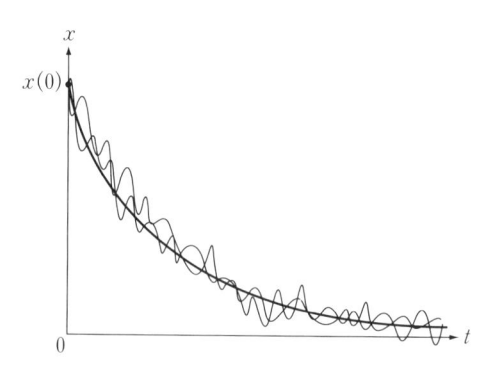

図 F.1 時刻 $t=0$ で $x=x(0)$ にあった異なる 2 つの測定結果（細線）と平均値（太線）．

$\langle x(t)\rangle_{x(0)}$ としよう。$t=0$ で同じ x の値 $x(0)$ をとっても,ゆらぎがある場合には図 F.1 に示すように $x(t)$ は異なる。このような過程に対して,時刻 $t=0$ で $x=x(0)$ であるという条件付きで時刻 t において $x(t)$ が $x(t)$ から $x(t)+\mathrm{d}x(t)$ の間にある確率 $f(x(t)|x(0)\,;\,t)\mathrm{d}x(t)$ が定義できる。これを用いて

$$\langle x(t)\rangle_{x(0)}=\int_{-\infty}^{+\infty}x(t)f(x(t)|x(0)\,;\,t)\mathrm{d}x(t) \tag{F.2}$$

と表すことができる。さて,$\langle x(t)\rangle_{x(0)}$ はその値がゆらぎより大きいときには式(F.1)を満たすばかりでなく,小さいときにも $\langle x(t)\rangle_{x(0)}$ は平均であり,$\langle x(\infty)\rangle_{x(0)}=0$ となるから式(F.1)を満たすであろう。こうして,この仮定をもとに

$$\langle x(t)\rangle_{x(0)}=x(0)e^{-t/\tau} \tag{F.3}$$

を得る。

ところで,条件付き確率密度関数 $f(x(t)|x(0)\,;\,t)$ は 4-8 節で導入した 2 種類の確率密度関数 $f(x)$ および $f(x_1,x_2\,;\,t)$ と以下の関係にある。

$$f(x(0),x(t)\,;\,t)\mathrm{d}x(0)\mathrm{d}x(t)=f(x(0))\mathrm{d}x(0)f(x(t)|x(0)\,;\,t)\mathrm{d}x(t) \tag{F.4}$$

なぜなら,左辺の時刻 $t=0$ に $x(0)$ が $x(0)\sim x(0)+\mathrm{d}x(0)$ の間にあり,かつ $t=t$ に $x(t)$ が $x(t)\sim x(t)+\mathrm{d}x(t)$ の間にある確率は,右辺の $t=0$ に $x(0)$ が $x(0)\sim x(0)+\mathrm{d}x(0)$ の間にある確率 $f(x(0))\mathrm{d}x(0)$ に,$t=0$ に $x(0)$ にあって $t=t$ に $x(t)$ が $x(t)\sim x(t)+\mathrm{d}x(t)$ にある条件付き確率 $f(x(t)|x(0)\,;\,t)\mathrm{d}x(t)$ をかけたものに等しいからである。したがって,式(F.2),(F.3),(F.4)から目的の関係式

$$\begin{aligned}\langle x(0)x(t)\rangle&=\int_{-\infty}^{+\infty}\int_{-\infty}^{+\infty}x(0)x(t)f(x(0))f(x(t)|x(0)\,;\,t)\mathrm{d}x(0)\mathrm{d}x(t)\\&=\int_{-\infty}^{+\infty}x(0)f(x(0))\left[\int_{-\infty}^{+\infty}x(t)f(x(t)|x(0)\,;\,t)\mathrm{d}x(t)\right]\mathrm{d}x(0)\\&=\int_{-\infty}^{+\infty}x(0)f(x(0))\langle x(t)\rangle_{x(0)}\mathrm{d}x(0)=\int_{-\infty}^{+\infty}x(0)^2f(x(0))e^{-t/\tau}\mathrm{d}x(0)\\&=\langle x(0)^2\rangle e^{-t/\tau}\end{aligned} \tag{F.5}$$

が得られる。

参考文献

1) 犬井鉄郎, 田辺行人, 小野寺嘉孝,「応用群論」(裳華房 1980).
2) P. G. de Gennes and J. Prost, "The Physics of Liquid Crystals", (Oxford University Press 1993).
3) Chandrasekhar, "Liquid Crystal", (Cambridge University Press 1992). 木村初男, 山下護共訳,「液晶の物理学」(吉岡書店 1995).
4) 高橋秀俊,「電磁気学」(裳華房 1959).
5) 神部勉編著,「流体力学」(裳華房 1995).
6) 戸田盛和, 久保亮五編,「統計物理学」(岩波講座現代物理学の基礎 (第2版)) (岩波書店 1972).
7) 吉原郁夫,「物理光学」(共立出版 1984).
8) 福田敦夫, 竹添秀男,「強誘電性液晶の構造と物性」(コロナ社 1989).
9) D. Demus and L. Richter, "Textures of Liquid Crystals", (Verlag Chemie 1978).
10) ランダウ, リフシッツ,「統計物理学 (下巻)」(岩波書店 1980).
11) 赤羽正志,「液晶の連続体理論とその外場応答への応用」(2001年日本液晶学会物理・物性フォーラム研究会講演要旨集).

演習問題の解答

[演習問題 2.1]

テンソル A の固有方程式は
$$Au = \lambda u$$
ただし，u と λ はそれぞれ固有ベクトルと固有値である．A に単位テンソル 1 の c 倍を加えたものを u に作用させると
$$(A + c1)u = (\lambda + c)u$$
となり，u は依然として固有ベクトルである．したがって，主軸は変わらない．

[演習問題 2.2]

ベクトル $(0, 0, 1)$ を (n_1, n_2, n_3) に回転する変換行列は
$$U = \begin{pmatrix} * & * & n_1 \\ * & * & n_2 \\ * & * & n_3 \end{pmatrix}$$
となることは容易に確かめられる．ただし，n を通る軸の回りの回転についての任意性があるから"$*$"の成分は決まらない．式(A.11)を用いてテンソル秩序パラメーター(2.3)を回転すると

$$U \begin{pmatrix} -S/2 & 0 & 0 \\ 0 & -S/2 & 0 \\ 0 & 0 & S \end{pmatrix} {}^tU = U\left[-\frac{S}{2}\begin{pmatrix} 1 & 0 & 0 \\ 0 & 1 & 0 \\ 0 & 0 & 1 \end{pmatrix} + \frac{3S}{2}\begin{pmatrix} 0 & 0 & 0 \\ 0 & 0 & 0 \\ 0 & 0 & 1 \end{pmatrix}\right] {}^tU$$

$$= -\frac{S}{2}\begin{pmatrix} 1 & 0 & 0 \\ 0 & 1 & 0 \\ 0 & 0 & 1 \end{pmatrix} + \frac{3S}{2}\begin{pmatrix} n_1^2 & n_1n_2 & n_1n_3 \\ n_2n_1 & n_2^2 & n_2n_3 \\ n_3n_1 & n_3n_2 & n_3^2 \end{pmatrix}$$

を得る．ここで，関係式 $U^{-1} = {}^tU$（式(A.6)の下参照）を用いた．上式の最後の式の第 1 項の α-β 成分は $-S/2 \cdot \delta_{\alpha\beta}$，第 2 項の α-β 成分は $3S/2 \cdot n_\alpha n_\beta$ であるから，式 (2.4) が得られる．

[演習問題 3.1]

式(3.14)を
$$\frac{\mathrm{d}^2\theta}{\mathrm{d}z^2} + \frac{1}{2\xi^2}\sin 2\theta = 0$$
と書き換え,この式の両辺に $\mathrm{d}\theta/\mathrm{d}z$ を掛けると
$$\frac{\mathrm{d}\theta}{\mathrm{d}z}\left(\frac{\mathrm{d}^2\theta}{\mathrm{d}z^2} + \frac{1}{2\xi^2}\sin 2\theta\right) = \frac{\mathrm{d}}{\mathrm{d}z}\left(\frac{1}{2}\left(\frac{\mathrm{d}\theta}{\mathrm{d}z}\right)^2 - \frac{1}{4\xi^2}\cos 2\theta\right)$$
$$= \frac{\mathrm{d}}{\mathrm{d}z}\left(\frac{1}{2}\left(\frac{\mathrm{d}\theta}{\mathrm{d}z}\right)^2 - \frac{1}{4\xi^2}(2\cos^2\theta - 1)\right) = \frac{\mathrm{d}}{\mathrm{d}z}\left(\frac{1}{2}\left(\frac{\mathrm{d}\theta}{\mathrm{d}z}\right)^2 - \frac{1}{2\xi^2}\cos^2\theta\right) = 0$$
を得る.

[演習問題 3.2]

式(3.38)において $z=0$ とおき,式(3.36 a)に代入すると
$$\pm\frac{K_2}{\xi}\sqrt{\sin^2\theta_m - \sin^2\theta(0)} \cong \pm\frac{K_2}{\xi}\sqrt{\theta_m^2 - \theta^2(0)} = B_\mathrm{w}\theta(0)$$
この式を自乗して整理し,$\theta(0)/\theta_m$ を求め,$\theta_m \to 0$(転移点)の極限をとり,$\xi \to \xi_\mathrm{c}$ とすると式(3.42)が得られる.

[演習問題 3.3]

解(3.49)を座標 x と y を使って表すと
$$\phi = s\tan^{-1}\frac{y}{x} + c$$
これを x について微分すると
$$\frac{\partial\phi}{\partial x} = -\frac{sy}{x^2}\cos^2\left(\tan^{-1}\frac{y}{x}\right) = -\frac{sy}{x^2}\frac{1}{1+(y/x)^2} = -s\frac{y}{x^2+y^2}$$
さらに x について微分すると
$$\frac{\partial^2\phi}{\partial x^2} = s\frac{2xy}{(x^2+y^2)^2}$$
同様に
$$\frac{\partial^2\phi}{\partial y^2} = -s\frac{2xy}{(x^2+y^2)^2}$$
となるから,$\partial^2\phi/\partial x^2 + \partial^2\phi/\partial y^2 = 0$.

[演習問題 3.4]

このとき，外からなされた仕事は $\sigma_{\text{line}}\mathrm{d}l$ となるから，熱力学の第 1 法則から
$$\mathrm{d}U_l = T\mathrm{d}S_l + \sigma_{\text{line}}\mathrm{d}l$$
を得る．ただし，U_l，T，S_l はそれぞれ転傾線の内部エネルギー，温度，エントロピーである．$F_l = U_l - TS_l$ より
$$\mathrm{d}F_l = -S_l\mathrm{d}T + \sigma_{\text{line}}\mathrm{d}l$$
であるが，準静的等温過程 ($\mathrm{d}T=0$) では $\mathrm{d}F_l = \sigma_{\text{line}}\mathrm{d}l$ となる．

[演習問題 3.5]

式(3.68)の右辺第 1 項の弾性定数 K_1 に関係する部分を計算してみる．
$$\left(\frac{\partial\delta n_x}{\partial x} + \frac{\partial\delta n_y}{\partial y}\right)^2 = \left(\frac{\partial\delta n_x}{\partial x}\right)^2 + 2\frac{\partial\delta n_x}{\partial x}\frac{\partial\delta n_y}{\partial y} + \left(\frac{\partial\delta n_y}{\partial y}\right)^2$$
上式の右辺第 1 項に式(3.69)を代入し，積分すると
$$\int\left(\frac{\partial\delta n_x}{\partial x}\right)^2\mathrm{d}V = \int\left(\frac{1}{V}\sum_{\boldsymbol{q}}iq_x\delta n_x(\boldsymbol{q})e^{i\boldsymbol{q}\cdot\boldsymbol{r}}\right)^2\mathrm{d}V$$
$$= \int\left(\frac{1}{V}\sum_{\boldsymbol{q}}iq_x\delta n_x(\boldsymbol{q})e^{i\boldsymbol{q}\cdot\boldsymbol{r}}\right)\left(\frac{1}{V}\sum_{\boldsymbol{q}'}iq_x'\delta n_x(\boldsymbol{q}')e^{i\boldsymbol{q}'\cdot\boldsymbol{r}}\right)\mathrm{d}V$$
$$= -\frac{1}{V^2}\sum_{\boldsymbol{q},\boldsymbol{q}'}q_xq_x'\delta n_x(\boldsymbol{q})\delta n_x(\boldsymbol{q}')\int e^{i(\boldsymbol{q}+\boldsymbol{q}')\cdot\boldsymbol{r}}\mathrm{d}V$$
$$= -\frac{1}{V^2}\sum_{\boldsymbol{q},\boldsymbol{q}'}q_xq_x'\delta n_x(\boldsymbol{q})\delta n_x(\boldsymbol{q}')V\delta_{\boldsymbol{q}+\boldsymbol{q}',0}$$
$$= \frac{1}{V}\sum_{\boldsymbol{q}}q_x^2\delta n_x(\boldsymbol{q})\delta n_x(-\boldsymbol{q}) = \frac{1}{V}\sum_{\boldsymbol{q}}q_x^2\delta n_x(\boldsymbol{q})\delta n_x(\boldsymbol{q})^*$$
となる．ここで，公式(3.70)を用いた．他の項についても同様に計算して足し算すれば，式(3.71)が得られる．

[演習問題 3.6]

$$kR = k|\boldsymbol{r}-\boldsymbol{r}'| = k\sqrt{(\boldsymbol{r}-\boldsymbol{r}')^2} = kr\sqrt{1 - \frac{2\boldsymbol{r}\cdot\boldsymbol{r}'}{r^2} + \frac{r'^2}{r^2}} \cong kr\sqrt{\left(1-\frac{\boldsymbol{r}\cdot\boldsymbol{r}'}{r^2}\right)^2}$$
$$= kr - k\frac{\boldsymbol{r}}{r}\cdot\boldsymbol{r}' = \boldsymbol{k}_s\cdot\boldsymbol{r} - \boldsymbol{k}_s\cdot\boldsymbol{r}'$$

[演習問題 3.7]

$$\boldsymbol{f}\cdot(\varepsilon\boldsymbol{i})=f_\alpha(\varepsilon\boldsymbol{i})_\alpha=f_\alpha\varepsilon_{\alpha\beta}i_\beta=f_\alpha(\varepsilon_\perp\delta_{\alpha\beta}+\varepsilon_{\mathrm{a}}n_\alpha n_\beta)i_\beta$$
$$=\varepsilon_\perp i_\alpha f_\alpha+\varepsilon_{\mathrm{a}}i_\beta n_\beta f_\alpha n_\alpha=\varepsilon_\perp \boldsymbol{i}\cdot\boldsymbol{f}+\varepsilon_{\mathrm{a}}(\boldsymbol{i}\cdot\boldsymbol{n})(\boldsymbol{f}\cdot\boldsymbol{n})$$

[演習問題 3.8]

式(3.89 b), (3.90), (3.95)から

$$\sigma=\langle|a|^2\rangle=\left(\frac{\omega^2}{4\pi c^2}\right)^2\langle|f\cdot(\varepsilon(\boldsymbol{q})\boldsymbol{i})|^2\rangle$$
$$=\left(\frac{\varepsilon_{\mathrm{a}}\omega^2}{4\pi c^2}\right)^2\sum_{\substack{j=1,2\\j'=1,2}}\{(\boldsymbol{i}\cdot\boldsymbol{n}_0)(\boldsymbol{f}\cdot\boldsymbol{e}_j)+(\boldsymbol{f}\cdot\boldsymbol{n}_0)(\boldsymbol{i}\cdot\boldsymbol{e}_j)\}\{(\boldsymbol{i}\cdot\boldsymbol{n}_0)(\boldsymbol{f}\cdot\boldsymbol{e}_{j'})$$
$$+(\boldsymbol{f}\cdot\boldsymbol{n}_0)(\boldsymbol{i}\cdot\boldsymbol{e}_{j'})\}\langle\delta n_j(\boldsymbol{q})\delta n_{j'}(\boldsymbol{q})^*\rangle$$

となるが,これに式(3.96)を用いると

$$\sigma=\left(\frac{\varepsilon_{\mathrm{a}}\omega^2}{4\pi c^2}\right)^2\sum_{j=1,2}\{(\boldsymbol{i}\cdot\boldsymbol{n}_0)(\boldsymbol{f}\cdot\boldsymbol{e}_j)+(\boldsymbol{f}\cdot\boldsymbol{n}_0)(\boldsymbol{i}\cdot\boldsymbol{e}_j)\}^2\langle\delta n_j(\boldsymbol{q})\delta n_j(\boldsymbol{q})^*\rangle$$

を得る.上式に式(3.80)を代入すれば式(3.97)が得られる.

[演習問題 4.1]

α 成分を計算する.

$$v_\alpha(x_1+v_1 dt, x_2+v_2 dt, x_3+v_3 dt, t+dt)=v_\alpha(x_1,x_2,x_3,t)+\frac{\partial v_\alpha}{\partial x_\beta}v_\beta dt+\frac{\partial v_\alpha}{\partial t}dt$$
$$=v_\alpha(x_1,x_2,x_3,t)+\frac{\partial v_\alpha}{\partial t}dt+\left(v_\beta\frac{\partial}{\partial x_\beta}\right)v_\alpha dt=v_\alpha(x_1,x_2,x_3,t)+\frac{\partial v_\alpha}{\partial t}dt+(\boldsymbol{v}\cdot\nabla)v_\alpha dt$$

[演習問題 4.2]

これまでの話から,$\boldsymbol{\Omega}(\boldsymbol{e}),\boldsymbol{n},d\boldsymbol{n}$ は互いに直交し,この順に右手系を成すことがわかる.したがって,式(4.47)の方向は向きを含めて正しい.大きさについても,左辺は定義より $d\theta/dt$,右辺も式(4.45)より $d\theta/dt$ となり等しい.

[演習問題 4.3]

$a\delta n_\alpha(\boldsymbol{r})+bv_\alpha(\boldsymbol{r})=0$ に式(4.100)と(4.101)を代入し整理すると

$$\frac{1}{V}\sum_{\boldsymbol{q}}(a\delta n_\alpha(\boldsymbol{q})+bv_\alpha(\boldsymbol{q}))e^{i\boldsymbol{q}\cdot\boldsymbol{r}}=0$$

演習問題の解答

となるが,すべての r に対して上式が成り立つためには $a\delta n_a(\boldsymbol{q})+bv_a(\boldsymbol{q})=0$ でなくてはならない.

[演習問題 5.1]

式(5.14)に $\varepsilon_0\varepsilon_a s_a$ を掛けて α について加え合わすと,左辺は

$$\sum_\alpha \varepsilon_0\varepsilon_a s_a E_a = \sum_\alpha s_a D_a = \boldsymbol{s}\cdot\boldsymbol{D} = 0$$

となる.ただし,最後に $\boldsymbol{s}$ と $\boldsymbol{D}$ が直交することを用いた(式(5.8)および式(5.10)参照).右辺は

$$\sum_\alpha \varepsilon_0\varepsilon_a s_a \frac{v_a^2}{v_a^2-v^2} s_a(\boldsymbol{s}\cdot\boldsymbol{E}) = \varepsilon_0 \sum_\alpha \frac{\varepsilon_a v_a^2}{v_a^2-v^2} s_a^2(\boldsymbol{s}\cdot\boldsymbol{E}) = \varepsilon_0 c^2 (\boldsymbol{s}\cdot\boldsymbol{E}) \sum_\alpha \frac{s_a^2}{v_a^2-v^2}$$

となる.ここで,$v_a=c/\sqrt{\varepsilon_a}$ を用いた.上の 2 式より式(5.15)を得る.

[演習問題 5.2]

2つの固有モードの速さを $v^{(1)}$, $v^{(2)}$ とし,これに対応する電束密度をそれぞれ $\boldsymbol{D}^{(1)}$, $\boldsymbol{D}^{(2)}$ とする.式(5.17)から

$$\boldsymbol{D}^{(1)}\cdot\boldsymbol{D}^{(2)} \propto \sum_\alpha \frac{s_a}{v_a^2-v^{(1)2}} \frac{s_a}{v_a^2-v^{(2)2}} = \sum_\alpha \frac{s_a^2}{v^{(1)2}-v^{(2)2}}\left(\frac{1}{v_a^2-v^{(1)2}}-\frac{1}{v_a^2-v^{(2)2}}\right)$$

$$= \frac{1}{v^{(1)2}-v^{(2)2}}\left(\sum_\alpha \frac{s_a^2}{v_a^2-v^{(1)2}}-\sum_\alpha \frac{s_a^2}{v_a^2-v^{(2)2}}\right) = 0$$

を得る.ただし,式(5.15)を用いた.

[演習問題 5.3]

今の場合,$\boldsymbol{E}$ と $\boldsymbol{H}$ は互いに直交し x-y 面内にあり,ポインティングベクトル $\boldsymbol{S}$ は $\boldsymbol{k}$ と同じ z 方向を向いているから,その z 成分は $S_z=(E_x H_y-E_y H_x)$(E_x 等は実数に注意)である.式(5.9)より $H_x=-(\mu_0 c)^{-1}E_y$, $H_y=(\mu_0 c)^{-1}E_x$ となるから,$S_z=(\mu_0 c)^{-1}(E_x^2+E_y^2)$.ここで,式(5.24)を $E_x(z,t)=E_{0x}(z)e^{-i\omega t}$, $E_y(z,t)=E_{0y}(z)e^{-i\omega t}$ と書き直すと,

$$S_z=(\mu_0 c)^{-1}\left[\left\{\frac{1}{2}(E_x(z,t)+E_x(z,t)^*)\right\}^2+\left\{\frac{1}{2}(E_y(z,t)+E_y(z,t)^*)\right\}^2\right]$$

$$= \frac{(\mu_0 c)^{-1}}{4}\{(E_{0x}(z))^2 e^{-i2\omega t}+2|E_{0x}(z)|^2+E_{0x}(z)^{*2}e^{i2\omega t}$$

$$+(E_{0y}(z))^2 e^{-i2\omega t}+2|E_{0y}(z)|^2+E_{0y}(z)^{*2}e^{i2\omega t}\}$$

となるが,時間平均すれば $e^{\pm i2\omega t}$ のついた項は消えるから

$$\langle S_z\rangle = \frac{(\mu_0 c)^{-1}}{2}(|E_{0x}(z)|^2+|E_{0y}(z)|^2) = \frac{(\mu_0 c)^{-1}}{2}(|E_x(z,t)|^2+|E_y(z,t)|^2)$$
$$= c\frac{\varepsilon_0}{2}(|E_x(z,t)|^2+|E_y(z,t)|^2)$$

を得る．最後の式が電磁波のエネルギー密度の時間平均に速度を掛けたものになっていることに注意せよ．

[演習問題 5.4]

式(5.30)で $k\to -k(k>0)$ と置けば，$E_x(z,t)=a\cos(kz+\omega t-\delta_1)$，$E_y(z,t)=-a\sin(kz+\omega t-\delta_1)$ となり，z 軸の負の側から電場ベクトルの時間変化を見れば，反時計回り，時間を止めてみれば左巻きとなっている．したがって，左円偏光である．同様に，式(5.31)は右円偏光となる．

$k\to -k(k>0)$ の置き換えは $z\to -z$ と等価である．つまり，z 軸に垂直な面での鏡映となる．これによって，進行方向が逆転するとともに，右（左）巻きらせんは左（右）巻きらせんに変換された．

$z\to -z$ に加えて，$y\to -y$ とすれば，これは x 軸回りの 180° 回転となるから，らせんの掌性（円偏光の掌性）は変えずに，進行方向のみを変える．例えば，式(5.30)において $z\to -z$，$E_y\to -E_y$ の置き換えを行えば，$E_x(z,t)=a\cos(kz+\omega t-\delta_1)$，$E_y(z,t)=a\sin(kz+\omega t-\delta_1)$ となる．

[演習問題 5.5]

$$\tilde{E}=E_x+iE_y=a_1\cos(kz-\omega t+\delta_1)+ia_2\cos(kz-\omega t+\delta_2)$$
$$=\frac{a_1}{2}(e^{i(kz-\omega t+\delta_1)}+e^{-i(kz-\omega t+\delta_1)})+i\frac{a_2}{2}(e^{i(kz-\omega t+\delta_2)}+e^{-i(kz-\omega t+\delta_2)})$$
$$=\frac{1}{2}(a_1 e^{i\delta_1}+ia_2 e^{i\delta_2})e^{i(kz-\omega t)}+\frac{1}{2}(a_1 e^{-i\delta_1}+ia_2 e^{-i\delta_2})e^{-i(kz-\omega t)}$$

ここで，$a_\pm \equiv a_1 e^{\pm i\delta_1}+ia_2 e^{\pm i\delta_2}$，さらに $a_\pm=|a_\pm|e^{i\delta_\pm}$ とすれば

$$\tilde{E}=\frac{1}{2}|a_+|e^{i\delta_+}e^{i(kz-\omega t)}+\frac{1}{2}|a_-|e^{i\delta_-}e^{-i(kz-\omega t)}$$

上式が式(5.35)と等しいことは容易にわかる．

[演習問題 5.6]

式(5.57)を行列で表すと

$$\begin{pmatrix} E^+ \\ E^- \end{pmatrix} = \begin{pmatrix} 1 & i \\ 1 & -i \end{pmatrix} \begin{pmatrix} E_x \\ E_y \end{pmatrix}$$

となる．ここで，上式の2行2列の行列を T とする．式(5.47)の両辺に左から T を掛け，右辺を T の逆行列 T^{-1} を用いて変形すると

$$-\frac{d^2}{dz^2}(T\boldsymbol{E}(z)) = \left(\frac{\omega}{c}\right)^2 (T\varepsilon(z)T^{-1}) T\boldsymbol{E}(z)$$

を得る．$(T\varepsilon(z)T^{-1})$ を計算すれば式(5.58)が得られる．

[演習問題 5.7]

式(5.71)の左辺に式(5.63)の $\omega_\pm{}^2(l)$ を代入して，符号が±（複合同順）となればよい．式(5.59 a)と(5.63)より

$$k_{0\pm}{}^2 \equiv \left(\frac{\omega_\pm(l)}{c}\right)^2 \bar{\varepsilon} = \frac{(l^2 + q_0{}^2) \pm \sqrt{4q_0{}^2 l^2 + (\varepsilon_a/2\bar{\varepsilon})^2 (l^2 - q_0{}^2)^2}}{1 - (\varepsilon_a/2\bar{\varepsilon})^2}$$

となる．これを式(5.71)の左辺に代入すると

$$k_{0\pm}{}^2 - l^2 - q_0{}^2 = \frac{q_0{}^2}{1 - \Delta^2}(\Delta^2(y^2+1) \pm \sqrt{4y^2 + \Delta^2(y^2-1)^2})$$

を得る．ただし，$\Delta = \varepsilon_a/2\bar{\varepsilon}$，$y = l/q_0$ である．上式が $\Delta < 1$ および任意の y に対して上述のようになっていることは

$$\{4y^2 + \Delta^2(y^2-1)^2\} - \{\Delta^2(y^2+1)\}^2 = 4(1-\Delta^4)y^4 + (\Delta^2 - \Delta^4)(y^2-1)^2 > 0$$

からわかる．

[演習問題 5.8]

$\omega_+(l)$ ブランチでは $x \to \pm 0$ に対して式(5.74)の分母も分子もゼロとなるので，極限を正しく計算する必要がある．$|x| \ll 1$ のとき，分母は $\sqrt{x^2+1} - 1 \cong \sqrt{(1+x^2/2)^2} - 1 = x^2/2$ となるから，$\rho \cong 2/x$ を得る．したがって，$x \to \pm 0$ で $\rho \to \pm\infty$ となる．

$\omega_-(l)$ ブランチでは分母は $x \to \pm 0$ で -2 と有限であるから，$\rho \to 0$．

[演習問題 5.9]

$$\sqrt{\bar{\varepsilon}} = \sqrt{\frac{\varepsilon_\parallel + \varepsilon_\perp}{2}} = \sqrt{\frac{n_\parallel{}^2 + n_\perp{}^2}{2}} = \sqrt{\frac{(n_\parallel + n_\perp)^2/2 + (n_\parallel - n_\perp)^2/2}{2}}$$

$$= \frac{n_\parallel + n_\perp}{2}\sqrt{1 + \left(\frac{n_\parallel - n_\perp}{n_\parallel + n_\perp}\right)^2} \cong \frac{n_\parallel + n_\perp}{2} = \bar{n}$$

[演習問題 5.10]

本文中で示したように，$k_1=0$ のときには式(5.80 a)における不等式 $\omega \geq \omega_+(0)$ および $\omega \leq \omega_-(0)$ はそれぞれ $k_0 \geq q_0$ および $k_0 \leq q_0$ で置き換えることができる．k_1 が小さいときにもこれが可能であろう．$k_0 \approx q_0$ のギャップ付近ではこの置き換えができないが，式(5.82 a)は $k_0 = q_0$ で発散するのでもともとこの付近では近似が悪くなっておりこれを考慮する必要はない．$\omega > \omega_+(0)(k_0 > q_0)$ に対して，式(5.80 a)から

$$l_1 = \sqrt{k_0^2 + q_0^2 - \sqrt{4k_0^2 q_0^2 + k_1^4}} = \sqrt{k_0^2 + q_0^2 - 2k_0 q_0 \sqrt{1 + k_1^4/(4k_0^2 q_0^2)}}$$
$$\cong \sqrt{k_0^2 + q_0^2 - 2k_0 q_0 - k_1^4/(4k_0 q_0)} = |k_0 - q_0|\sqrt{1 - k_1^4/\{4k_0 q_0 (k_0 - q_0)^2\}}$$
$$\cong |k_0 - q_0|(1 - k_1^4/\{8k_0 q_0 (k_0 - q_0)^2\}) = k_0 - q_0 - k_1^4/\{8k_0 q_0 (k_0 - q_0)\},$$

$\omega < \omega_+(0)(k_0 < q_0)$ に対しても同様に

$$l_1 = -\sqrt{k_0^2 + q_0^2 - \sqrt{4k_0^2 q_0^2 + k_1^4}}$$
$$\cong -|k_0 - q_0|(1 - k_1^4/\{8k_0 q_0 (k_0 - q_0)^2\}) = k_0 - q_0 - k_1^4/\{8k_0 q_0 (k_0 - q_0)\}$$

を得る．

[演習問題 5.11]

$\boldsymbol{n} = (\sin\theta\cos\phi, \sin\theta\sin\phi, \cos\theta)$ より

$$\frac{\partial n_x}{\partial z} = \cos\theta\cos\phi\,\frac{\partial\theta}{\partial z} - \sin\theta\sin\phi\,\frac{\partial\phi}{\partial z},$$

$$\frac{\partial n_y}{\partial z} = \cos\theta\sin\phi\,\frac{\partial\theta}{\partial z} + \sin\theta\cos\phi\,\frac{\partial\phi}{\partial z},$$

$$\frac{\partial n_z}{\partial z} = -\sin\theta\,\frac{\partial\theta}{\partial z}$$

となる．これらより，

$$\nabla\cdot\boldsymbol{n} = \frac{\partial n_z}{\partial z} = -\sin\theta\,\frac{\partial\theta}{\partial z},$$

$$\boldsymbol{n}\cdot(\nabla\times\boldsymbol{n}) = n_x\left(-\frac{\partial n_y}{\partial z}\right) + n_y\left(\frac{\partial n_x}{\partial z}\right) = \sin^2\theta\,\frac{\partial\phi}{\partial z}$$

を得る．さらに，

$$\{\boldsymbol{n}\times(\nabla\times\boldsymbol{n})\}_x = -n_z\frac{\partial n_x}{\partial z},$$

$$\{\boldsymbol{n}\times(\nabla\times\boldsymbol{n})\}_y = -n_z\frac{\partial n_y}{\partial z},$$

$$\{\boldsymbol{n}\times(\nabla\times\boldsymbol{n})\}_z = n_x\frac{\partial n_x}{\partial z} + n_y\frac{\partial n_y}{\partial z} = \frac{1}{2}\frac{\partial}{\partial z}(n_x^2 + n_y^2) = -n_z\frac{\partial n_z}{\partial z}$$

を用いて
$$\{\boldsymbol{n}\times(\nabla\times\boldsymbol{n})\}^2=\cos^2\theta\left\{\left(\frac{\partial\theta}{\partial z}\right)^2+\sin^2\theta\left(\frac{\partial\phi}{\partial z}\right)^2\right\}$$
を得る.

[演習問題 6.1]

変位 u はもともと変位前の位置 (x, y, z_0) の関数であるが,変位後の z 座標は $z=z_0+u(x, y, z_0)$ と与えられるから,変位後の座標 (x, y, z) の関数と考えてもよい.そこで,ここでは $u(x, y, z)$ と書くが,本来なら,$u(x, y, z)$ と $u(x, y, z_0)$ とは関数形がちがうので,別の文字を使う方がよい.$u(x, y, z)=u(x, y, z(x, y, z_0))$ と考えると
$$\left.\frac{\partial u}{\partial x}\right|_{x,y,z_0}=\left.\frac{\partial u}{\partial x}\right|_{x,y,z}+\left.\frac{\partial u}{\partial z}\right|_{x,y,z}\frac{\partial z}{\partial x}=\left.\frac{\partial u}{\partial x}\right|_{x,y,z}+\left.\frac{\partial u}{\partial z}\right|_{x,y,z}\left.\frac{\partial u}{\partial x}\right|_{x,y,z_0}$$
となる.ただし,$z=z_0+u(x, y, z_0)$ を用いた.これより,$\partial u/\partial x|_{x,y,z}$ と $\partial u/\partial x|_{x,y,z_0}$ は u の 1 階微分の 2 次の微少量を無視する近似で一致する.$\partial u/\partial y$,さらには $\partial u/\partial z$ でも同様である.

[演習問題 6.2]

式 (6.43) に $\delta\xi_x(\boldsymbol{q})=\delta\xi_{0x}(\boldsymbol{q})e^{-t/\tau}$, $\delta\xi_y(\boldsymbol{q})=\delta\xi_{0y}(\boldsymbol{q})e^{-t/\tau}$ を代入すると
$$\begin{pmatrix} -\gamma/\tau+a+\chi_2 q_x^2+\chi_3 q_y^2+\chi_1 q_z^2 & (\chi_2-\chi_3)q_x q_y \\ (\chi_2-\chi_3)q_x q_y & -\gamma/\tau+a+\chi_3 q_x^2+\chi_2 q_y^2+\chi_1 q_z^2 \end{pmatrix}\begin{pmatrix} \delta\xi_{0x}(\boldsymbol{q}) \\ \delta\xi_{0y}(\boldsymbol{q}) \end{pmatrix}=0$$
となる.上式における行列の行列式をゼロに置くことによって式 (6.44) が得られる.また,式 (6.44) の解 (i) を上式に代入すると,
$$(\chi_2-\chi_3)q_y(q_y\delta\xi_{0x}-q_x\delta\xi_{0y})=0,$$
$$(\chi_2-\chi_3)q_x(q_y\delta\xi_{0x}-q_x\delta\xi_{0y})=0$$
を得る.$(\chi_2-\chi_3)=0$ ならば,波数の方向に対してゆらぎの方向は決まらないが,$(\chi_2-\chi_3)\neq 0$ ならばゆらぎの方向が次のように決まる.q_x と q_y が両方ゼロでなければ,$(q_y\delta\xi_{0x}-q_x\delta\xi_{0y})=0$ が成立するから $(\delta\xi_x(\boldsymbol{q}), \delta\xi_y(\boldsymbol{q}))\|(q_x, q_y)$ となる.$q_x=0$,$q_y\neq 0$ とすると,上式の第 1 の式が満たされるためには $\delta\xi_x(\boldsymbol{q})=0$ でなくてはならないから,結局 $(\delta\xi_x(\boldsymbol{q}), \delta\xi_y(\boldsymbol{q}))\|(q_x, q_y)$ となる.$q_x\neq 0$,$q_y=0$ の場合も同様である.$q_x=q_y=0$ の場合だけが不定である.解 (ii) についても同様に調べれば,固有ベクトルとして $(\delta\xi_x(\boldsymbol{q}), \delta\xi_y(\boldsymbol{q}))\perp(q_x, q_y)$ が得られる.

[演習問題 6.3]

式 (6.70) を式 (6.69) に代入すると，$\delta\xi_{0y}(q) = \pm i\delta\xi_{0x}(q)$ を得る．ただし，図 6.21 の太い実線と破線に対してはプラス，細い実線と破線に対してはマイナスの符号をとる．式 (6.67) において同じ緩和時間を持つ $q<0$ と $q>0$ の 2 つのモードによって実数のモードが作られる．図 6.20 の実線の分枝を考えると，式 (6.67) から

$$\delta\xi_x(z) = \sum_q \delta\xi_x(q)e^{iqz} = \delta\xi_x(0) + \sum_{q>0}(\delta\xi_{0x}(q)e^{-t/\tau(q)}e^{iqz} + \delta\xi_{0x}(-q)e^{-t/\tau(-q)}e^{-iqz})$$

$$= \delta\xi_x(0) + \sum_{q>0}(\delta\xi_{0x}(q)e^{-t/\tau(q)}e^{iqz} + \delta\xi_{0x}(q)^* e^{-t/\tau(q)}e^{-iqz})$$

$$= \delta\xi_x(0) + 2\sum_{q>0}\mathrm{Re}[\delta\xi_{0x}(q)e^{-t/\tau(q)}e^{iqz}]$$

が得られる．ただし，$\tau(-q)=\tau(q)$ および $\delta\xi_{0x}(-q)=\delta\xi_{0x}(q)^*$ を用いた．図 6.20 の実線の分枝に対して，$q<0$ のとき $\delta\xi_{0y}(q) = +i\delta\xi_{0x}(q)$，$q>0$ のとき $\delta\xi_{0y}(q) = -i\delta\xi_{0x}(q)$ であることを考慮すると，$\delta\xi_y(z)$ は

$$\delta\xi_y(z) = \sum_q \delta\xi_y(q)e^{-iqz} = \delta\xi_y(0) + \sum_{q>0}(\delta\xi_{0y}(q)e^{-t/\tau(q)}e^{iqz} + \delta\xi_{0y}(-q)e^{-t/\tau(-q)}e^{-iqz})$$

$$= \delta\xi_x(0) + \sum_{q>0}(-i\delta\xi_{0x}(q)e^{-t/\tau(q)}e^{iqz} + i\delta\xi_{0x}(q)^* e^{-t/\tau(q)}e^{-iqz})$$

$$= \delta\xi_x(0) + 2\sum_{q>0}\mathrm{Re}[\delta\xi_{0x}(q)e^{-t/\tau(q)}e^{i(qz-\pi/2)}]$$

上式から右巻きらせんとなることはわかるが，式 (6.58) と比べるために，$\delta\xi_{0x}(q) = |\delta\xi_{0x}(q)|e^{i\phi(q)}$ とおいて上式へ代入すれば

$$\delta\xi_x(z) = \delta\xi_{0x}(0) + 2\sum_{q>0}|\delta\xi_{0x}(q)|e^{-t/\tau(q)}\cos(qz+\phi(q)),$$

$$\delta\xi_y(z) = \delta\xi_{0y}(0) + 2\sum_{q>0}(\delta\xi_{0x}(q)|e^{-t/\tau(q)}\sin(qz+\phi(q))$$

となる．図 6.21 の破線についても同様に計算すれば左巻きらせんとなる．

[演習問題 A.1]

$(x, y, z) = (x_1, x_2, x_3)$，$(x', y', z') = (x_1', x_2', x_3')$ とすれば，行列の積の定義より $x_\alpha' = U_{\alpha\beta}x_\beta$．

[演習問題 A.2]

行列 A および B の成分をそれぞれ $A_{\alpha\beta}$ および $B_{\alpha\beta}$ とすれば

$$({}^t(AB))_{\alpha\beta} = (AB)_{\beta\alpha} = A_{\beta\gamma}B_{\gamma\alpha} = ({}^tB)_{\alpha\gamma}({}^tA)_{\gamma\beta} = ({}^tB{}^tA)_{\alpha\beta}.$$

[演習問題 A.3]
$$(a_\alpha b_\beta)' = a_\alpha' b_\beta' = U_{\alpha\mu} a_\mu U_{\beta\nu} b_\nu = U_{\alpha\mu} U_{\beta\nu} (a_\mu b_\nu)$$
となり，式(A.12)と同じである．

[演習問題 A.4]
　式(A.16)の1番目の式から2番目の式へは微分の変数を x_α' から x_μ に変換し，式(A.14)を用いた．ただし，$r = (x_1(x_1', x_2', x_3'),\ x_2(x_1', x_2', x_3'),\ x_3(x_1', x_2', x_3'))$ であるので，x_μ の μ について1から3までの和をとっている．式(A.4)を変形して，$r = U^{-1} r' = {}^t U r'$（$U^{-1} = {}^t U$ については式(A.6)の下参照），これを成分で表せば $x_\mu = U_{\sigma\mu} x_\sigma'$ となる．これを使えば，式(A.16)の2番目の式の前の因子は $\partial x_\mu / \partial x_\alpha' = U_{\sigma\mu} \partial x_\sigma' / \partial x_\alpha' = U_{\sigma\mu} \delta_{\sigma\alpha} = U_{\alpha\mu}$ となり，これを少し整理したのが3番目の式である．さらに，$U_{\beta\nu}$ を微分の外に出したのが最後の式である．

[演習問題 B.1]
　例えば，$\alpha = 1$ のとき，
$$\varepsilon_{1\beta\gamma} a_\beta b_\gamma = \varepsilon_{123} a_2 b_3 + \varepsilon_{132} a_3 b_2 = a_2 b_3 - a_3 b_2 = (\boldsymbol{a} \times \boldsymbol{b})_1$$

[演習問題 B.2]
$$n_\beta n_\delta \delta_{\alpha\gamma} n_{\alpha,\beta} n_{\gamma,\delta} = n_\beta n_{\alpha,\beta} n_\delta n_{\alpha,\delta} = \{(\boldsymbol{n}\cdot\nabla)n_\alpha\}\{(\boldsymbol{n}\cdot\nabla)n_\alpha\} = \{(\boldsymbol{n}\cdot\nabla)\boldsymbol{n}\}^2$$

[演習問題 B.3]
$$(\boldsymbol{n}\times\nabla\times\boldsymbol{n})_\alpha = \varepsilon_{\alpha\beta\gamma} n_\beta (\nabla\times\boldsymbol{n})_\gamma = \varepsilon_{\alpha\beta\gamma} n_\beta \varepsilon_{\gamma\delta\rho} n_{\rho,\delta} = -\varepsilon_{\gamma\beta\alpha} \varepsilon_{\gamma\delta\rho} n_\beta n_{\rho,\delta}$$
$$= -(\delta_{\beta\delta}\delta_{\alpha\rho} - \delta_{\beta\rho}\delta_{\alpha\delta}) n_\beta n_{\rho,\delta} = -n_\beta n_{\alpha,\beta} + n_\beta n_{\beta,\alpha}$$
$$= -(\boldsymbol{n}\cdot\nabla)n_\alpha$$

[演習問題 B.4]
$$(\nabla\times\boldsymbol{n})^2 = \varepsilon_{\alpha\beta\gamma} n_{\gamma,\beta} \varepsilon_{\alpha\rho\sigma} n_{\sigma,\rho} = (\delta_{\beta\rho}\delta_{\gamma\sigma} - \delta_{\beta\sigma}\delta_{\gamma\rho}) n_{\gamma,\beta} n_{\sigma,\rho} = n_{\gamma,\beta} n_{\gamma,\beta} - n_{\gamma,\beta} n_{\beta,\gamma}$$

[演習問題 B. 5]

$$\begin{aligned}\delta_{\alpha\gamma}\delta_{\beta\delta}n_{\alpha\beta}n_{\gamma\delta} &= n_{\alpha,\beta}n_{\alpha,\beta} = (\nabla\times\boldsymbol{n})^2 + n_{\alpha,\beta}n_{\beta,\alpha} \\ &= (\nabla\times\boldsymbol{n})^2 + n_{\alpha,\alpha}n_{\beta,\beta} + n_{\alpha,\beta}n_{\beta,\alpha} - n_{\alpha,\alpha}n_{\beta,\beta} \\ &= (\nabla\times\boldsymbol{n})^2 + (\nabla\cdot\boldsymbol{n})^2 + (n_\beta n_{\alpha,\beta} - n_\alpha n_{\beta,\beta})_{,\alpha} \\ &= (\nabla\times\boldsymbol{n})^2 + (\nabla\cdot\boldsymbol{n})^2 + \nabla\cdot\{(\boldsymbol{n}\cdot\nabla)\boldsymbol{n} - \boldsymbol{n}(\nabla\cdot\boldsymbol{n})\}\end{aligned}$$

[演習問題 C. 1]

図 C.1 における上側の電極板を含む小さな円筒にガウスの法則

$$\int \boldsymbol{D}\cdot\boldsymbol{n}'\mathrm{d}S = Q$$

を適用する．ここで，左辺は円筒の全表面にわたる面積分であり，$\boldsymbol{n}'$ はその面上の外向き単位法線ベクトルである．円筒の上面の電場はゼロであるから積分へは寄与しない．また，側面についても，円筒の下面を金属面に近づければ，金属内では電場ゼロであるからこれも寄与しない．したがって，円柱の下面の面積を ΔS とすれば，$\boldsymbol{D}\cdot\boldsymbol{n}'\Delta S = \sigma\Delta S$，すなわち $\boldsymbol{D}\cdot\boldsymbol{n}' = \sigma$．液晶からの外向き単位法線ベクトル $\boldsymbol{n}$ に対しては，$\sigma = -\boldsymbol{D}\cdot\boldsymbol{n}$．

[演習問題 E. 1]

$$F[\xi(x')+\varepsilon\delta(x'-x)] = \int f\Big(\xi(x')+\varepsilon\delta(x'-x), \frac{\mathrm{d}\xi(x')}{\mathrm{d}x'} + \varepsilon\frac{\mathrm{d}\delta(x'-x)}{\mathrm{d}x'}\Big)\mathrm{d}x$$

となるが，ε を持つ項が十分小さく展開できるとすれば（まず，デルタ関数をガウス関数で置き換えて，展開したのちその幅ゼロの極限を考える），

$$\begin{aligned}&\int f\Big(\xi(x')+\varepsilon\delta(x'-x), \frac{\mathrm{d}\xi(x')}{\mathrm{d}x'} + \varepsilon\frac{\mathrm{d}\delta(x'-x)}{\mathrm{d}x'}\Big)\mathrm{d}x' \\ &\cong \int f\Big(\xi(x'), \frac{\mathrm{d}\xi(x')}{\mathrm{d}x'}\Big)\mathrm{d}x' + \int\Big\{\frac{\partial f}{\partial\xi(x')}\varepsilon\delta(x'-x) + \frac{\partial f}{\partial(\mathrm{d}\xi(x')/\mathrm{d}x')}\varepsilon\frac{\mathrm{d}\delta(x'-x)}{\mathrm{d}x'}\Big\}\mathrm{d}x' \\ &= \int f\Big(\xi(x'), \frac{\mathrm{d}\xi(x')}{\mathrm{d}x'}\Big)\mathrm{d}x' + \varepsilon\int\Big\{\frac{\partial f}{\partial\xi(x')} - \frac{\mathrm{d}}{\mathrm{d}x'}\frac{\partial f}{\partial(\mathrm{d}\xi(x')/\mathrm{d}x')}\Big\}\delta(x'-x)\mathrm{d}x' \\ &\quad + \varepsilon\frac{\partial f}{\partial(\mathrm{d}\xi(x')/\mathrm{d}x')}\delta(x'-x)\Big|_{x'=x_{\min}}^{x_{\max}}\end{aligned}$$

となる．ここで，部分積分を用いた．最後の式の第 2 項の積分の下限および上限はそれぞれ $x_{\min}$ および $x_{\max}$ であり，$x_{\min} < x < x_{\max}$ であるから，どこかでかならず $x' - x = 0$ となる．したがって，第 2 項は

$$\varepsilon\int\left\{\frac{\partial f}{\partial \xi(x)}-\frac{\mathrm{d}}{\mathrm{d}x}\frac{\partial f}{\partial(\mathrm{d}\xi(x)/\mathrm{d}x)}\right\}\mathrm{d}x$$

となる.一方,第3項は $x_{\min}<x<x_{\max}$ であるので,ゼロとなる.これより,式(E.5)が得られる.

[演習問題 E.2]

$$\begin{aligned}\frac{\delta F}{\delta \xi(x)}&=\int_{x_{\min}}^{x_{\max}}\frac{\delta}{\delta \xi(x)}f\left(\xi(x'),\frac{\mathrm{d}\xi(x')}{\mathrm{d}x'}\right)\mathrm{d}x'\\&=\int_{x_{\min}}^{x_{\max}}\left\{\frac{\partial f}{\partial \xi(x')}\frac{\delta \xi(x')}{\delta \xi(x)}+\frac{\partial f}{\partial(\mathrm{d}\xi(x')/\mathrm{d}x')}\frac{\delta(\mathrm{d}\xi(x')/\mathrm{d}x')}{\delta \xi(x)}\right\}\mathrm{d}x'\\&=\int_{x_{\min}}^{x_{\max}}\left\{\frac{\partial f}{\partial \xi(x')}\frac{\delta \xi(x')}{\delta \xi(x)}+\frac{\partial f}{\partial(\mathrm{d}\xi(x')/\mathrm{d}x')}\frac{\mathrm{d}}{\mathrm{d}x'}\frac{\delta \xi(x')}{\delta \xi(x)}\right\}\mathrm{d}x'\\&=\int_{x_{\min}}^{x_{\max}}\left\{\frac{\partial f}{\partial \xi(x')}\delta(x'-x)+\frac{\partial f}{\partial(\mathrm{d}\xi(x')/\mathrm{d}x')}\frac{\mathrm{d}}{\mathrm{d}x'}\delta(x'-x)\right\}\mathrm{d}x'\end{aligned}$$

となる.上式は演習問題 E.1 の2番目の式ですでに計算している.

索　引

あ
アインシュタインの規約……………19
アキラル …………………………2
アナライザー……………………58
アンカリング……………………50
　　　強い――……………………50
　　　弱い――……………………50

い
異常光線 ……………………………133
位相モード ………………………187
1軸性 ………………………………132
1次相転移 …………………………24
位置の秩序 …………………………3
一定数近似 …………………………55

え
N* ……………………………………11
N相 …………………………………11
エネルギー等分配則………………75
エリクセンの応力…………………95
エリクセン-レスリーの理論 ……95,106

お
オイラー-ラグランジュ方程式 …41,219
応力テンソル………………………85
　　　粘性―― ……………………102
オンサーガーの相反定理 …………106

か
外挿長 ……………………………52,54
回転流………………………………89

か（角）
角加速度……………………………96
角速度………………………………96
確率密度関数……………………73,123
完全反射……………………………157
緩和過程……………………………224
緩和時間……………………………122
緩和レート…………………………187

き
擬スカラー…………………………203
擬ベクトル…………………………203
鏡映 …………………………………2
　　　――面 ………………………2
強誘電性液晶………………………11
　　　――DOBAMBC………………191
強誘電相……………………………21
キラル ………………………………2
　　　――スメクチックC相（SmC*相）
　　　………………………………11,190

く
くさび転傾…………………………63
屈折率………………………………131
　　　――異方性……………………59
　　　――楕円体……………………131
群論…………………………………182

け
K ……………………………………5
K_h …………………………………5
結晶光学……………………………127

こ

コア………………………………6, 65
光軸………………………………132
光速度……………………………129
固有値……………………………206
固有ベクトル……………………206
固有方程式………………………206
固有モード………………………33
　　ネマチック液晶の――………71
　　光の――………………………130
コレステリック液晶……………5

さ

サーモトロピック液晶…………14
座屈………………………………48
3階のテンソル…………………204
散乱ベクトル……………………79

し

C_2………………………………9
C_{2h}……………………………9
磁化率……………………………20
　　――の異方性…………………20
時間相関関数………………122, 224
しきい値……………………45, 46, 50
　　――電圧…………………50, 160
　　――電場………………………50
自由エネルギー密度……………28
　　フランクの弾性――………31, 209
　　SmA相の弾性――……………167
　　SmA相における――……183, 195
主屈折率…………………………131
縮約………………………………205
主軸………………………………206
シュリーレン組織………………60
焦円錐曲線………………………177

す

消光………………………………59
常光線……………………………133
常誘電相…………………………21
刃状転位…………………………174
振幅モード………………………187

す

垂直配向…………………………48
水平配向…………………………45
スカラー…………………………202
　　――積…………………………202
　　――秩序パラメーター――…18
スプレイ………………………32, 72
スメクチック相…………………8
スメクチックA相（SmA相）…8
　　――の欠陥……………………174
　　――の弾性理論………………163
スメクチックC相（SmC相）…9, 178
　　キラル――（SmC*相）…11, 190
ずり速度…………………………108
ずり流れ……………………89, 108

せ

摂動論……………………………143
旋光性…………………………11, 139, 142
旋光能…………………………141, 157

そ

双1次の結合……………………192
相関長……………………………40
層構造……………………………8
層の圧縮…………………………165
層の波打ち………………………168
側鎖………………………………6
速度勾配テンソル………………88
ソフトモード……………………186

た

対称操作 ……………………………… 2
対称テンソル ……………………………… 88
　　　反―― ……………………………… 88
　　　レビ-チビタの3階の完全反――
　　　　……………………………… 209
体積力 ……………………………… 85
楕円偏光 ……………………………… 138

ち

秩序パラメーター ……………………………… 17
　　　テンソル―― ……………………………… 17
　　　スカラー―― ……………………………… 18
　　　SmA-SmC 相転移の―― ……… 183
柱状相 ……………………………… 13
直線偏光 ……………………………… 136

つ

ツイスト ……………………………… 32, 72
強いアンカリング ……………………………… 50

て

D_h ……………………………… 5
$D_{\infty h}$ ……………………………… 5
TN 型液晶ディスプレイ ……………………………… 158
TN セル ……………………………… 48
定常波 ……………………………… 149
ディスコチック液晶 ……………………………… 13
デュパンのサイクライド ……………………………… 176
電気感受率 ……………………………… 38, 203
電気双極子輻射 ……………………………… 76
転傾 ……………………………… 54, 56
　　　――間に働く力 ……………………………… 69
　　　――線の張力 ……………………………… 66
　　　――の自由エネルギー ……………………………… 65
電傾効果 ……………………………… 194

テンソル秩序パラメーター ……………………………… 17
転置 ……………………………… 202
電場との相互作用 ……………………………… 213

と

動的光散乱 ……………………………… 122
撓電効果 ……………………………… 195
導波効果 ……………………………… 154
等方性流体 ……………………………… 83
等方相 ……………………………… 4
トルク ……………………………… 96

な

内積（スカラー積） ……………………………… 202
ナビエ-ストークス方程式 ……………………………… 90
南部-ゴールドストーンモード
　　　……………………………… 75, 184, 187

に

2階のテンソル ……………………………… 204
2軸性 ……………………………… 132
2次相転移 ……………………………… 22

ね

ねじれ転傾 ……………………………… 63
ネマチック液晶の固有モード ……………………………… 71
ネマチック相 ……………………………… 4
粘性応力テンソル ……………………………… 102
粘性トルク ……………………………… 99, 100, 101

は

ハーフピッチ ……………………………… 142
配向の秩序 ……………………………… 3
配向ベクトル ……………………………… 17
配向ゆらぎ ……………………………… 69, 75
　　　――のダイナミクス ……………………………… 115

パロディーの関係式 ……………106
汎関数 ……………………………29
　　──微分 …………………92,221
反対称テンソル …………………88
反転 ………………………………2
　　──中心 ………………………2

ひ

非圧縮流体 ………………………84
非回転流 …………………………89
光散乱 ……………………………75
光の固有モード …………………130
左円偏光 …………………………137
比誘電率 …………………………38
表面自由エネルギー ……………50

ふ

フォーカルコニック欠陥 ………177
複屈折 ……………………………131
不斉炭素 …………………………7
物質微分 …………………………85
ブラッグ反射 ……………………145
フランクの弾性自由エネルギー密度
　………………………………31,209
フランクの弾性定数 ……………31
フルピッチ ………………………142
フレデリクス転移 ……………47,159
　　──の動力学 …………………111
分枝 ………………………………190
分子場 ……………………………92

へ

ヘキサチックB相 ………………12
ベクトル …………………………202
　　──積 …………………………203
ヘルフリッヒ変形 ………………168

偏光顕微鏡 ………………………57
ベンド …………………………32,73

ほ

ポインティング・ベクトル ……131
ポーラライザー …………………58
ボルテラ過程 ……………………62
ボンド配向秩序 …………………12

ま

マクスウェルの方程式 …………127

み

ミーソビッツの粘性係数 ………109
右円偏光 …………………………137

め

面積力 ……………………………85

も

モーガン極限 ……………………153

ゆ

有効粘性率 ………………………109
誘電率異方性 ……………………38
誘電率テンソル ………………38,128

よ

弱いアンカリング ………………50

ら

ライオトロピック液晶 …………14
ラグランジュ
　　──の未定乗数法 ………93,220
　　──微分 ………………………85
ラセミ体 …………………………192

らせん構造 …………………5, 194
らせん転位 …………………174
ラプラス方程式………………55
ランダウ-ドゥ ジャン理論……21
ランダウ-パイエルス不安定性……172
ランダウ理論…………………21

り

リフシッツ不変式 ……………194

流動配向角 ……………………111
臨界緩和 ………………………187
リン脂質膜……………………13

れ

レスリー係数 …………………102
レビ-チビタの3階の完全反対称
　テンソル ……………………209
連続の方程式…………………83

Memorandum

Memorandum

材料学シリーズ　監修者

堂山昌男	小川恵一	北田正弘
東京大学名誉教授	横浜市立大学学長	東京芸術大学教授
帝京科学大学名誉教授	Ph. D.	工学博士
Ph. D., 工学博士		

著者略歴
折原　宏（おりはら　ひろし）
1958 年　長野県に生まれる
1980 年　静岡大学理学部物理学科卒業
1985 年　名古屋大学大学院博士課程修了　工学博士
　　　　名古屋大学工学部助教授を経て
2004 年　北海道大学大学院工学研究科教授　現在に至る

2004 年 4 月 15 日　第 1 版発行

検印省略

材料学シリーズ
液晶の物理

著　者 © 折　原　　宏
発行者　内　田　　悟
印刷者　山　岡　景　仁

発行所　株式会社　内田老鶴圃　〒112-0012 東京都文京区大塚 3 丁目 34 番 3 号
　　　　電話 (03) 3945-6781(代)・FAX (03) 3945-6782
　　　　　　　　　　　　　　印刷・製本／三美印刷 K. K.

Published by UCHIDA ROKAKUHO PUBLISHING CO., LTD.
3-34-3 Otsuka, Bunkyo-ku, Tokyo, Japan

U. R. No. 532-1

ISBN 4-7536-5622-5 C3042

材料学シリーズ　堂山昌男・小川恵一・北田正弘　監修　各 A5 判

金属間化合物入門

山口正治・乾　晴行・伊藤和博　著　164 頁・本体 2800 円

金属間化合物を取り扱うための一般的基礎知識について説明し，続いて金属間化合物を主体とする材料にはどのような優れた性質と問題があるのか，さらに現在どのような金属間化合物がどのようなところに用いられているのか，できるだけ平易に解説する．

既刊書			
金属電子論　上・下	水谷宇一郎著	上・276p.・3000 円	下・272p.・3200 円
結晶・準結晶・アモルファス	竹内　伸・枝川圭一著	192p.・本体 3200 円	
オプトエレクトロニクス	水野博之著	264p.・本体 3500 円	
結晶電子顕微鏡学	坂　公恭著	248p.・本体 3600 円	
X 線構造解析	早稲田嘉夫・松原英一郎著	308p.・本体 3800 円	
セラミックスの物理	上垣外修己・神谷信雄著	256p.・本体 3500 円	
水素と金属	深井　有・田中一英・内田裕久著	272p.・本体 3800 円	
バンド理論	小口多美夫著	144p.・本体 2800 円	
高温超伝導の材料科学	村上雅人著	264p.・本体 3600 円	
金属物性学の基礎	沖　憲典・江口鐵男著	144p.・本体 2300 円	
入門　材料電磁プロセッシング	浅井滋生著	136p.・本体 3000 円	
金属の相変態	榎本正人著	304p.・本体 3800 円	
再結晶と材料組織	古林英一著	212p.・本体 3500 円	
鉄鋼材料の科学	谷野　満・鈴木　茂著	304p.・本体 3800 円	
人工格子入門	新庄輝也著	160p.・本体 2800 円	
入門　結晶化学	庄野安彦・床次正安著	224p.・本体 3600 円	
入門　表面分析	吉原一紘著	224p.・本体 3600 円	
結晶成長	後藤芳彦著	208p.・本体 3200 円	
金属電子論の基礎	沖　憲典・江口鐵男著	160p.・本体 2500 円	

高温強度の材料科学

丸山公一　編著　中島英治　著
A5 判・352 頁・本体 6200 円

ガラス科学の基礎と応用

作花済夫　著
A5 判・372 頁・本体 5700 円

物質の構造 —マクロ材料からナノ材料まで—

アレン・トーマス　共著　斎藤秀俊・大塚正久　共訳
A5 判・548 頁・本体 8800 円

アルミニウム合金の強度

小林俊郎　編著
A5 判・340 頁・本体 5800 円